W0260490

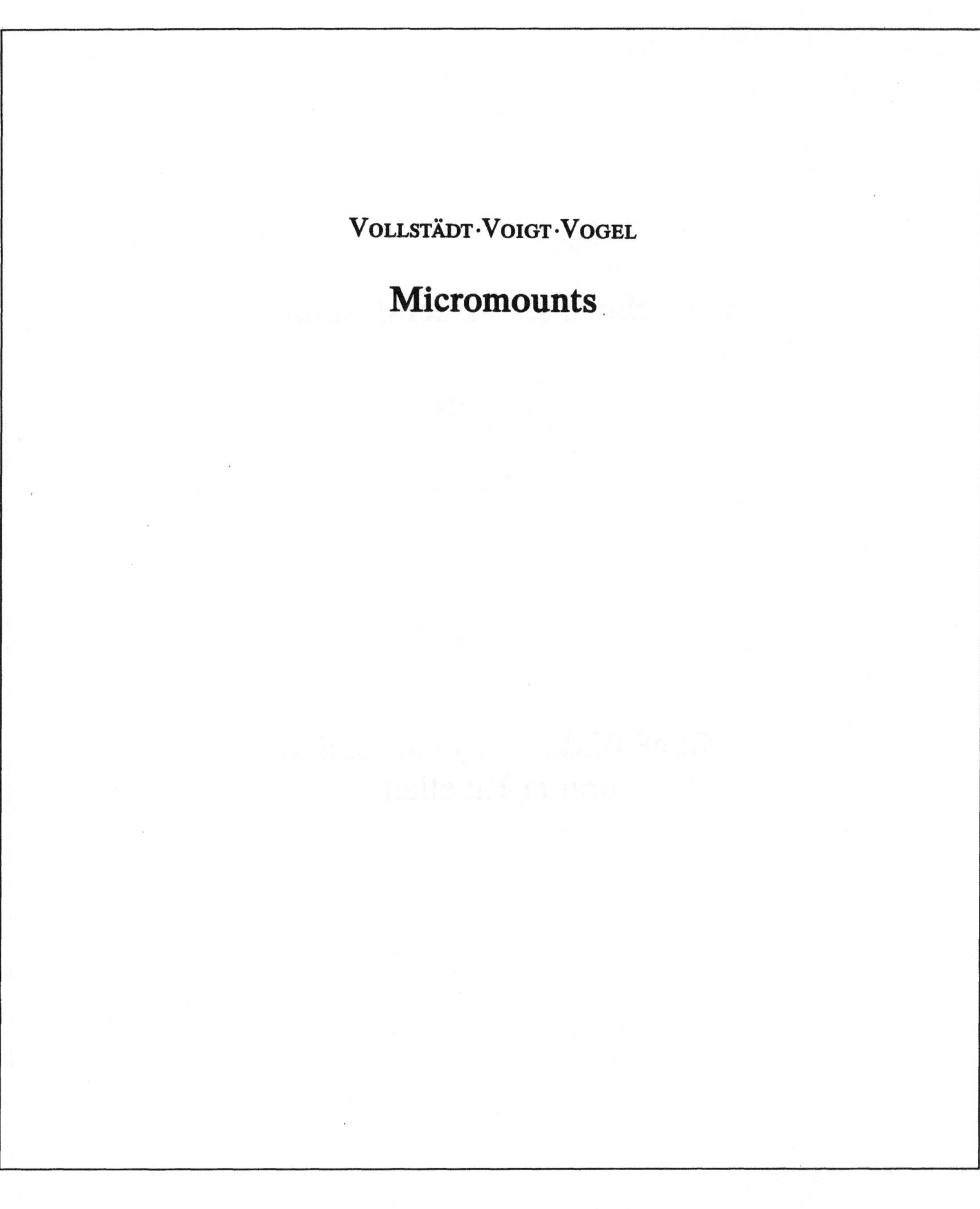

VOLLSTÄDT · VOIGT · VOGEL

Micromounts

Arbeitsbuch für Mineralsammler

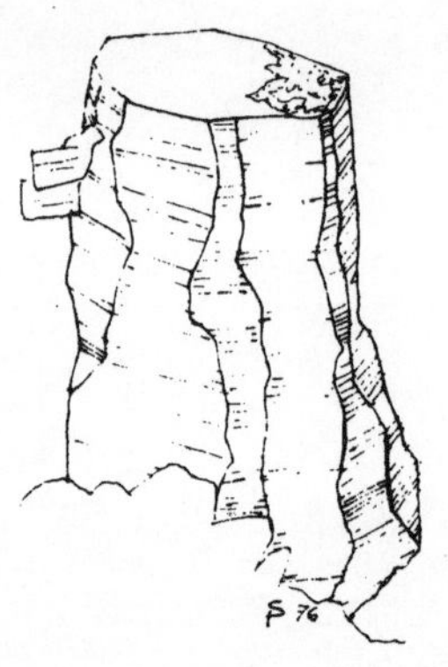

Mit 98 Bildern, 119 Farbbildern
und 17 Tabellen

Prof. Dr. sc. Heiner Vollstädt
Dr.-Ing. Günter Voigt
Dr. sc. med. Andreas Vogel

Micromounts

Springer-Verlag
Berlin Heidelberg New York London Paris Tokyo

Prof. Dr. sc. HEINER VOLLSTÄDT
DDR-1501 Seddin

Dr.-Ing. GÜNTER VOIGT
DDR-5020 Erfurt

Dr. sc. med. ANDREAS VOGEL
DDR-70 10 Leipzig

Die Originalausgabe erscheint im VEB Deutscher Verlag
für Grundstoffindustrie, Leipzig
Vertrieb für die DDR und die sozialistischen Länder

Lizenzausgabe für alle übrigen Länder im
Springer-Verlag Berlin Heidelberg New York
London Paris Tokyo

ISBN-13:978-3-642-73279-9 e-ISBN-13:978-3-642-73278-2
DOI: 10.1007/978-3-642-73278-2

1. Auflage

VLN 152-915/123/88
Softcover reprint of the hardcover 1st edition 1988
Gesamtherstellung: INTERDRUCK, Graphischer Großbetrieb Leipzig,
Betrieb der ausgezeichneten Qualitätsarbeit,
III/18/97
Lektor: Dipl.-Min. BARBARA BUFE
Buchgestaltung: SONJA MAUKSCH
Illustrationen: KARL-HEINZ BARNEKOW
Vorsatzzeichnungen: CHRISTIAN PASCHOLD
Redaktionsschluß: 30. 7. 1986

Vorwort

Die sinnvolle Beschäftigung mit Mineralen, besonders das Sammeln, findet nach wie vor viele Freunde. Dabei hat sich nicht nur der Kreis der Interessenten vergrößert, auch die Möglichkeiten und Formen des Mineralsammelns haben sich erweitert. Die Änderungen der Fundbedingungen und die Erweiterung der technischen Möglichkeiten eröffnen dem Sammler neue Wege der Beschäftigung mit Mineralen. Dabei stehen die eigene Bearbeitung der Fundstücke, deren exakte Bestimmung und die Vertiefung des Wissensstandes immer stärker im Vordergrund. Durch die Bereitstellung verbesserter optischer und fotografischer Hilfsmittel wird auch der ästhetische Anteil dieses Hobbys erhöht.

Das vorliegende Buch wendet sich in erster Linie an Sammler von Micromounts und Kleinstufen, wobei der »Normalstufen-Sammler« natürlich ebenfalls Anregungen erhält. Es soll eine methodische und technische Anleitung zum Aufbau und zur Pflege einer Sammlung sein. Dazu werden entsprechende Hinweise zur sachgemäßen Bergung der Stücke und speziellen Präparation gegeben sowie Bestimmungshilfen mit spezifischen Erläuterungen für die Diagnose von Micromounts und Kleinstufen beschrieben. Auch die fotografische und zeichnerische Darstellung der Stücke wird erläutert. Die Verknüpfung von Mineralsammeln und Fotografie wird dabei ebenso interessante Anregungen vermitteln wie der Einsatz der Rechentechnik zur Ordnung und Katalogisierung einer Sammlung.

Im Buch konnten viele Erfahrungen und Hinweise von Mineralliebhabern und Sammlern verwendet werden. Im besonderen Maße hat sich Alexander Kipfer große Verdienste um die Verbreitung der »Micromount-Bewegung« erworben. Seine instruktiven Publikationen, die wesentliche Anregungen zum Sammeln und Ordnen von Kleinstufen beinhalten, sowie die ästhetisch gelungenen Farbdarstellungen von Dr. Werner Lieber haben diesem Sammelgebiet viele Freunde gewonnen.

Besonderer Dank der Autoren gilt Herrn Ralf Schmidt, Suhl, für vielfältige Anregungen und intensive Mitarbeit, insbesondere zum methodischen Aufbau der Sammlungen. Durch Ratschläge und Hinweise halfen uns besonders Prof. Dr. H.-J. Bautsch, Berlin, Dr. J. Siemroth, Halle, und Dr. G. Wappler, Berlin. Eine Vielzahl weiterer Fachkollegen und Sammler unterstützten uns durch Übermittlung von Informationen sowie die Bereitstellung von Sammlungsstücken, Bildmaterial und Geräten für die fotografischen Aufnahmen.

Hinweise und Kritiken, die der weiteren Verbesserung des vorliegenden Buches dienen, werden gern entgegengenommen.

Die Autoren danken dem Verlag für die verständnisvolle Förderung der Arbeiten am Manuskript, die ständige Unterstützung sowie für die solide Gestaltung des Buches.

Heiner Vollstädt · Günter Voigt · Andreas Vogel

Inhaltsverzeichnis

Einleitung

Das Interesse am Sammeln von Mineralen hat in den zurückliegenden Jahren stark zugenommen und wächst noch immer. Die steigende Anzahl der Tauschbörsen mit ständig zunehmenden Besucherzahlen, das hohe Interesse an mineralogischer Fachliteratur, die Zahl der Sammler im Gelände und der Zulauf, den die mineralogischen Museen verzeichnen, zeigen das nachdrücklich. Diese Entwicklung hat dazu geführt, daß qualitativ gute Mineralstufen in Normalgröße immer seltener zu finden sind.
Neben Sammlungen, die die Schönheit der Mineralbildungen repräsentieren, dem Sammler und Betrachter Freude und ästhetischen Genuß bereiten, sollten vor allem auch Sammlungen entstehen, die ein tieferes Eindringen in die Zusammenhänge der Mineralogie zum Ziel haben. Dazu bietet sich in besonderem Maße das Sammeln von Kleinmineralen an.
Unter Kleinmineralen sollen hier Sammlungsstücke verstanden werden, die kleiner als 30 × 40 mm sind. International hat sich die folgende Unterteilung herausgebildet, die durch englische Begriffe geprägt ist:

Miniatures

An den Kleinstufen von etwa 30 × 40 mm sind Einzelheiten noch ohne optische Hilfsmittel zu erkennen. Die Benutzung von Lupe und Stereomikroskop ist jedoch zweckmäßig.

Thumbnails (Daumennägel)

Die Größe der Stücke ist durch den Begriff nur annähernd ausgedrückt, sie beträgt vereinbarungsgemäß etwa 25 × 25 mm.

Micromounts

Eine genaue Größendefinition ist nicht möglich. Man versteht darunter Stücke, die kleiner als 15 × 15 mm sind. Der englische Begriff ist aus den beiden Wörtern micro – klein und to mount – montieren gebildet. Die wörtliche Übersetzung »Kleinmontage« charakterisiert etwas sehr wesentliches, nämlich die Montage der kleinen Mineralstufen in einer Aufbewahrungsdose.

Auf den Micromounts liegt der Schwerpunkt der Darstellungen dieses Buches. Als Sammelbegriff für die verschiedenen Größenkategorien wird »Kleinminerale« verwendet. Das Sammeln von Kleinmineralen ist nicht schlechthin ein Ersatz, weil gute Normalstufen schwer zu beschaffen sind. Es führt zu einer neuen Qualität des Sammelns mit hohem ästhetischem Reiz, zu Sammlungen mit stärkerer wissenschaftlicher Bedeutung und bringt in höherem Grade Berührung zu anderen interessanten Arbeitsgebieten (Optik, Fotografie, Chemie, spezielle Analysemethoden).
Obwohl das vorliegende Buch in erster Linie für den Sammler von Kleinmineralen gedacht ist, sind viele

der behandelten Probleme für den Normalstufensammler in gleicher Weise zutreffend. Es soll besonders auch dem jugendlichen Sammler Anleitung zum Aufbau einer Sammlung gegeben werden. Der hohe Stand des naturwissenschaftlichen Unterrichts bietet dabei günstige Voraussetzungen für eine niveauvolle Beschäftigung mit diesem anspruchsvollen Hobby.

Besonderer Wert wurde auf das Gebiet Fotografie von Kleinmineralen und entsprechendes Bildmaterial gelegt, weil die Kombination des Kleinstufensammelns mit den Möglichkeiten der Farbfotografie reizvoll ist. Die Farbtafeln orientieren bewußt auf Kleinminerale aus der DDR, da Minerale von den berühmten Fundstellen Sachsens, Thüringens und des Harzes bisher nur selten und als Kleinminerale fast überhaupt noch nicht abgebildet worden sind.

Im Rahmen der Bestimmungsmethoden wurden auch spektralanalytische, röntgenographische und elektronenoptische Verfahren behandelt, um dem Sammler einen Überblick über die modernen analytischen Möglichkeiten zu geben, auf die gegebenenfalls in besonders begründeten Fällen an großen Museen und mineralogischen Instituten der Hochschulen und Universitäten zurückgegriffen werden kann.

Zum Sammeln, Präparieren, Bestimmen und Fotografieren wird technisches Zubehör benötigt, das oft selbst hergestellt werden muß. Dazu werden einige Anregungen für den Eigenbau entsprechender Geräte gegeben.

Die umfangreichen Literaturangaben schließlich sollen den Sammler in die Lage versetzen, sich tiefer mit Spezialproblemen vertraut zu machen.

1. Kapitel

Vorteile der Kleinmineralsammlung

Die schnelle Zunahme der Zahl von Micromountsammlern in vielen Ländern hat neben dem wachsenden Angebot an preisgünstigen Stereomikroskopen vor allem ihre Ursache in den offensichtlichen Vorteilen und günstigen Bedingungen dieser Sammelrichtung. Ein Nachteil gegenüber den nachfolgend genannten Vorzügen ist der notwendige Einsatz optischer Hilfsmittel zum Betrachten.

✦ Die zunehmende Zahl von Mineralsammlern und die abnehmende Ergiebigkeit der Fundstellen für gute Normalstufen führten dazu, daß es für den Sammler immer schwieriger und aufwendiger wird, gutes Material zu erhalten. Durch neue rationelle Gewinnungs- und Aufbereitungsmethoden wird das Gestein stärker zerkleinert. Dadurch können immer weniger große Stufen mit unbeschädigten Kristallen geborgen werden. Für einen Micromounter hingegen ist eine Fundstelle kaum jemals erschöpft. Die winzigen Kristalle überstehen den rauhen Abbauprozeß besser, sie erregten nicht die Aufmerksamkeit vorangegangener Generationen von Sammlern, so daß auch die Halden des Altbergbaus, die z. T. schon mehrfach durchgearbeitet worden sind, meist noch interessante Funde ermöglichen.

✦ Kleine Kristalle sind oft ideal ausgebildet. Sie sind gegenüber größeren flächenreicher und klarer, haben reinere Farben und auch weniger Fehler und Einschlüsse.

✦ Viele Minerale, besonders die seltenen, kommen überhaupt nur in kleinen Kristallen vor, so daß die Untersuchung ohne optische Hilfsmittel gar nicht möglich ist. Bei Normalstufengröße wirkt das Verhältnis der kleinen Kristalle zur voluminösen Matrix nicht nur ungünstig, sondern kostet auch viel Platz und Aufwand zum Schutz vor Verstauben und Beschädigung. Bei einem Systematiksammler würden sich mit zunehmender Anzahl der Spezies immer mehr Stücke mit kleinen Kristallen ansammeln. Daher ist es für ihn ohnehin günstiger, sich von vornherein auf Kleinminerale zu orientieren.

✦ Eine Kleinmineralsammlung hat oft einen hohen wissenschaftlichen Wert. Von manchem Fundort wurden durch die mikroskopische Untersuchung Minerale gefunden, die bisher nicht bekannt waren, weil sie früher einfach übersehen wurden.

✦ Für viele Sammler ist die Platzfrage zur Unterbringung der ständig wachsenden Sammlung das größte Problem. Ein Micromounter wird damit keine Schwierigkeiten bekommen, auch wenn er mehrere Sammlungstypen nebeneinander aufbaut, denn in einem Schrankraum von 1 × 0,6 × 0,45 m lassen sich unter Berücksichtigung der erforderlichen Zwischenräume mindestens 5000 Dosen vom Format 30 × 30 × 30 mm unterbringen.

✦ Der Schutz vor Staub und anderen schädigenden Einflüssen (z. B. freiwerdende Säuren bei Sulfiden) ist für den Micromounter ebenfalls kein Problem. Seine Minerale sind stets staubsicher in Dosen aufbewahrt, die gegebenenfalls noch mit Klebeband luftdicht verschlossen werden können.

Bild 1.1. Arbeitsplatz eines Micromounters (H. KOMMER)

✦ Die Präsentation der vollen Schönheit der Minerale erfordert intensive Beleuchtung. Für den Sammler von Normalstufen ist das stets ein schwieriges Problem, dessen Lösung auch erhebliche Kosten verursacht. Der Micromounter hat damit keine Sorgen. Unter der Mikroleuchte des Stereomikroskops werden die Micromounts intensiv ausgeleuchtet. Durch die Richtungsänderung der Leuchte kann eine optimale Ausleuchtung leicht erreicht werden.

✦ Wer regelmäßig Tauschbörsen besucht, dem werden die wachsenden Schwierigkeiten beim Tausch von guten Normalstufen und die zunehmend kommerziellen Gesichtspunkte nicht verborgen bleiben. Bei Kleinmineralen ist das Verhalten der Tauschpartner zueinander aufgeschlossener, und im allgemeinen bereitet der Tausch Stück gegen Stück keine Schwierigkeiten. Die Micromounter verfügen meist über reichlich Tauschmaterial von einem Mineral eines bestimmten Fundortes und sind auch in der Regel großzügig, zumal die Stücke im allgemeinen (extreme Seltenheiten ausgenommen) keinen bedeutenden kommerziellen Wert verkörpern. Seltene Minerale sind leichter zu ertauschen. Aufgrund der geringen Größe und der relativ geringen Werte der Stücke bietet sich auch der Tausch auf dem Postweg an.

✦ Für den Micromounter ist es durch das meist reichlich vorhandene Material und den geringen Platzbedarf möglich, verschiedene Sammlungstypen (z. B. Systematik- und Lokalsammlungen) nebeneinander aufzubauen.

✦ Der Micromounter nutzt in stärkerem Maße technische Hilfsmittel und Methoden und ist bei der Bestimmung auf spezielle Methoden angewiesen.
Oft baut er seine eigenen Hilfsmittel (z. B. zur Formatisierung, Betrachtung, Bestimmung, Aufbewahrung).
Seine Tätigkeit ist dadurch vielseitiger und hat einen stärkeren Bildungswert. Mitunter verbinden sich bei ihm mehrere Hobbys (z. B. das Micromountsammeln mit der Mineralfotografie).

✦ Ein Vorteil für alle ist, daß von Micromountern kaum Zerstörungen von Fundstellen und keine Umweltschäden verursacht werden.

2. Kapitel

Historisches zum Sammeln von Kleinmineralen

Obwohl der eigentliche Aufschwung des Micromountsammelns erst vor 15 bis 20 Jahren begann, gehen die Anfänge dieser Sammelrichtung bis in die 70er Jahre des vergangenen Jahrhunderts zurück. In dieser Zeit entstanden in Nordamerika Micromountsammlungen, von denen einige sehr bekannt wurden. Nach Desautels [2.4] ist der Begründer des Micromountsammelns Reverend Rakestraw, der sich 1870 für winzige Minerale aus den Eisengruben von Cornwall, Pennsylvania (USA), interessierte. Er mußte diese Minerale mit einer Lupe betrachten und bewahrte sie in kleinen geschlossenen Schächtelchen auf. In Philadelphia traf er sich öfter mit anderen Sammlern, die er ebenfalls für diese Sammelrichtung begeisterte. Es entstanden Micromountsammlungen, die sehr berühmt wurden und heute ihren Standort in amerikanischen Museen gefunden haben, so die Sammlung von G. W. Fiss und C. S. Bement aus Philadelphia. Die Döschen dieser Sammlungen sind aus Pappe mit Stülpdeckel und haben eine Grundfläche von 30 × 20 mm und eine Höhe von 16 mm, entsprechen also durchaus den heutigen Vorstellungen von der Größe eines Micromountbehälters. Als Sockel für die Stüfchen wurde Kork oder Balsaholz verwendet.

Die Voraussetzung für die weitere Ausbreitung dieser Sammelrichtung war die Entwicklung und Verbreitung des Stereomikroskops.

Auch in Deutschland wurden bereits im vergangenen Jahrhundert (etwa zwischen 1850 und 1880) Kleinminerale gesammelt, wie das Beispiel der teilweise erhaltenen Sammlung von Charlotte Bauersachs beweist (Bilder 2.1 und 2.2). Sie ist möglicherweise eine Verwandte von Bauersachs, der von 1782 bis 1840 als Lehrer der Mineralogie an der Berg- und Hüttenschule Clausthal tätig war, eine Vermutung,

Bild 2.1. Register einer Kleinstufensammlung aus der Zeit um 1860

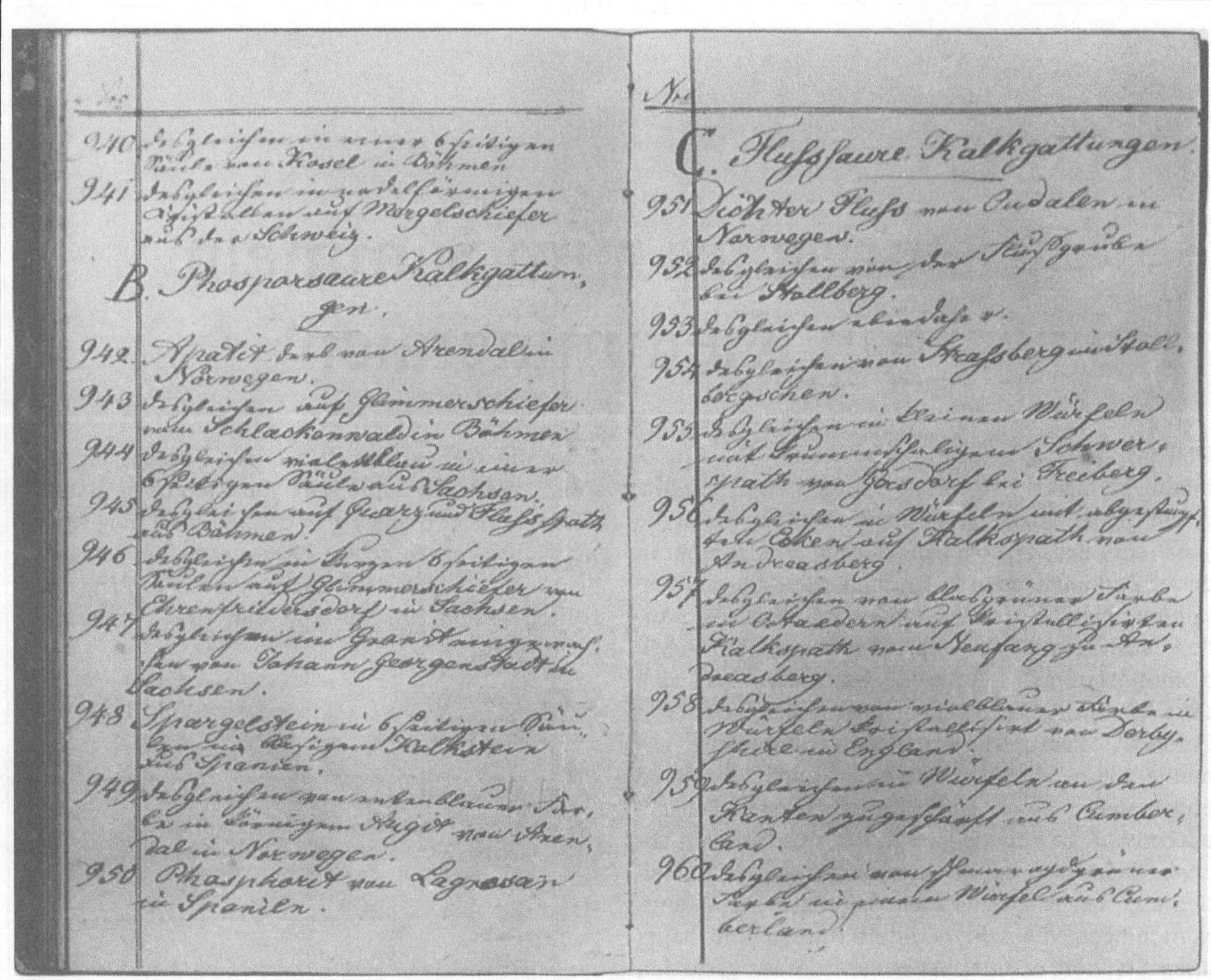

940 Desgleichen in einer 6seitigen Säule von Kosel in Böhmen
941 Desgleichen in nadelförmigen Krystallen auf Mergelschiefer aus der Schweiz.
B. Phosphorsaure Kalkgattungen.
942 Apatit derb von Arendal in Norwegen.
943 Desgleichen auf Glimmerschiefer von Schlackenwald in Böhmen
944 Desgleichen violettblau in einer 6seitigen Säule aus Sachsen.
945 Desgleichen auf Quarz und Flußspath aus Böhmen.
946 Desgleichen in kurzen 6seitigen Säulen auf Glimmerschiefer von Ehrenfriedersdorf in Sachsen.
947 Desgleichen [illegible] von Johann Georgenstadt in Sachsen.
948 Spargelstein in 6seitigen Säulen [illegible] Kalkstein aus Spanien.
949 Desgleichen von [illegible] blauer Farbe in körnigem Augit von Arendal in Norwegen.
950 Phosphorit von Logrosan in Spanien.
C. Flußsaure Kalkgattungen.
951 Dichter Fluß von Oudalen in Norwegen.
952 Desgleichen von der Flußgrube bei Hallberg.
953 Desgleichen ebendaher.
954 Desgleichen von Straßberg im Stollbergischen.
955 Desgleichen in kleinen Würfeln mit [illegible] Schwerspath von Gersdorf bei Freiberg.
956 Desgleichen in Würfeln mit abgestumpften Ecken auf Kalkspath von Andreasberg
957 Desgleichen von [illegible] Farbe [illegible] Kalkspath vom Neufang zu Andreasberg.
958 Desgleichen von violblauer Farbe in Würfeln krystallisirt von Derbyshire in England.
959 Desgleichen in Würfeln an den Kanten zugeschärft aus Cumberland.
960 Desgleichen [illegible] Würfel aus Cumberland.

Bild 2.2. Einige Seiten aus dem Register der Kleinstufensammlung (s. auch S. 15 oben)

die durch das Sammlungsmaterial gestützt wird. Zu jedem der insgesamt 1884 Stücke umfassenden Sammlung wurde ein speziell der Größe angepaßtes offenes Kästchen von durchschnittlich 20 × 30 mm aus starkem Papier angefertigt. In die Schachteln wurden Etiketten mit der Mineralbezeichnung und dem Fundort eingelegt und die Stücke mit festhaftenden Nummern beklebt. In dem sorgfältig geführten Verzeichnis sind unter der jeweiligen Nummer das Mineral und die Fundortangaben aufgeführt. Bemerkenswert ist, daß diese Sammlung nach dem ersten Wernerschen Mineralsystem (Bild 2.3) aufgebaut wurde, das der berühmte Freiberger Mineraloge im Jahre 1774 geschaffen hat. Bild 2.4 zeigt einige Mineralstufen dieser Sammlung.

Die bereits genannten Vorzüge und die wachsenden Probleme beim Sammeln von Normalstufen haben dazu geführt, daß die Zahl der Kleinstufensammler

Bild 2.3. Wernersches Mineralsystem als Ordnungsprinzip der Sammlung (s. S. 15 unten)

No

9. Wismuth-Geschlecht

1638 Gediegener Wismuth von Schneeberg in Sachsen.

1639 Desgleichen mit Spatheisenstein von Bieber in Hessen.

1640 Desgleichen aus dem Fürstenbergschen.

1641 Desgleichen von Altenberg in Sachsen.

1642 Desgleichen von Bieber in Hessen.

1643 Desgleichen daher.

1644 Desgleichen daher.

1645 Wismuthglanz mit Tremolith von Dognatzka in Ungarn.

1646 Desgleichen daher.

1647 Desgleichen mit Tremolith aus Ungarn.

1648 Desgleichen und gediegen aus Sachsen.

No

1649 Desgleichen aus Schweden

1650 Wismuthocker von Schneeberg in Sachsen.

10. Zink-Geschlecht.

1651 Gelbe Blende vom [illegible] Stollen bei Andreasberg.

1652 Desgleichen von König Georg bei Zellerfeld.

1653 Desgleichen mit Schwarzerz aus Ungarn.

1654 Desgleichen von Freiberg in Sachsen.

1655 Rothe Blende in [illegible] krystallen auf braunen Blende aus Siegen.

1656 Blende vom Pfaffenberg bei Neudorf.

1657 Braune Blende undeutlich krystal. Es sitzt auf weißem Quarz mit Schwefelkies und [illegible] in ganz kleinen [illegible] von Lautenthal am Harz.

Die Sammlung ist getheilt in
4. Hauptclassen
A. Erdige Fossilien
B. Salzige D°
C. Brennliche D°
D. Metallische D°.

A.
Erdige Fossilien
1 Demant
2 Zirkon
3 Kiesel
4 Thon
5 Talk
6 Kalk
[illegible]
7 Baryt
8 Strontian

B.
Salzige Fossilien
1 [illegible]
2 Salpetersaure
3 Kochsalzsaure
4 Schwefelsaure

C.
Brennliche Foss:
1 Schwefel
2 Erdharz
3 Graphit
4 Resinit

D
Metallische Fossilien
1 Platin
2 Gold
3 Gediegen Quecksilber
4 Silber
5 Kupfer
6 Eisen
7 Bley
8 Zinn
9 Wismuth
10 Zink
11 Spiesglas
12 Tellur
13 Mangan
14 Nickel
15 Kobalt
16 Arsenik
17 Molibdaen
18 Scheel
19 Menak
20 Uran
21 Chrom
22 Cerer

stark zugenommen hat und weiter wächst. Besondere Pionierdienste haben dabei KIPFER [2.1] und LIEBER [2.2] mit ihren Büchern geleistet, durch deren Anregungen viele zu dieser Sammelrichtung gefunden haben. Eine Zusammenfassung des Standes und Arbeitsmethoden für das Micromountsammeln hat auch M. L. SPECKELS mit seiner 1965 erschienenen Schrift »The Complete Guide to Micromounts« [2.5] gegeben.

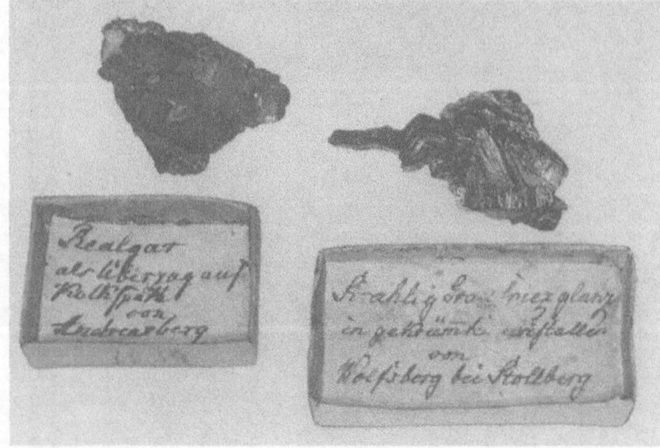

Bild 2.4. Stücke aus der Kleinstufensammlung BAUERSACHS

Insbesondere markiert das Erscheinen KIPFERS »Der Micromounter« im Jahr 1972 den bedeutenden Aufschwung dieser Sammelrichtung. In der DDR begannen Anfang der siebziger Jahre einige Sammler, sich auf Kleinstufen zu spezialisieren. Ihre Zahl ist in stetem Wachsen begriffen.

Stärker noch als der Normalstufensammler ist der Micromounter auf den Austausch von Erfahrungen mit gleichgesinnten Partnern angewiesen. Es ist deshalb verständlich, daß Interessengemeinschaften entstehen, in denen ein lebhafter Austausch von Erfahrungen und Ideen erfolgt.

3. KAPITEL

Sammeln von Kleinmineralen

3.1. Sammlungstypen und Fundregionen

Wie jeder Mineralsammler, steht auch der Micromounter vor der Frage, nach welchem Prinzip er seine Sammlung aufbauen soll und welches Einzugsgebiet er damit für die zu sammelnden und zu tauschenden Minerale auswählt. Dabei ist er in einer glücklicheren Lage, da ihm infolge des »entspannten« Platzproblems und der reichlicheren Fund- und Tauschmöglichkeiten nicht so enge Grenzen gezogen sind. So kann er durchaus mehrere Sammlungstypen nebeneinander aufbauen. Gewarnt werden muß jedoch auch hier vor einer Verzettelung, damit die Qualität der Sammlung nicht leidet.

Wie in der Übersicht (Bild 3.1) dargestellt wird, bieten sich dem Micromounter prinzipiell dieselben Möglichkeiten für den Aufbau von verschiedenen Sammlungen wie dem Sammler von Normalstufen. Dabei kann man die systematische Sammlung als die Grundlage für alle Sammlungstypen und gleichfalls als umfassendste Sammelmöglichkeit betrachten.

Das Ziel der *systematischen* Sammlung ist es, möglichst viele verschiedene Mineralarten zu erfassen. Gegenüber dem Normalstufensammler hat der Micromounter den Vorteil, daß er leichter und schneller eine große Anzahl von Mineralen sammeln kann. Da die meisten Minerale, insbesondere auch die Seltenheiten, nur in kleinen Kristallen vorkommen, ist eine systematische Micromountsammlung auch ästhetisch befriedigender. Als Ordnungsprinzip für die systematische Sammlung sind die Mineralogischen Tabellen von STRUNZ [3.1] zu empfehlen (vgl. auch Kapitel 4.).

Welchen speziellen Sammlungstypen sollte sich darüber hinaus der Micromounter widmen?

Bei *geographisch* orientierten Sammlungen wird die Sammeltätigkeit auf ein mehr oder weniger großes Gebiet mit dem Ziel beschränkt, einen möglichst tiefen Einblick in die Mineralogie (und damit auch die geologischen Verhältnisse) der ausgewählten Region zu erhalten. Diese regionale Beschränkung kann sich auf größere Gebiete erstrecken, wie Thüringen, Sachsen, Alpen, Böhmen, oder auch auf enger begrenzte Lokalitäten, wie Bergwerke, Steinbrüche oder Halden. Wissenschaftlich bedeutsamer sind Lokalsammlungen begrenzter Gebiete der unmittelbaren Heimat des Sammlers. Durch die Möglichkeit zum ständigen Aufsuchen der Fundstelle ist eine lückenlose Dokumentation gegeben. Nicht selten sind solche Sammlungen eine große Hilfe für wissenschaftliche Institutionen und Museen. Der Sammler wird in solchen Fällen zum ernsthaften Partner dieser Einrichtungen und wird seinerseits auch Unterstützung bei der Diagnose seiner Minerale finden (vgl. Kapitel 4.).

Nachfolgend sollen einige typische Beispiele für

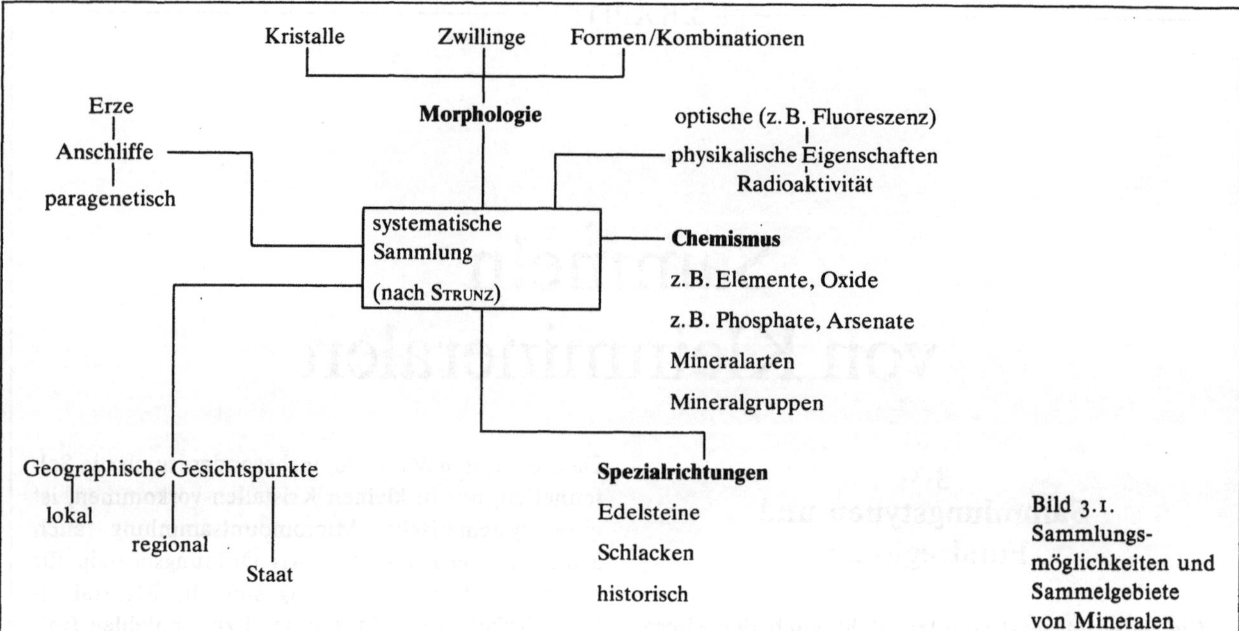

Bild 3.1. Sammlungsmöglichkeiten und Sammelgebiete von Mineralen

Sammlungsregionen genannt werden, die besonders den Micromounter interessieren und Anregungen für die eigene nähere Umgebung darstellen.

Zweifellos stellen die Minerale *Sachsens* ein interessantes und reizvolles Sammelobjekt dar, und besonders der Micromounter findet hier ein reichhaltiges Betätigungsfeld. Darüber hinaus ist neben der Fülle und Mannigfaltigkeit der sächsischen Minerale die Bedeutung Sachsens für die Mineralogie insgesamt zu erwähnen. Die Entdeckungsgeschichte der sächsischen Minerale (Quellmalz [3.2] nennt sie die »Sächsischen Originale« unter den Mineralen) hat die Entwicklung der Mineralogie entscheidend befruchtet. So sind bisher 66 Minerale bekannt, die erstmals von sächsischen Fundorten beschrieben wurden. Beginnend mit Agricola erstreckt sich die Reihe der berühmten Mineralogen über Freiesleben (Freieslebenit), Haidinger (Haidingerit), Breithaupt (Breithauptit) und Weisbach, durch die die Mehrzahl der »Sächsischen Originale« entdeckt und beschrieben wurde, bis in die Gegenwart. Natürlich wird sich der Micromounter zuerst in die umfangreiche Literatur einarbeiten. Bei einem Teil der sächsischen Erstbeschreibungen wird der Sammler sicher vergebens nach Exemplaren suchen. So sind Prosopit, $CaAL_2(F, OH)_8$, von Altenberg oder Kolbeckit, $Sc(PO_4) \cdot 2\ H_2O$, von Sadisdorf nur in einigen Museen und nur in sehr wenigen Exemplaren vorhanden.

Bei einer stärkeren Konzentrierung auf bestimmte Lokalitäten innerhalb Sachsens bietet sich das Sammeln von Kleinstufen vor allem für den Freiberger, Ehrenfriedersdorfer oder Schneeberger Raum an (vgl. Vollstädt [3.3]).

In *Schneeberg* geht seit dem Jahre 1453 Bergbau um. Beginnend mit Silber wurde Ende des 15. Jahrhunderts auch Wismut gefördert. Den Wert des mitgeborgenen Kobalts erkannte man erst später. Im 19. Jahrhundert herrschte der Bergbau auf Nickel und geringfügig auf Uranpecherz vor. Aus dieser Zeit stammt auch eine Vielzahl der Entdeckungen von Mineralen, die u. a. auf den bekannten Gruben Weißer Hirsch, Junge Kalbe, Daniel und Pucher (Pucherit) gemacht wurden. Von diesen Gruben stammen u. a. die Minerale Eulytin, Zeunerit, Walpurgin, Roselith, Köttigit und Kobaltblüte. In Tabelle 3.1

Tabelle 3.1. Historische Schächte des Schneeberger Raumes

Nr.	Schacht
1	Eisleben
2	Fröschgeschrei
3	Fronleichnam
4	Herkules
5	Gebhardt
6	Michaelismaßen
7	Gesellschaft
8	Sonnewirbel-Stollenhalde
9	Heilig Land
10	Ochsenkopf
11	Ochsenschwanz
12	Schwarzer Ochs
13	Haueisen
14	St. Jakob
15	Margaretha
16	Andreas
17	Sonnewirbel
18	Segen Gottes
19	Heilige Dreifaltigkeit
20	Kalbe
21	Gabriel
22	St. Markus
23	Egidli und Himmelfahrt
24	Gnadenbrunn
25	Beustschacht
26	Wolfern und Mülfern
27	Glück
28	Reicher Schatz
29	Rosenkranz-Stollenlichtloch
30	Drei Könige
31	Dreifaltigkeit
32	Vater Abraham
33	Brotkorb
34	Sauschwart und Bierkrug
35	Morgenstern
36	Griefner-Stollen
37	Schindler
38	Daniel
39	Frischglück
40	Hilfe Gottes
41	Schrotschacht
42	Römerzeche
43	Gabe Gottes
44	Vogelbaum
45	Heilig Grab
46	Gelobt Land
47	Klingelsporn
48	Sattlerzeche
49	Erasmus
50	Münzerzeche
51	Eiserner Landgraf
52	Weißer Hirsch
53	Enoch
54	St. Jakob
55	St. Christoph
56	St. Martin
57	Brigitta
58	St. Katharina Neufang
59	Häuerzeche
60	Römisches Reich
61	Himmelfahrt
62	Heilige Drei Könige
63	St. Johannis
64	Mariä Verkündigung
65	Wildermann
66	Alter Schafstall
67	Margaretha und Wenzel
68	Rosenkranz
69	Würmlein
70	Junger Schafstall
71	Mohr
72	Engel
73	Elisabeth
74	Ameise
75	St. Joachim
76	Zukunft Christi
77	Trost
78	Kindel
79	St. Johann
80	Lamm Gottes
81	Drei Brüder
82	Julius
83	Marschall
84	Hanfstängel
85	Drei Lilien
86	Neujahrschacht
87	Quergeschick
88	Hilfe Gottes
89	Heilige Dreifaltigkeit
90	Herkules
91	Landeskrone Mit Glück
92	Hildebrand
93	König David
94	König Lasla
95	König Artus
96	Junger Rappold
97	Pankratius
98	Bergkappe
99	Donath
100	Josua
101	Gnade Gottes
102	Bornkindel
103	Freudenstein
104	St. Anna am Freudenstein
105	Junge St. Anna
106	Lindemann
107	Evangelisten
108	Kinder Israel
109	Alter Rappold
110	Heilig Kreuz
111	Blauderer
112	Grüne Birke
113	Unverhofft Glück
114	Lindwurm
115	Morgenröte
116	Segen Gottes und Tafelstein
117	St. Johannis
118	Wismutzeche
119	Drei Könige
120	Reisiges Zeug
121	Galgen
122	Gral
123	Elterlein
124	Güldener Falk
125	St. Johannis
126	St. Anna
127	Pfeiffer
128	Unruhe
129	St. Sebastian
130	König Salomo
131	Adam Heber
132	Junge Zeche
133	Siebenschlehen
134	Siebenhüfen
135	Dorothea
136	Magdalena
137	Beschert Glück
138	Katharina Trost
139	Oswald
140	Segen Gottes
141	Reicher Trost
142	Trost
143	Allerheiligen
144	Auferstehung
145	Kirschbaum
146	Weinstock
147	Hoffnung
148	Peter und Paul
149	Nasse Rott
150	Kaspar
151	Himmlischer Vater
152	Deutsches Haus
153	Härtel-Stollenlichtloch
154	St. Jakob
155	Leipziger-Stollenlichtloch
156	Wolfgangmaßen
157	St. Wolfgang
158	Hangemüller
159	Reicher Schatz
160	Gottes Bescherung
161	Salvator
162	Schwalbener Flügel
163	Waldschacht
164	Alexander
165	Gnade Gottes
166	Friedefürst
167	Pucher
168	Gnade Gottes
169	Alte Sau
170	St. Andreas
171	Bartholomäus
172	St. Markus
173	Stephan
174	St. Margarete
175	St. Johannis

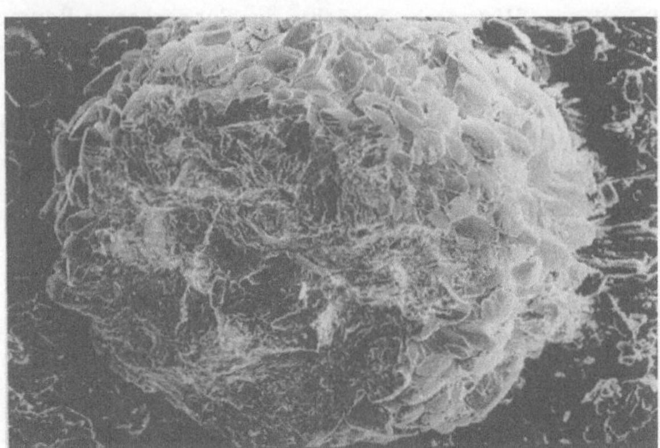

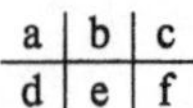

Bild 3.2. Darstellung einer Auswahl Schneeberger Micromounts

a) Apatit auf Quarz von der Halde des Pucherschachtes
Die Apatitkristalle sind hier dicktafelig und zeigen nur Prismenflächen und Basis
b) Schumacherit vom Pucherschacht
kugelförmige Aggregate auf Quarz
c) Schumacheritkristalle von der Pucherschachthalde
d) Schumacheritaggregat auf Quarz von der Halde des Pucherschachtes
e) Pucheritkristalle vom Pucherschacht
f) Eulytinaggregat auf Quarz von der Halde der Grube Junge Kalbe
Das Eulytinaggregat besteht aus triakistetraedrischen (pyramidentetraedrischen) Einzelkristallen. Die rasterelektronenmikroskopischen Aufnahmen wurden im Institut für Elektronenmikroskopie der Akademie der Wissenschaften der DDR in Halle durch Dipl.-Phys. K. Schumann angefertigt. Das Material stellte Dr. Siemroth, Halle, zur Verfügung.

Tabelle 3.1 (Fortsetzung)

176	St. Niklas	183	Osterlamm
177	Priester	184	Türkschacht
178	Leviten	185	Gabe Gottes
179	St. Martin	186	Hohe Fichte
180	Wildschwein	187	Herzog Christian
181	St. Georg	188	Herzog Christian-Stollenlichtloch
182	Kinder Israel		

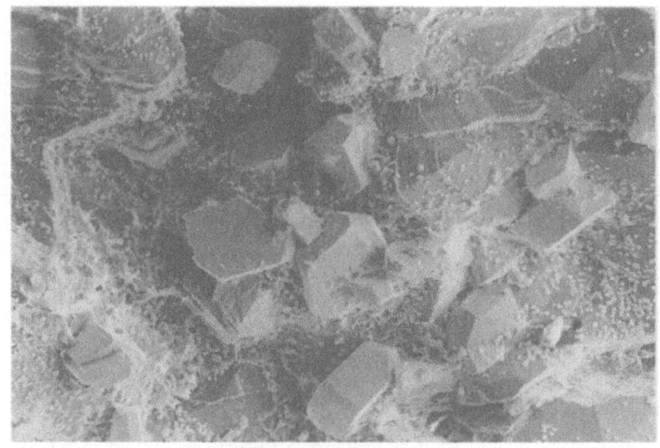

sind die ehemaligen Schächte des alten Bergbaureviers Schneeberg-Neustädtel zusammengestellt. Interessant ist, daß auch in jüngster Zeit noch mit Schumacherit und Asselbornit weitere Neuentdekkungen von Schneeberg beschrieben wurden. In der Tabelle 3.2 sind die bisher im Schneeberger Revier gefundenen Minerale aufgeführt. Einige Beispiele zeigt Bild 3.2.

Vergleichbar in der Mannigfaltigkeit der Minerale von Schneeberg und diese an Umfang noch übertreffend sind die Vorkommen der Grube Clara bei Wolfach/Schwarzwald, wo seit dem 13. Jahrhundert der Bergbau umgeht. Insgesamt wurden bisher aus dieser Grube über 200 verschiedene Minerale beschrieben, darunter besonders für den Micromounter eine Vielzahl interessanter Seltenheiten (Karminit, Duftit, Weilerit u. a.).

Ein lohnender Fundpunkt für Micromounter ist die auflässige Antimonitlagerstätte von Wolfsberg im Harz. Neben herrlichen Antimonitkristallen, die in typischen Kristallformen vorkommen (vgl. Bild 3.3), werden so seltene Minerale wie Zinckenit, Wolfsbergit, Plagionit, Dadsonit, Semseyit und Kermesit beschrieben. Äußerst attraktiv sind die in bizarren Formen vorkommenden Jamesonitkristalle (vgl. dazu die REM-Aufnahmen im Bild 3.4).

Ähnliche Vielfalt in der Mineralführung besitzt der Pegmatit von Hagendorf-Süd, von dem bisher über 120 Minerale beschrieben wurden. Besonders bekannt von diesem Fundort ist die Vielzahl seltener Phosphate (Mitridatit, Phosphophyllit, Scholzit u. a.).

Der Micromounter mit guten Tauschmöglichkeiten kann sich auch einem der spektakulärsten Fundorte widmen, dem Erzbergwerk von Tsumeb, Namibia. Von hier stammt eine Vielzahl sehr seltener Minerale, wovon 40 erstmals von Tsumeb beschrieben wurden. Der Reichtum der über 200 gefundenen Minerale besteht vor allem in den sulfidischen und oxi-

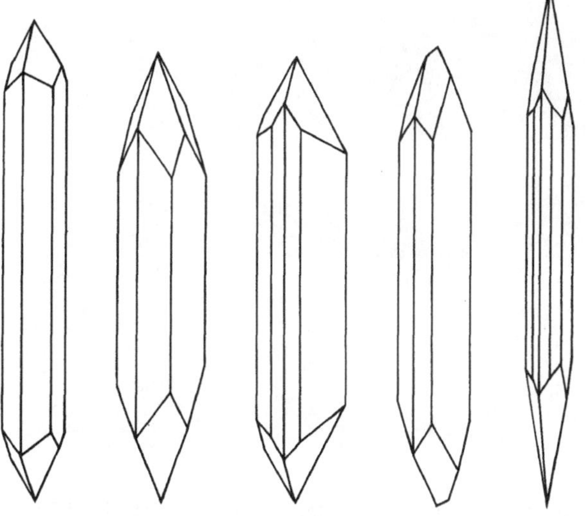

Bild 3.3. Typische Kristallformen von Antimonit, wie sie aus der Lagerstätte Wolfsberg/Harz bekannt sind (nach GOLDSCHMIDT [3.5])

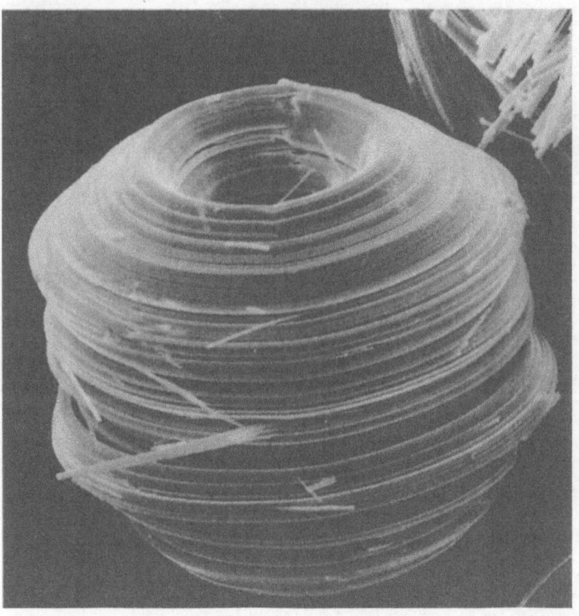

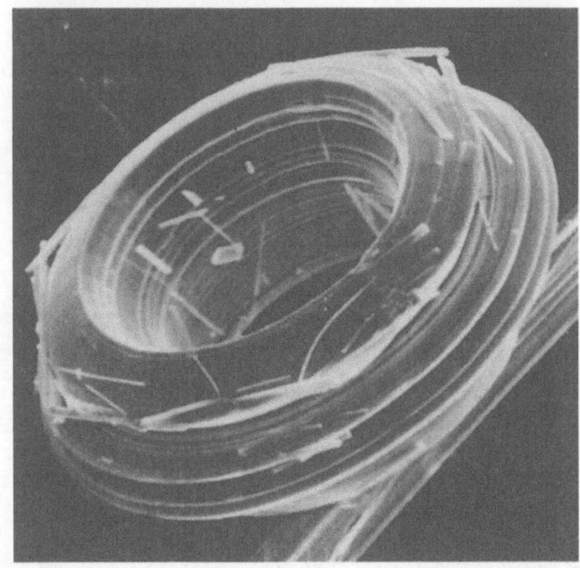

Bild 3.4. Rasterelektronenmikroskopische Aufnahmen von Jamesonit der Lagerstätte Wolfsberg/Harz
Die gekrümmten Formen sind als Seltenheit von Jamesonit bekannt (vgl. auch LIEBER und RICHARTZ [3.6])
Anfertigung der Aufnahmen und Bereitstellung der Proben s. Bild 3.2

dischen Sekundärmineralen. Eine übersichtliche Zusammenfassung der Geschichte, Geologie und Beschreibung aller gefundenen Minerale stammt von KELLER [3.4].

Hinsichtlich der Sammlung nach geographischen Gesichtspunkten bietet sich natürlich jede einigermaßen »mineralträchtige« Region in der Umgebung des Sammlers an. Daraus leiten sich dann auch günstige Möglichkeiten zum Tausch ab.
Zu den »klassischen« Fundregionen gehören neben den bereits oben genannten u. a. noch

- der Ural, Minas Gerais/Brasilien,
- die verschiedenen Fundgebiete der Alpen, wobei gerade hier der Micromounter im Haldenabraum der Normalstufensammler und Strahler (»Berufssammler«) besonders gute Funde machen kann,
- die Minerale der basaltischen Gesteine, z. B. der Eifel, der Lausitz, Südthüringens oder Böhmens (vgl. auch Spezialsammlungen).

Tabelle 3.2. Minerale, die bisher im Schneeberger Revier gefunden wurden

»Agricolit«	Braunit	Gips	Meta-Uranocircit	Pyrit	Torbernit
Akanthit	Bravoit	Goethit	Meta-Zeunerit	Pyrolusit	Trögerit
Alaun	Calcit	ged. Gold	Miargyrit	Pyromorphit	Turmalin
Allophan	Cerussit	Granat	Millerit	Pyrophyllit	Uraninit
Anhydrit	Chalcedon	Haidingerit	Mimetesit	Pyrrhotin	Uranocircit
Ankerit	Chalkanthit	Hämatit	Mixit	Quarz	Uranopilit
Annabergit	Chalkopyrit	Hausmannit	Molybdänit	Rammelsbergit	Uranosphärit
Antimonit	Chalkosin	Heterogenit	Nakrit	Realgar	Uranospinit
Aquilarit	Chloanthit	Johannit	Naumannit	Roselith	Vesuvian
Aragonit	Chlorargyrit	Kakoxen	Nickelin	Safflorit	Wad
Argentit	Chlorotil	Kassiterit	Novačekit	Schapbachit	Walpurgin
ged. Arsen	Chrysokoll	Kerstenit	Olivenit	Schumacherit	Weinschenkit
Arsenolith	Cinnabarit	Koechlinit	Opal	Schwerspat	Whewellit
Arsenopyrit	Clausthalit	Köttigit	Pearcit	Serpentin	ged. Wismut
Asselbornit	Cobaltin	ged. Kupfer	Pharmakolith	Siderit	Witherit
Atelestit	Covellin	Kupferpecherz	Pharmakosiderit	ged. Silber	Wolframit
Auripigment	Cubanit	Lepidokrokit	Pikropharmakolith	Skorodit	Wulfenit
Autunit	Curit	Liebigit	Pitticit	Skutterudit	Wurtzit
Azurit	Dolomit	Limonit	Polianit	Sphalerit	Xanthokon
Bequerelit	Emplektit	Linarit	Polybasit	Sphärokobaltit	Zeunerit
Beudantit	Erythrin	Lithiophorit	Prehnit	Stephanit	Zippeit
Beyerit	Eulytin	Löllingit	Proustit	Sternbergit	
Bismit	Fluorit	Magnesit	Pseudomalachit	Strengit	
Bismuthinit	Fritscheit	Magnetit	Psilomelan	Symplesit	
Bismutit	Galenit	Malachit	Pucherit	Talk	
Bismutoferrit	Ganomatit (Gänsekötigerz)	Maucherit	Pyrargyrit	Tennantit	
Bornit		Melanterit		Tetraedrit	
Bournonit				Tirolit	

Spezialsammlungen

Für Spezialsammlungen gibt es vielfältige Möglichkeiten. Beim Sammeln nach Mineralarten konzentriert man sich auf solche, die in vielen verschiedenen Ausbildungen und Kristallformen vorkommen, wie z. B. Quarz, Granat, Calcit, Fluorit und Pyrit oder Mineralgruppen, wie z. B. Phosphate oder Karbonate.

Die Sammlung von *Anschliffen* stellt eine weitere Möglichkeit dar, wobei sich hier besonders Paragenesen von verschiedenen Erzen anbieten. Die Betrachtung und Identifizierung erfordern anfangs Mühe und Übung, geben dann jedoch vielfältige Anregungen und interessante Informationen (vgl. auch Kapitel 4.).

Eine Weiterführung dieser Spezialrichtung stellt die Betrachtung polierter Anschliffe von Achaten oder anderen Quarzvarietäten dar. Unter dem Stereomikroskop können damit neue Dimensionen in ästhetischer Hinsicht erschlossen werden. Das vielfältige Farbenspiel der Achatschichten u. a. regt zum Aufbau einer Spezialsammlung an, die zu weiteren eigenen Untersuchungen über die Genese dieser Quarzvarietäten eingesetzt werden kann. Die Achatkugeln aus St. Egidien oder dem Thüringer Raum sind z. B. für derartige Sammlungen gut geeignet.

Besonders anspruchsvoll ist eine Spezialsammlung

von Edelsteinen, wenn sie unter dem Aspekt der in ihnen enthaltenen Verwachsungen angelegt ist. Die Edelsteine enthalten fast stets charakteristische Einschlüsse, die für den Gemmologen (Edelsteinkundler) Merkmale für Echtheit und in vielen Fällen auch für die genaue Bestimmung der Herkunft darstellen. Von GÜBELIN [3.7] stammen umfangreiche Untersuchungen zum »Innenleben« der Edelsteine.

Aufschlußreich ist ebenfalls eine Spezialsammlung nach chemischen Gesichtspunkten. In der Tabelle 3.3 sind die Elemente des Periodensystems hinsichtlich ihrer Beteiligung am Aufbau der einzelnen Minerale aufgeführt. Daraus wird z. B. ersichtlich, daß es mindestens 50 Silberminerale gibt, das heißt solche, in denen das Element Silber als Kation in der Formel erscheint. Die Tabelle 3.4 bringt in

Tabelle 3.3. Anteil der Elemente an der Zusammensetzung der Minerale (nach A. G. POVARENNY)

Anzahl	Element
über 500	O (1364), H (908)
500...150	Si (432), Ca (385), S (369), Al (320), Fe (300), Na (222), Mg (191), Cu (184), P (179), Mn (171), As (170), Pb (168)
150...50	B (112), C (112), K (106), U (101), Cl (97), F (86), Sb (74), Zn (61), Bi (61), Ti (60), Ba (60), V (59), Ag (50)
50...10	Ni (49), Be (47), Se (37), Te (34), Ce (33), N (32), Co (28), Sr (26), Li (24), Nb (23), Sn (22), Y (21), Zr (18), Cr (17), Ta (17), Hg (16), Mo (15), Th (12), Pd (11), W (11)
<10	La (9), Au (9), Ge (8), J (8), Pt (8), Cd (5), Tl (5), In (3), Se (2), Ir (2), Br (1), Cs (1), Ru (1), Rh (1), Os (1)
keine Bildung	Rb, Te, Pr, Nd, Pm und weitere

Tabelle 3.4. Zusammenstellung der Silberminerale (z. T. nach FEHR [3.11])

Mineral	Chemische Formel
Aguilarit	$Ag_2(S, Se)$
Akanthit	Ag_2S
Alaskait	$(Ag, Cu)_2PbBi_4S_8$
Allargentum	$AgSb$
Amalgam	(Ag, Hg)
Andorit	$2\,PbS \cdot Ag_2S \cdot 3\,Sb_2S_3$
Aramayoit	$Ag_2S \cdot (Sb, Bi)_2S_3$
Arcubisit	Ag_6CuBiS_4
Argentit	Ag_2S
Argentojarosit	$AgFe_3^{3+}(OH)_6(SO_4)_2$ oder $Ag_2O \cdot 3\,Fe_2O_3 \cdot 4\,SO_3 \cdot H_2O$
Argentopentlandit	$Ag(Fe, Ni)_8S_8$
Argentopyrit	$AgFe_2S_3$
Argyrodit	$4\,Ag_2S \cdot GeS_2$
Argyropyrit	$Ag_3Fe_7S_{11}$
Balkanit	$Cu_9Ag_5HgS_8$
Benjaminit	$(Cu, Ag)_2S \cdot 2\,PbS \cdot 2\,Bi_2S_3$
Berryit	$Pb_3(Ag, Cu)_5Bi_7S_{16}$
Bideauxit	$Pb_2AgCl_3(F, OH)_2$
Billingsleyit	$Ag_7(Sb, As)S_6$
Bohdanowiczit	$AgBiSe_2$
Boleit	$Pb_2Ag_9Cu_{24}Cl_{62}(OH)_{48}$
Bromargyrit	$AgBr$
Bromyrit	$AgBr$
Canfielit	$4\,Ag_2S \cdot SnS_2$
Chlorargyrit	$AgCl$
Cicinerit	Cu_4AgS
Crookesit	$(Cu, Tl, Ag)_2Se$
Cupropavonit	$PbAgCu_2Bi_5S_{10}$
Diaphorit	$5(Pb, Ag_2)S \cdot 2\,Sb_2S_3$
Dyscrasit	Ag_3Sb
Embolit	$Ag(Br, Cl)$
Empressit	$Ag_{1,1}Te_{1,1} - Ag_{1,5}Te_{1,5}$
Eskimoit	$Ag_7Pb_{10}Bi_{15}S_{36}$
Eucairit	$Cu_2Se \cdot Ag_2Se$
Fischesserit	Ag_3AuSe
Fizelyit	$5\,PbS \cdot Ag_2S \cdot 4\,Sb_2S_3$
Freibergit	$(Ag, Cu, Fe)_{12}(SbAs)_4S_{13}$
Freislebenit	$5\,(Pb, Ag_2)S \cdot 2\,Sb_2S_3$
Frieseit	$Ag_2Fe_5S_8$
Gustavit	$PbAgBi_3S_7$
Hatchit	$PbAgTlAs_2S_5$

Tabelle 3.4. (Fortsetzung)

Mineral	Chemische Formel
Hessit	Ag_2Te
Heyrovskyit	$Pb_{10}AgBi_5S_{18}$
Hocartit	Ag_2FeSnS_4
Hutchinsonit	$PbS \cdot (TlAg)_2S \cdot 2\,Sb_2S_3$
Jalpait	$3\,Ag_2S \cdot Cu_2S$
Jodargyrit	AgJ
Kongsbergit	α-Ag_2Hg_3
Krennerit	$(Au, Ag)Te_2$
Kutinait	Cu_2AgAs
Laffittit	$AgHgAsS_3$
Larosit	$(Cu, Ag)_{21}(PbBi)_2S_{13}$
Lengenbachit	$6\,PbS \cdot Ag_2S \cdot 2\,As_2S_3$
Marrit	$PbAgAsS_3$
Matildit	$Ag_2S \cdot Bi_2S_3$
Mc Kinstryit	$(Ag, Cu)_2S$
Miargyrit	$Ag_2S \cdot Sb_2S_3$
Miersit	$4\,AgJ \cdot CuJ$
Moschellandsbergit	γ-Ag_2Hg_3
Muthmannit	(Au, Ag)Te
Naumannit	Ag_2Se
Neyit	$Pb_7(Cu, Ag)_2Bi_6S_{17}$
Novakit	$(Cu, Ag)_4As_3$
Ourayit	$Ag_{25}Pb_{30}Bi_{41}S_{104}$
Owyheeit	$8\,PbS \cdot 2\,Ag_2S \cdot 5\,Sb_2S_3$
Paraschachnerit	β-Ag_3Hg_2
Pearceit	$9\,Ag_2S \cdot As_2S_3$
Petzit	$(Ag, Au)_2Te$
Polyargyrit	$11\,Ag_2S \cdot Sb_2S_3$
Polybasit	$9\,Ag_2S \cdot Sb_2S_3$
Proustit	Ag_3AsS_3
Pyrargyrit	Ag_3SbS_3
Pyrostilpnit	$3\,Ag_2S \cdot Sb_2S_3$
Ramdohrit	$3\,PbS \cdot Ag_2S \cdot 3\,Sb_2S_3$
Samsonit	$2\,Ag_2S \cdot MnS \cdot Sb_2S_3$
Sanquinit	$3\,Ag_2S \cdot As_2S_3$
Schachnerit	β-AgHg
Schapbachit	$PbS \cdot Ag_2S \cdot Bi_2S_3$
Schirmerit	$3\,(Ag_2Pb)S \cdot 2\,Bi_2S_3$
Silber	Ag
Smithit	$Ag_2S \cdot Ag_2S_3$
Stephanit	$5\,Ag_2S \cdot Sb_2S_3$
Sternbergit	$Ag_2S \cdot Fe_4S_5$
Stetefeldtit	$Ag_2Sb_2(O, OH)_7$
Stromeyerit	$(Ag, Cu)_2S$
Stützit	Ag_4Te
Sylvanit	$(Au, Ag)Te_2$
Tapalpit	$3\,Ag_2(S, Te) \cdot Bi_2(S, Te)_3$
Telargpalit	$(Pd, Ag)_{4+x}\,Te$
Tocornalit	Jodid von Ag und Hg
Treasurit	$Ag_7Pb_6Bi_{15}S_{32}$
Trechmanit	$Ag_2S \cdot As_2S_3$
Ultrabasit	$28\,PbS \cdot 11\,Ag_2S \cdot 3\,GeS_2 \cdot 2\,Sb_2S_3$
Uytenbogaardtit	Ag_3AuS_2
Vikingit	$Ag_5Pb_8Bi_{13}S_{30}$
Volynskit	$AgBiTe_2$
Xanthoconit	$3\,Ag_2S \cdot As_2S_3$
Xanthokon	Ag_3AsS_3

alphabetischer Reihenfolge eine Zusammenstellung der bisher bekannten Silberminerale [3.11]. Schließlich sind »Schlackenminerale« (z. B. aus den historischen Schlacken von Laurion/Griechenland) ein spezielles Sammelobjekt. In den Blasenräumen dieser Schlacken finden sich einige seltene Minerale, die ausnahmslos in für den Micromounter geeigneten Größen gefunden werden.

3.2. Technische Hinweise zum Sammeln von Kleinmineralen

Das eigene Sammeln von Mineralen ist wohl die reizvollste Seite bei den vielseitigen Tätigkeiten, die die intensive Beschäftigung mit Mineralen mit sich bringt. Meist befinden sich die Fundpunkte in schöner landschaftlicher Umgebung, so daß auch aus dieser Sicht eine Sammelexkursion zum Erlebnis wird. Für das Sammeln von Mineralen gibt es Bestimmungen, die beachtet werden müssen. In der DDR gilt als wichtigste gesetzliche Grundlage die »Anordnung über das Sammeln von Mineralien, Fossilien und Gesteinen« [3.9]. Nach dem genannten Gesetz ist zum Sammeln eine besondere Erlaubnis erforderlich. Auch in anderen Ländern sind spezielle gesetzliche Regelungen zum Sammeln von Mineralen (z. B. in der Schweiz) und allgemeine zivilrechtliche Bestimmungen erlassen worden [3.10].

Vorbereitung der Sammelexkursion

Die gründliche Vorbereitung ist entscheidend für den Erfolg der Sammelexkursion. Das gilt ganz besonders für Fundpunkte, die man selbst noch nicht besucht hat. Zunächst wird man mit dem Literaturstudium zur Geologie, Mineralogie und zur Genese der Minerale des Exkursionsgebietes beginnen und versuchen, sich einen möglichst umfassenden Überblick zu verschaffen. Dabei sollte man auch historische Informationen (z. B. über ein Altbergbaugebiet) aufnehmen, denn auch dadurch wird die Freizeitbeschäftigung vielseitiger und interessanter. Es sollte beim Sammeln nicht nur um das Zusammentragen mehr oder weniger wertvoller Fundstücke gehen, sondern auch um ihre Einordnung in die größeren Zusammenhänge.

Geologische und topographische Karten sind für die Vorbereitung besonders wichtig. In vielen Fällen wird man daraus entsprechende Lageskizzen des Fundgebietes anfertigen. Für eine effektive Arbeit »vor Ort« ist es zweckmäßig, sich bei ortsansässigen Sammlern oder im regional zuständigen Museum typische Fundstücke anzusehen. Das gilt vor allem hinsichtlich der Matrix, die das Gesuchte trägt, denn erfahrungsgemäß kommt nur ein geringer Teil des Materials (beispielsweise einer alten Halde) zum »näheren Ansehen« überhaupt in Frage.

Besonders günstig ist es natürlich, mit erfahrenen ortskundigen Sammlern Kontakt aufzunehmen. Kein ernsthafter Sammler kann auf den Erfahrungsaustausch mit Gleichgesinnten auf die Dauer verzichten. Der Anschluß an eine geologisch-mineralogische Fachgruppe ist deshalb empfehlenswert.

Schließlich ist es in vielen Fällen notwendig, sich vor einer Exkursion rechtzeitig beim entsprechenden Rechtsträger anzumelden und die Genehmigung zum Besuch (beispielsweise eines Steinbruches) einzuholen.

Sammelausrüstung

Die Ausrüstung ist abhängig vom Charakter des Aufschlusses und muß jeweils differenziert in bezug auf die zu erwartende Situation ausgewählt werden. Beispielsweise benötigt man im Altbergbaugebiet Werkzeug, um in die Halde hineinzukommen (Kreuzhacke, Schaufel, Kratzer), worauf man natürlich in

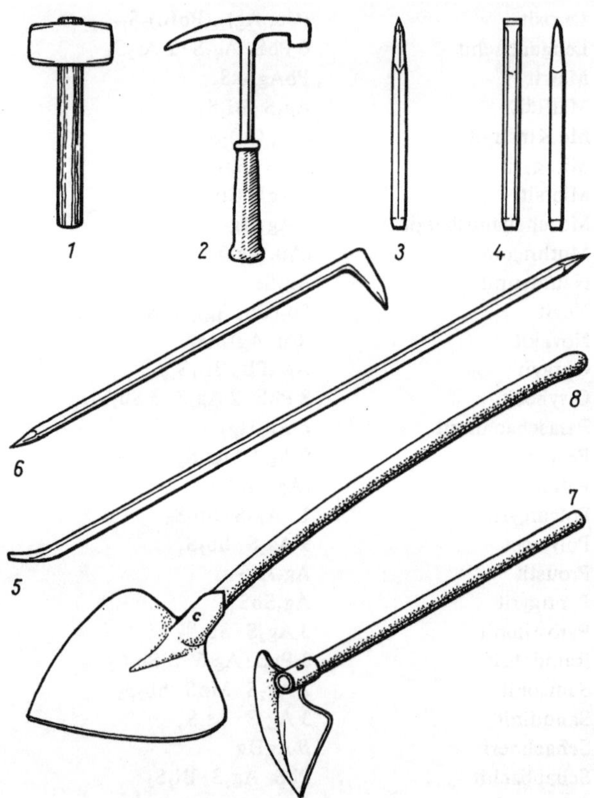

Bild 3.5. Werkzeug zum Mineralsammeln

1 Fäustel
2 Geologenhammer
3 Spitzmeißel
4 Flachmeißel
5 Brechstange
6 Strahlstock
7 Keilhaue
8 Schaufel

einem Steinbruch verzichten kann. Dafür ist im Steinbruch meist schweres Werkzeug (Vorschlaghammer, schwerer Fäustel, kräftige Meißel und Keile) erforderlich (Bild 3.5). Zur Prüfung der vollständigen Ausstattung für eine Exkursion soll die folgende Checkliste dienen. Wie man erkennt, unterscheidet sich die Ausrüstung nur in wenigen Positionen von der des »Normalsammlers«.

Werkzeug

- Hämmer verschiedener Ausführung und mit unterschiedlichem Gewicht, besonders zweckmäßig ist ein aus einem Stück geschmiedeter Geologenhammer mit rutschfestem Gummigriff
- Fäustel 1,5 kg, evtl. Vorschlaghammer 5 kg
- Meißel verschiedener Längen und Formen (bei größeren Meißeln mit Handschutz aus Plast)
- Brechstange, evtl. Strahlstock
- Kreuzhacke, Kratzer, Keilhaue
- Schaufel, Spaten
- hydraulische Trenneinrichtung (z.B. bei mehrtägigen umfangreichen Exkursionen)

Sicherheit

- Schutzhelm, Schutzbrille, Arbeitsschutzhandschuhe aus Leder
- robustes Schuhwerk mit Profilsohle und Knöchelschutz
- Verbandsmaterial

Prüfung und Reinigung

- Lupe
- evtl. einfaches Stereomikroskop (bei ausgedehnten Exkursionen)
- Härteprüfstifte, Stahlnadeln
- Tropfflasche mit verdünnter Salzsäure
- Bürsten und Pinsel
- Schüssel, Wasserkanister

Transport und Verpackung

- Rucksack
- Umhängetasche, Tragebeutel (günstig zum Absuchen der Fundstelle)
- flache, stapelbare Stiegen bei PKW-Benutzung
- Schachteln verschiedener Größe, z. T. mit vorbereitetem Kittbett
- reichlich Zeitungspapier, Seidenpapier für empfindliche Stücke, Alu-Folie, Wellpappe, Bindedraht

Orientierung und Legitimation

- Karten (topographische und geologische)
- Kompaß
- Lageskizzen des Fundpunktes
- Sammelerlaubnis
- Genehmigung des Rechtsträgers zum Betreten des Aufschlusses

Dokumentation

- Fundortzettel
- Exkursionsheft
- Schreibgerät
- Kamera

Bergung des Materials

Für den Micromounter sind die meisten Fundpunkte auch dann noch ergiebig, wenn sie schon von mehreren Sammlergenerationen abgesammelt worden sind. Künstliche Aufschlüsse (Steinbrüche, Tagebaue, Halden und Pingen, Baugruben und Böschungsanschnitte bei Straßenbauarbeiten und Schürfe) sind die bevorzugten Fundpunkte. Natürliche Aufschlüsse (Felsen und Klippen, Bachläufe, Erzgangausbisse, Fluß- und Strandseifen u. a.) sind meist nicht so ergiebig.

Bei der Ankunft an der Fundstelle sollte nicht sofort an der nächstgelegenen Stelle mit dem Sammeln begonnen werden. Mancher Sammler hat schon geglaubt, auf diese Weise Zeit zu sparen, und hielt die Beschäftigung mit der geologischen Situation des Fundgebietes für verzichtbares Beiwerk. Dabei kann es vorkommen, daß man einige Stunden hart arbeitet und dann beim Abschlußrundgang im »Rest« eines Vorgängers mit minimalem Aufwand Besseres findet. Man verschafft sich also zunächst einen Überblick über die Gesamtsituation, wobei die theoretische Vorbereitung der Exkursion und das dabei zusammengestellte Material eine gute Grundlage bieten. Aufmerksam sollte man die hinterlassenen Reste anderer Sammler betrachten. Meist ergeben sich daraus wesentliche Anhaltspunkte über die vorkommenden Minerale und ihre Paragenese. Es ist eine entgegenkommende Geste zwischen Sammlern, Fundmaterial, das nicht mitgenommen wird, an exponierten Stellen für den nachfolgenden Sammler zur ersten Information über die Fundmöglichkeiten zurückzulassen. Oft ist es möglich, aus diesem Material kleine Objekte zu bergen, die für den Normalstufensammler wertlos waren. Von Vorteil ist es dabei, wenn Regen Schmutz und Gesteinsmehl von den Stücken abgespült hat. Nicht selten werden dadurch vorher übersehene Kristalle sichtbar. Steinbrüche und Halden sind bevorzugte Fundpunkte des Micromounters. Deshalb folgen dazu einige spezifische Hinweise.

Die Sicherheit hat beim Arbeiten im Steinbruch absoluten Vorrang. Auch wenn man eine Genehmigung zum Betreten des Bruchs hat, ist es selbstverständlich, sich bei den verantwortlichen Mitarbeitern anzumelden. Ihren Weisungen ist strikt Folge zu leisten. Ganz besonders ist auf loses Material und Überhänge an den Bruchwänden zu achten und deren Umgebung zu meiden.

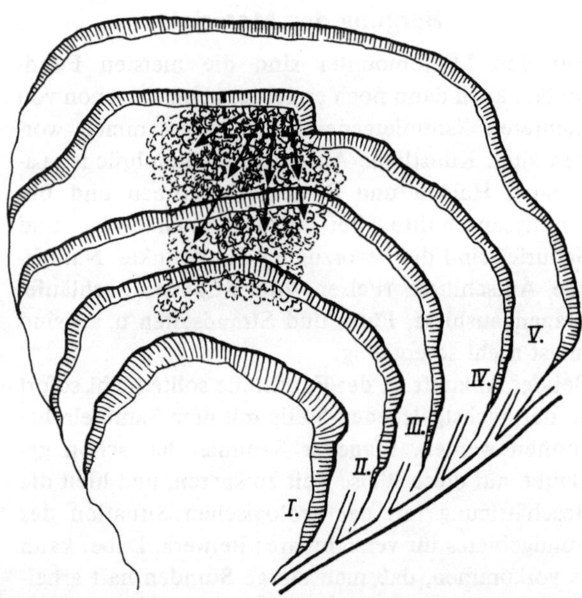

Bild 3.6. Verfolgen von Fundstücken aus Gängen, Klüften usw. in »Flugrichtung« der Gesteinsbrocken nach einer Sprengung
I bis *V* Steinbruchsohlen

In einem Steinbruch sind oft nach Sprengungen, die meist nur in größeren Abständen durchgeführt werden, interessante Funde zu erwarten. Der dabei entstehende feine Staub kann die interessierenden kleinen Kristalle verdecken. Daher lohnt es meist nur, einen Steinbruch zu besuchen, wenn einer Sprengung ein starker Regen gefolgt ist. Entdeckt man beim ersten Überblicksrundgang durch den Bruch im Gesteinsmassiv der Wand interessante Partien oder »höffige« Brocken, so sollte die Schußrichtung der Sprengung rekonstruiert werden, weil in der Flugrichtung der Gesteinsbrocken gegebenenfalls weiteres interessantes Material zu erwarten ist (Bild 3.6).

Spezielle Ratschläge für die Zerkleinerung des Materials können kaum gegeben werden, weil jedes Gestein anders spaltet. Ratsam ist es, zunächst Probeschläge an wertlosen Brocken auszuführen, um das Bruchverhalten zu erkennen, bevor man gute Fundstücke verdirbt. Muß eine Kristallgruppe aus dem Gesteinsverband herausgelöst werden, sollte man sie nicht zu knapp nehmen, sondern ausreichend Nebengestein belassen und die weitere Formatisierung mit der hydraulischen Presse zu Hause vornehmen.

Beim Aufspalten kleiner Drusen oder beim Abheben von winzigen Kristallgruppen sind entsprechend kleine Meißel und Hämmer Voraussetzung für möglichst geringen Bruch. Das Gesteinsmaterial sollte auf schmale Gänge und Trümchen, Einschlüsse, Lithophysen usw. durchgesehen werden. Aus schmalen Klüften kann beim zweckmäßigen Spalten oft eine Vielzahl Micromounts gewonnen werden. Zum Ausräumen schmaler Spalten werden überlange Spitz- und Flachmeißel benötigt. Ein Werkzeug in Form des zum Ausräumen alpiner Klüfte benutzten

Bild 3.7. Alte Bergbauhalden markieren sich durch Buschbewuchs im Gelände (Schweina bei Bad Liebenstein) (Foto R. SCHMIDT, Suhl)

Strahlstocks ist zweckmäßig. Beim Herausarbeiten von Gangfüllungen aus Spalten fallen meist viele Bruchstücke und abgesprengte Kriställchen an. Vermutet man, daß in dem Gang seltene Minerale enthalten sind, sollte man diesen »Abfall« auf jeden Fall mitnehmen. Zum Auffangen wird Papier untergelegt bzw. ein Plastebeutel günstig angebracht. Dieses Material und der beim Formatisieren entstandene Bruch werden dann unter dem Stereomikroskop gesichtet. Mitunter lohnt es auch, vollständig ausgefüllte Gänge ohne freistehende Kristalle zu bergen und diese zu Hause auszuätzen (s. Kapitel 5.1.). Das ist besonders bei Vorliegen einer abschließenden Calcit-Generation zu empfehlen, die alle Hohlräume ausgefüllt hat. Manchmal kommen durch das Ätzen Minerale der vorher abgesetzten Paragenese zum Vorschein, die dann meist modellhaft ausgebildet, unkorrodiert und unverletzt sind.

Halden sind besonders für den Micromounter ergiebige Fundpunkte. Vom heutigen Bergbau sind meist nur die Abraumhalden von Interesse. Durch die modernen Aufbereitungsmethoden wird das erzhaltige Gestein so stark zermahlen, daß kaum Funde möglich sind. Am Haldenfuß sammeln sich bevorzugt die großen Brocken an, da sie beim Kippen des Fördergutes am weitesten rollen. Gerade sie enthalten häufig interessante Minerale. Altbergbauhalden heben sich inmitten von Äckern und Wiesen oft durch

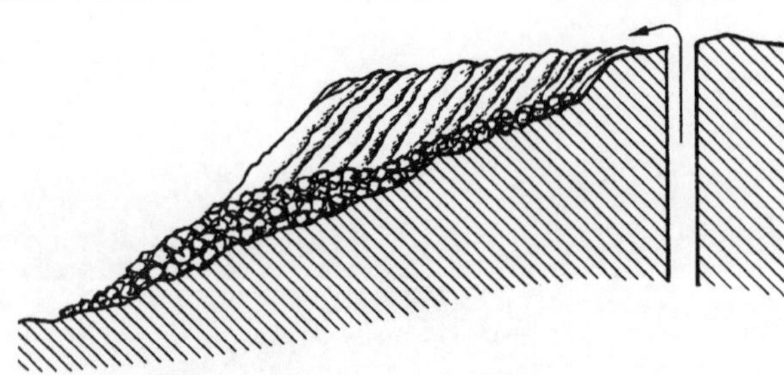

Bild 3.8. Schichtparallele Ablagerung an Bergbauhalden

Baum- und Buschbewuchs ab (Bild 3.7). Sind sie überackert, läßt sich ihre Form meist trotzdem noch infolge unterschiedlicher Bodenfärbung oder verändertem Pflanzenwuchs rekonstruieren.

Voraussetzung für die erfolgreiche Suche nach »unverritzten« oder noch unentdeckten Halden sind Informationen über den historischen Bergbau. Eine intensive Beschäftigung mit der Bergbaugeschichte an Hand der Literatur, alter Rißunterlagen oder aufgrund von Aussagen alter Bergleute bzw. deren Nachkommen ist dazu notwendig.

Effektives Sammeln an Halden setzt zunächst wieder einen Überblick über die Gesamtsituation voraus, damit man nicht in Bereichen sucht, in denen nur taubes Gestein verkippt wurde. Hat man aussichtsreiche Stellen entdeckt, arbeitet man sie systematisch vom Haldenfuß nach oben durch. Mit den interessanten Stücken wird zunächst an exponierter Stelle eine Deponie errichtet, um später nach gründlicher vergleichender Betrachtung zu entscheiden, welches Material tatsächlich das Mitnehmen lohnt. Bei unverritzten oder kaum durchsuchten Halden sollte man unbedingt die Kipprichtung und die schichtparallele Lagerung des Schüttgutes beachten (Bild 3.8). Im stark verschmutzten Material aus dem Innern von Halden bereitet es meist Mühe, die Kristalle, Drusen oder Erztrümchen zu erkennen. Andererseits sind oft durch Verwitterung neue Sekundärminerale entstanden, die man bei intensiver Reinigung entfernen würde, ohne sie überhaupt erkannt zu haben. Die Reinigung vor Ort sollte man in solchen Fällen auf ein Mindestmaß beschränken.

Bei der Mineralsuche auf Halden des Altbergbaus machen besonders bei feuchtem Erdreich intensiv farbige Ausblühungen auf Sekundärminerale (z. B. bei Cu-, Co-, Ni- und Sb-Erzen) aufmerksam.

Will man eine wenig besuchte Halde systematisch bearbeiten, lohnt sich manchmal das Risiko, aufgerissene Partien und verschmutztes Material vor einem erneuten Besuch zunächst von einem kräftigen Regen abwaschen zu lassen.

Die Führung eines Exkursionsheftes, in dem spezielle Aufzeichnungen zum Fundpunkt, gegebenenfalls ergänzt durch Lageskizzen und Fotos, festgehalten werden, wird sehr empfohlen.

Verpackung

Die Erfolge einer Sammelexkursion sollten nicht durch eine unsachgemäße Verpackung geschmälert werden.

Das vielzitierte Sprichwort, wonach man beim vorletzten Schlag mit dem Zerkleinern aufhören sollte, gilt an der Fundstelle bei Zeitknappheit ganz besonders. Gute Stücke werden deshalb nur auf das unbedingt notwendige Maß zerkleinert, sorgfältig verpackt und zu Hause mit entsprechenden Hilfsmitteln auf die Endgröße gebracht.

Kristallbesetzte Flächen werden mit weichem Papier (Seidenpapier) bedeckt und danach erst mit Watte oder Zellstoff abgepolstert, da feine Fasern aus den

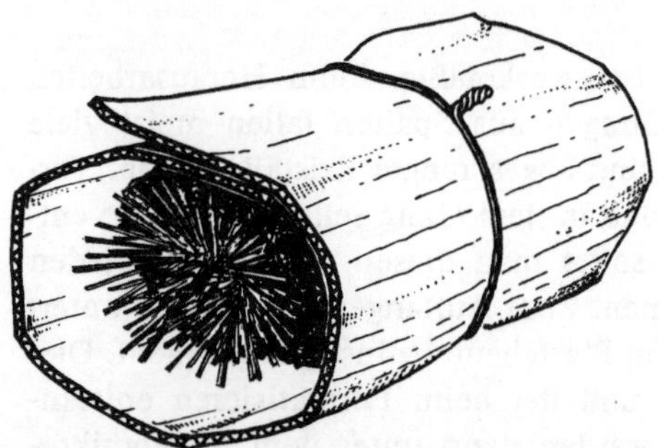

Bild 3.9. Freistehende nadlige Kristalle (z. B. Zeolithe, Millerit) werden durch Umhüllen der Matrix mit Pappe und Bindedraht geschützt

Kristallaggregaten nur schwer wieder zu entfernen sind. Dann folgt reichlich Zeitungspapier. Besonders empfindliche Stücke mit freistehenden Kristallen sollten niemals eingewickelt werden, sondern in Schachteln verschiedener Größe auf ein reichlich bemessenes Kittbett gedrückt werden. Zwischen Schaumgummilagen (möglichst Profilschaumgummi), die vorher auf Pappe aufgeklebt wurden, läßt sich eine Vielzahl kleiner Minerale sehr gut transportieren. Grillfolie aus Aluminium eignet sich zum Einpacken empfindlicher Stücke, weil man für die Kristalle entsprechende Hohlräume formen kann. Gegebenenfalls kann die Folie zur Verstärkung auch mehrfach zusammengelegt werden. Selbstverständlich dürfen diese Päckchen dann nicht durch schweres Material zusammengedrückt werden. Feinnadlige, freistehende Kristalle lassen sich sicher transportieren, wenn man die Matrix mit fester Pappe oder Wellpappe umhüllt und die entstandene Rolle mit Bindedraht schließt (Bild 3.9). Kleine, noch saubere Drusen sollte man vor Verschmutzung durch Abdecken der Öffnung mit Klebeband noch vor dem Einpacken schützen, weil durch das Verpakkungsmaterial oft Schmutzpartikeln abgerieben werden. Niemals sollte man vergessen, einen Zettel mit genauem Fundort, Datum und Fundumständen beizulegen, weil mitunter das Material zu Hause längere Zeit bis zur weiteren Verarbeitung liegt.

Wird das Fundmaterial im Rucksack transportiert, kommen selbstverständlich die schweren Stücke nach unten. Ist man mit dem PKW unterwegs, sollte man flache Stiegen oder Kästen (möglichst stapelbar) benutzen. Darin werden die Objekte (sorgfältig in Zeitungspapier eingewickelt) genügend dicht und einlagig verpackt.

3.3. Tausch von Kleinmineralen

Der Tausch von Mineralen und der damit verbundene intensive Austausch von Erfahrungen und Informationen zwischen den Sammlern ist für den Aufbau einer qualitativ hochwertigen und umfangreichen Kleinmineralsammlung eine wesentliche Grundlage. Obwohl Micromounter übliche Tauschbörsen häufig besuchen, weil sie auch an großen Stücken oft interessante und seltene kleine Kristalle entdecken, ist ein wirklich effektiver Tausch nur auf den speziellen Veranstaltungen der Kleinmineralsammler möglich.

Die Tauschbedingungen und das Tauschverhalten unterscheiden sich in vielen Punkten positiv vom »Normalstufentausch«:

✦ Infolge der zahlenmäßig meist hohen Ausbeute beim Sammeln von Kleinmineralen verfügen die Tauschpartner über reichlich und meist auch qualitativ gutes Material. Die von Börsen bekannte Hektik infolge des »Zugreifzwanges« bei einmaligen Stücken weicht im allgemeinen einem intensiven Informationsaustausch.

✦ Durch die relativ geringen und ausgeglichenen Werte der Kleinminerale kommt der Tausch Stück gegen Stück meist rasch zustande. Bei engagierten Micromountern ist auch eine entgegenkommende Großzügigkeit üblich, besonders gegenüber Anfängern. Selbst wenn einmal beim Tausch kein voller Ausgleich erreicht werden kann, gleichen sich im Laufe weiterer Tauschaktionen solche Differenzen meist aus. Ausnahme bilden dabei extreme Raritäten in bezug auf die Ausbildungsqualität, die Seltenheit eines Minerals überhaupt oder die Seltenheit des Minerals an dem betreffenden Fundort.

✦ Bei Micromounts ist es möglich, ganze Paragenese-Suiten zusammenzustellen (Bild 3.10) und zum Tausch anzubieten. Diese Form bürgert sich erfreulicherweise in letzter Zeit immer mehr ein. Dadurch kann ein guter Einblick in den Mineralbestand eines Fundortes vermittelt werden. Andererseits wird der Nachteil der Kleinstufen gemindert, daß im Gegensatz zu einer Normalstufe häufig nur ein geringer Teil der Paragenese einer Fundstelle repräsentiert ist.

✦ Der eigentliche Tausch von Micromounts ist relativ langwierig, weil viel Material ausgiebig unter dem Stereomikroskop begutachtet und über die Stücke gesprochen wird.

Bild 3.10. Paragenese einer Fundstelle, in einer Dose montiert (R. Schmidt, Suhl)

✦ Obwohl dem direkten Tausch durch den persönlichen Kontakt und den intensiven Informationsaustausch der Vorzug gebührt, bieten Kleinminerale infolge ihres geringen Volumens günstige Möglichkeiten zum postalischen Tausch. Es ist leicht möglich, umfangreiche Ansichtssendungen zur Auswahl zu verschicken. Selbst empfindliche Stücke können durch günstige Verpackung gefahrlos versandt werden. Vom postalischen Tausch werden in erster Linie weit voneinander entfernt wohnende Partner Gebrauch machen.

Um bei einem speziellen Treffen von Kleinmineralsammlern eine zügige Tauschabwicklung zu ermöglichen, sollten ausreichend Stereomikroskope vorhanden sein, möglichst ein Gerät für zwei Partner.

Wie bei jedem Mineraltausch ist das exakte Erfassen aller notwendigen Daten über jedes ertauschte Stück besonders wichtig für die Qualität der Sammlung. Sofern nicht bereits das beigefügte Etikett die erforderlichen Angaben enthält, sollten sie erfragt werden. Manchmal ist eine Präzisierung des Fundortes und der Begleitminerale erforderlich, und in vielen Fällen fehlt das Funddatum. Prinzipiell hält man die Anschrift des Tauschpartners bzw. des Finders fest, weil mitunter später Rückfragen zum Stück auftreten oder weiteres Material gewünscht wird.

Aus Unkenntnis gibt es bei Normalsammlern manchmal die Meinung, Micromounts seien alle die Splitter, die für sie zu klein und unbrauchbar sind. Diese Sammler bieten – meist in guter Absicht – mitunter völlig ungeeignetes Material an (Bruchstücke von Achat oder Amethyst, Bleiglanzspaltstücke, unsachgemäß transportierte beschädigte Fluorit- und Calcitstufen usw.). Sie wissen nicht, daß als oberstes Prinzip eines Kleinmineralsammlers gilt: Die Kompromißbereitschaft bei der Größe (die durch das Stereomikroskop kompensiert wird) geht immer einher mit einem hohen Anspruch an die Qualität der Kristalle hinsichtlich Ausbildung, Unversehrtheit, Seltenheit und attraktive Anordnung auf der Matrix.

Zum postalischen Tausch noch einige Hinweise. Grundlage zur Vorbereitung sind Angebots- und Suchlisten (Bild 3.11).

- Die Minerale können ungeordnet aufgenommen werden, weil das für Ergänzungen und Streichungen am zweckmäßigsten ist.
- In die Spalte »Mineral« sollten auch bemerkenswerte Paragenesemineral mit aufgenommen werden.
- Als Fundpunkt wird nur der Ort angegeben (Genaueres beim Tausch oder auf Anfrage).
- Unter Bemerkungen werden für die Charakterisierung des Stückes wesentliche Merkmale aufgeführt, wie z. B. mit Endflächen verzwillingt, mehrfarbig, radialstrahlig, oder Angaben wie historischer Fund, extrem selten, röntgenographisch untersucht.

Folgendes Vorgehen ist beim Tausch angebracht:
- Angebotslisten beiderseits zusenden (und evtl. gleichzeitig die Wünsche auf einer Suchliste mitschicken)
- Ansichtssendung an Hand der aus der Angebotsliste vorausgewählten Stücke versenden

Name
Anschrift

Lfd. Nr.	Mineral	Fundort	Bemerkungen
1	Ferropumpellyit	Steinbruch Nesselgrund bei Schnellbach	dunkelgrüne Garben mit Calcit – seltenes Silikat –
2	Ferropumpellyit	Steinbruch Nesselgrund bei Schnellbach	mittelgrüne »Igel« mit wenig Epidot – seltenes Silikat –
3	Babingtonit	Steinbruch Nesselgrund bei Schnellbach	schwarze XX mit Pyrit und Calcit – sehr seltenes Silikat –
4	Harmotom	Steinbruch Nesselgrund bei Schnellbach	milchig-weiße prismatische Zwillinge auf Prehnit
5	Prehnit	Steinbruch Nesselgrund bei Schnellbach	apfelgrüne Kugel mit aufgewachsenem Calcit
6	Prehnit-Calcit-Pseudomorphosen	Steinbruch Neselgrund bei Schnellbach	grauweiße ikositetraedrische Pseudomorphosen nach unbekanntem Mineral
7	Datolith	Steinbruch Nesselgrund bei Schnellbach	klar durchsichtige flächenreiche XX mit Ferropumpellyit
8	Analcim	Steinbruch Nesselgrund bei Schnellbach	farblos klar, ikositetraedrische Kristallform
9	Krokoit	Tagebau Callenberg Nord 1	glänzende Kristalle
10	Krokoit, Pyromorphit	Tagebau Callenberg Nord I	Pyromorphit langprismatisch hexagonal
11	Manganit	Ilfeld, Braunsteinhaus	stenglige schwarzglänzende XX im Baryt

Bild 3.11. Angebotsliste für Micromounttausch

- Auswahl der erwünschten Stücke
- Abstimmung zwischen Partnern über die ausgewählten Objekte (Tauschübereinkunft)
- Rücksendung der restlichen Stücke

Wer sich auf einen postalischen Tausch einläßt, sollte sicher sein, daß er die erforderliche Zeit für eine zügige Abwicklung besitzt, um nicht unnötig Mißstimmung aufkommen zu lassen.

Zur Verpackung vor dem Versand folgende Empfehlungen:

- Versand von montierten Stücken in Dosen, wenn es sich um sehr empfindliche Minerale handelt, zusätzlich zum Kitt ist eine weitere Sicherung notwendig, z. B. durch beiderseits eingeklemmte Schaumgummistreifen, Seidenpapier- oder Schaumgummibedeckung

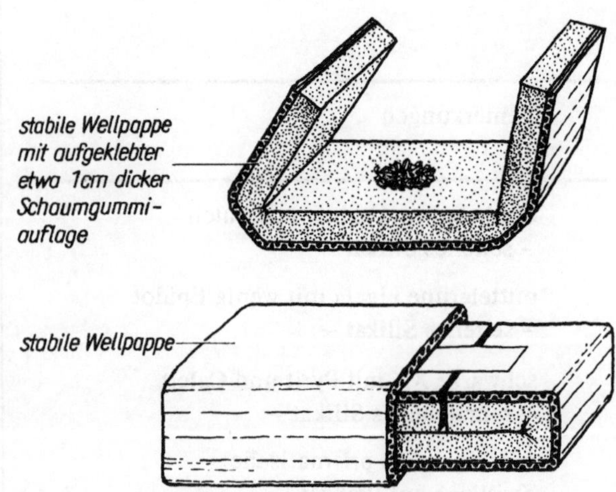

Bild 3.12. Versandbox aus Schaumgummi

- Versand in Folientüten (Clip-Beutel) ist vor allem bei unempfindlichen Stücken praktisch und arbeitssparend
- eine Versandbox aus Schaumgummi auf Wellpappe ermöglicht das rationelle Verpacken mehrerer Stücke (Bild 3.12)
- kleine Einzelkristalle und Seifenminerale können mit durchsichtigen Klebestreifen auf einer Unterlage befestigt oder in Röhrchen verschickt werden

Selbstverständlich kann man Stücke ohne empfindliche dünntaflige oder feinnadlige Kristalle auch einfach in Papier verpacken.

Der Kauf spielt bei Micromounts zum Glück eine untergeordnete Rolle, und die Kleinmineralsammler sollten durch ihr eigenes Verhalten alles dafür tun, daß nicht eine ähnliche Kommerzialisierung wie teilweise bei größeren Stufen erfolgt.

4. KAPITEL

Bestimmung von Kleinmineralen

Aufgrund der Kleinheit der zu untersuchenden Stufen bzw. Kristalle sowie der spezifischen Sammelart und Sammeltechnik (vgl. Kapitel 3.) sind im Gegensatz zur Untersuchung größerer Stufen andere Methoden zur Bestimmung der Kleinminerale zu bevorzugen. Das trifft besonders auf solche Minerale zu, die sehr selten sind oder ausschließlich in sehr kleinen Abmessungen auftreten. Hierzu gehören beispielsweise die meisten der in den vergangenen Jahrzehnten entdeckten Minerale (jährlich werden etwa 30 bis 40 Minerale neu in der Literatur beschrieben) sowie die »Seltenheiten« berühmter klassischer Fundregionen (Schneeberg, Tsumeb, Hagendorf, St. Andreasberg, San Diego Country, Ojuela Mine u. a.).

Im Vordergrund bei der Identifikation neuer Minerale stehen moderne mikroanalytische Methoden, die eine genaue Analyse gestatten. In komplizierten Fällen kann erst die Röntgenstrukturanalyse eine eindeutige Antwort geben. Die in den letzten Jahren entdeckten Minerale konnten zum großen Teil nur durch Einsatz dieser modernen Untersuchungstechnik identifiziert werden [4.1], [4.2].

Der Sammler von Kleinmineralen kann in seinem »Privatlabor« dieser Entwicklung nicht Rechnung tragen. Es bleibt vielmehr in jedem Falle sein Ziel, die sich in den verschiedenen physikalischen und chemischen Eigenschaften mehr oder weniger gut unterscheidenden Kleinminerale mit möglichst einfachen Methoden zu bestimmen. Dazu gehören in erster Linie die äußeren Erscheinungsformen wie Farbe, Glanz, Kristallmorphologie u. a., auch wenn daran die exakte Bestimmung mit Hilfe einer Lupe oder des Stereomikroskops in vielen Fällen kompliziert sein wird. Nicht zuletzt aus diesem Grunde ist die Bestimmung mittels chemischer Methoden sowie schließlich auch die strukturelle Diagnose Bestandteil einer umfassenden Eigenschaftsuntersuchung. Deshalb wird der Erläuterung solcher klassischen Mineralbestimmungsmethoden wie z. B. der »Lötrohrprobierkunst« besondere Aufmerksamkeit gewidmet.

Letztlich ist es dem engagierten Micromounter durchaus möglich, für die Aufklärung sehr komplizierter Fälle die Hilfe entsprechender Museen und Institute in Anspruch zu nehmen. In diesen Einrichtungen existiert in der Regel ein reiches Spektrum an erforderlicher Technik, wie Röntgenphasenanalytik, Rasterelektronenmikroskopie mit mikrochemischer Elementanalyse sowie Emissions- und Absorptions-Spektralanalyse.

4.1. Bestimmung nach äußeren Kennzeichen

Am Anfang dieser Bestimmungshinweise für Kleinminerale soll angemerkt werden, daß inzwischen eine Vielzahl ausgezeichneter Fachbücher und spezieller Bestimmungsbücher existiert, die dem interessierten Sammler Grundlagen und eine breite Palette von Bestimmungsmethoden vermittelt (vgl. Literaturverzeichnis zu Kapitel 4.).

Eine bereits sehr alte und aus der Bergbaupraxis stammende Methode ist die Unterscheidung der Minerale nach ihrem *Glanz*. Für die Beurteilung des Glanzes ist die Tatsache von Bedeutung, daß das auf ein Mineral treffende Licht je nach Zusammensetzung in einen reflektierten, einen absorbierten und einen durchfallenden Anteil zerlegt wird. Während z. B. bei durchscheinenden oder durchsichtigen Mineralen der reflektierte Anteil die entscheidende Rolle spielt, ist bei metallisch glänzenden Mineralen unbedingt die Absorption zu berücksichtigen. In der praktischen Anwendung ist darauf zu achten, daß man den Glanz bei möglichst senkrechtem Lichteinfall beurteilt und die Bestimmung an frischen Mineralflächen bzw. Mineralbruchstücken vornimmt.

Man teilt die Minerale ein in
- glasglänzende (z. B. Quarz, Beryll)
- diamantglänzende (z. B. Cerussit, Scheelit, Lepidokrokit)
- halbmetallisch glänzende (z. B. Proustit, Ilmenit)
- metallisch glänzende (z. B.Bleiglanz, Kupferkies).

Wichtig ist es schließlich bei der Beurteilung des Glanzes noch, die Beschaffenheit der Oberfläche zu berücksichtigen. So hat z. B. Antimonglanz aufgrund seiner glatten Spaltflächen einen relativ deutlicheren Glanz als andere »fahl« glänzende Minerale (z. B. die verschiedenen Fahlerze), obwohl alle ein hohes Reflexionsvermögen besitzen. Diese damit sehr subjektiv geprägte Bestimmung des Glanzes führt – trotz ihrer Vorteile gegenüber der Beurteilung nach der Farbe – zu einer Reihe von Zwischenstufen: z. B. harziger Glasglanz beim Wurtzit, fettiger Glasglanz beim Aragonit, fettiger Diamantglanz beim Anglesit.

Besondere Ausbildungsformen, Mineralaggregate oder gute Spaltbarkeit mit eingelagerten Luftschichten führen ebenfalls zu charakteristischen Erscheinungen beim Glanz. Aus diesem Grunde teilte bereits im vorigen Jahrhundert NAUMANN [4.13] den Glanz nach Grad (entsprechend der mehr oder weniger vollkommenen Ebenheit und Politur der Oberfläche) und Art (durch Strahlenbrechung und Polarisation bestimmt) ein. Der Seidenglanz tritt vorwiegend an faserig ausgebildeten Mineralen, wie Wavellit, Asbest, Tigerauge, auf. Minerale mit ausgezeichneter Spaltbarkeit weisen häufig Perlmutterglanz auf (Apophyllit, Lepidolith, Gips, Coelestin).

Bedeutend mehr Schwierigkeiten bereitet die vergleichende Beschreibung der ungewöhnlichen Vielfalt der *Farben* der Minerale. Das weiße Licht, wie es z. B. die Sonne abgibt, setzt sich aus verschiedenen Wellenlängen zusammen, und jeder dieser Wellenlängen entspricht eine ganz bestimmte Farbe. Tritt dieses Licht durch einen Kristall, wird es aufgrund der Absorption in einer bestimmten Weise abgeschwächt. Ist die Absorption dabei sehr gering und für alle Farben des Lichtes gleich groß, erscheint ein nicht allzu dicker Kristall farblos (z. B. Diamant, Bergkristall, Calcit). Bei den meisten Mineralen ist jedoch die Absorption nicht für alle Farben des Spektrums gleich groß, d. h., verschiedene Wellenlängen werden durch das Mineral unterschiedlich absorbiert. Die dadurch entstehende Restfarbe läßt das Mineral farbig erscheinen.

Im wesentlichen lassen sich hinsichtlich der Farbe zwei Typen von Mineralen unterscheiden: die eigenfarbigen (idiochromatischen) und die fremdgefärbten (allochromatischen). Bei den eigenfarbigen Mineralen wird die Absorption und damit die Farbe durch ihre chemische Zusammensetzung bestimmt. Einige Elemente (vor allem Kobalt, Chrom, Eisen, Mangan, Nickel, Kupfer) bringen die Farbe in die chemische Verbindung ein. Besonders vielfältig und intensiv ist der Einfluß von Chrom, das in unterschiedlichen Konzentrationen und Kombinationen mit anderen Elementen zu den unterschiedlichsten Färbungen führt.

Bei den für den Sammler interessanten Chromaten, Phosphaten und Vanadaten unter den Mineralen spielt die Unterscheidung nach der Farbe eine besondere Rolle. Des weiteren können eigengefärbte Minerale durchsichtig oder durchscheinend sein und ein nichtmetallisches Aussehen besitzen, wie z. B. Schwefel, Zinnober oder Azurit. Andererseits gibt es metallische und undurchsichtige farbige Minerale, wie Gold und Kupfer.

Bei den gefärbten Mineralen wird die Färbung in den meisten Fällen durch fremde, feinverteilte Einlagerungen verursacht. Die verschiedenen Varietäten des Quarzes sind dafür ein typisches Beispiel: Citrin (durch Spuren feinstverteilten FeOOH gelb gefärbt), Rosenquarz (Mangan oder feinste Rutilnädelchen verleihen die Rosatönung).

Für die praktische Handhabung ist häufiges Üben zum Nachweis der Farbnuancen grundsätzliche Voraussetzung. Man entwickelt dadurch ein Farbgedächtnis, das auf der Grundlage von Standardfarben für bekannte Gegenstände oder Stoffe gute Dienste gerade beim Erkennen von Mineralen im Mikrobereich leistet. Man ist dabei – auch bei Verwendung einer Lupe oder anderer optischer Hilfsmittel – gut beraten, die Untersuchungsgegenstände vergleichend zu betrachten.

Von Rösler [4.3] werden Hauptfarben vorgeschlagen, die typisch für bestimmte Minerale sind und deren Färbung recht beständig ist:

Amethyst	violett
Azurit	blau
Malachit	grün
Auripigment	gelb
Krokoit	orange
Zinnober (Pulver)	rot
poröser Limonit	braun
ockerartiger Limonit	gelbbraun
Arsenkies	zinnweiß
Molybdänit	bleigrau
Fahlerz	stahlgrau
Magnetit	eisenschwarz
Covellin	indigoblau
gediegen Kupfer	kupferrot
Kupferkies	messinggelb
Gold	metallisch goldgelb

Bei der Kombination der Eigenschaften Glanz und Farbe trifft man auch auf den Begriff der *Durchsichtigkeit*. Danach unterscheidet man

- durchsichtige,
- durchscheinende (transparente) und
- undurchsichtige (opake) Minerale.

Ein weiteres diagnostisches Farbkennzeichen ist die *Strichfarbe*. Dazu streicht man das Mineral auf eine unglasierte Hartporzellanplatte (z. B. Scherben von Küchengeschirr).

Metallglänzende Minerale sind undurchsichtig. Sie liefern einen matten, dunklen Strich, wenn sie praktisch nicht spaltend (Pyrit, Kupferkies) oder nach allen drei Richtungen gut spaltbar sind (z. B. Bleiglanz). Ein glänzender Strich entsteht bei Mineralen, die in nur einer Richtung gut spaltbar sind (z. B. Molybdänit) oder die sehr geschmeidig sind (gediegen Silber, Silberglanz).

Halbmetallisch glänzende Minerale (z. B. Hämatit, Wolframit) sind nicht völlig undurchsichtig und liefern deshalb einen farbigen Strich. Für durchsichtige Minerale schließlich ist der Strich nahezu farblos und nicht mehr repräsentativ für die Eigenfarbe des Minerals und damit als Unterscheidungsmerkmal unzureichend.

Die typische Untersuchungstechnik für die Mikrominerale ist auch für die exakte Strichbestimmung einzusetzen. Die Strichfarbe wird mit der Lupe bzw. unter dem Binokular bestimmt.

Eine weitere Gruppe von äußeren Kennzeichen läßt sich unter dem Begriff der Kohäsionseigenschaften zusammenfassen. Dazu gehört neben der Spaltbarkeit, dem Bruchverhalten, der Zähigkeit u. a. auch die *Härte*. Für die praktischen Anforderungen der Mineralbestimmung genügt die Ritzhärte, welche auf der Fläche eines Vergleichsminerals geprüft wird. Bereits im Jahre 1822 wurde durch den deutschen Mineralogen Friedrich Mohs eine später nach ihm benannte Härteskala aufgestellt. Mohs ging bei der Aufstellung seiner Skala davon aus, daß die einzelnen Härtestufen Minerale sein müssen, die bekannt und leicht zu beschaffen sind (vgl. Bild 4.1).

Wenn man also eine schickliche Anzahl von Mineralien auswählt, von denen jedes folgende jedes vorhergehende ritzt, von diesem aber nicht geritzt wird, und dafür sorgt, daß die Ungleichheit der Abstände dieser Verschiedenheiten, den Gebrauch nicht hindert oder erschwert; so wird man eine Skala für die Grade der Härte erhalten, welche die Dienste leistet, die zum Behufe der Mineralogie von ihr zu erwarten sind.

Eine solche Skala ist die folgende:

1) Prismatischer Talk-Glimmer; bekannt unter der Benennung des gemeinen, im Handel des venetianischen Talkes.

2) Prismatoidisches Gyps-Haloid. Eine etwas unvollkommen theilbare, nicht vollkommen durchsichtige und nicht crystallisirte Varietät. Vollkommen durchsichtige und crystallisirte Varietäten sind gewöhnlich zu weich. An die Stelle dieser Varietät des prismatoidischen Gyps-Haloides läßt das hexaedrische Stein-Salz sich setzen, oder wenigstens anwenden, eine solche Varietät des ersten auszuwählen, welche den bestimmten Grad der Härte besitzt.

3) Rhomboedrisches Kalk-Haloid. Irgend eine theilbare Varietät *).

4) Octaedrisches Fluß-Haloid. Eine theilbare Varietät.

5) Rhomboedrisches Fluß-Haloid. Die Varietät aus dem Salzburgischen, genannt Spargelstein. Die Apatite aus Sachsen und Böhmen sind selten in der erforderlichen Beschaffenheit zu haben.

6) Prismatischer Feld-Spath. Irgend eine theilbare Varietät.

7) Rhomboedrischer Quarz. Eine ungefärbte durchsichtige Varietät.

8) Prismatischer Topas. Jede einfache Varietät.

9) Rhomboedrischer Corund. Die leicht theilbare Varietät aus Bengalen, Corund genannt.

10) Octaedrischer Demant.

Bild 4.1. Härteskala nach Mohs

In der Tabelle 4.1 sind zur besseren Handhabung zusätzlich zu den Mohsschen Härtemineralen Materialien angegeben, die die praktische Bestimmung der Härte erleichtern helfen sollen.

Für die Härteprüfung besonders der Mikrominerale ist ein einheitliches, reines, unzersetztes Mineralstück auszuwählen und der erzeugte Ritz unter der Lupe oder dem Stereomikroskop zu untersuchen. Der Sammler kann sich an Hand der Tabelle 4.1 entsprechende Ritzwerkzeuge selbst anfertigen, um sie unter dem Mikroskop einsetzen zu können (Bild 4.2). Sehr häufig ist nicht genügend gut kristallisiertes Material vorhanden. Dann hilft man sich, indem man das Mineralpulver mit dem stumpfen Ende eines Bleistifts auf verschiedenen Blechen verreibt und nachsieht, ob Kratzer entstanden sind. Vorher müssen natürlich die Bleche mit Mineralen bekannter Härte »geeicht« werden, da verschiedene Zusätze und Bearbeitungsmethoden bei Blechen auch unterschiedliche Härte bedingen.
Es sei noch bemerkt, daß in anderen Wissenschaftsgebieten, z.B. der Metallkunde, genauere Härteangaben erforderlich sind. Hier bedient man sich verschiedener Eindruckprüfverfahren. Bei diesen Härtebestimmungsverfahren wird entweder eine Kugel, ein Kegel oder eine Pyramide aus Stahl oder auch aus Diamant in den Untersuchungskörper gepreßt. Aus der Belastung und der Eindringungstiefe kann auf die Härte geschlossen werden. In der Technik be-

Tabelle 4.1. Härteskala nach Mohs

Härtegrad	Standardmineral	Bemerkungen	
1	Talk	vom Fingernagel schabbar	
2	Gips, Steinsalz	vom Fingernagel ritzbar	
3	Kalkspat	Kupferblech	
4	Flußspat	Messingblech ≈ 3,5 bis 4	
5	Apatit	Eisenblech ≈ 4 bis 5 Fensterglas ≈ 5	
6	Feldspat	Taschenmesser ≈ 6	
7	Quarz	Feile ≈ 7 bis 8	
8	Topas Beryll		Edelsteinhärte
9	Korund	Porzellan ≈ 9	Edelsteinhärte
10	Diamant	Siliziumkarbid ≈ 9,5	Edelsteinhärte

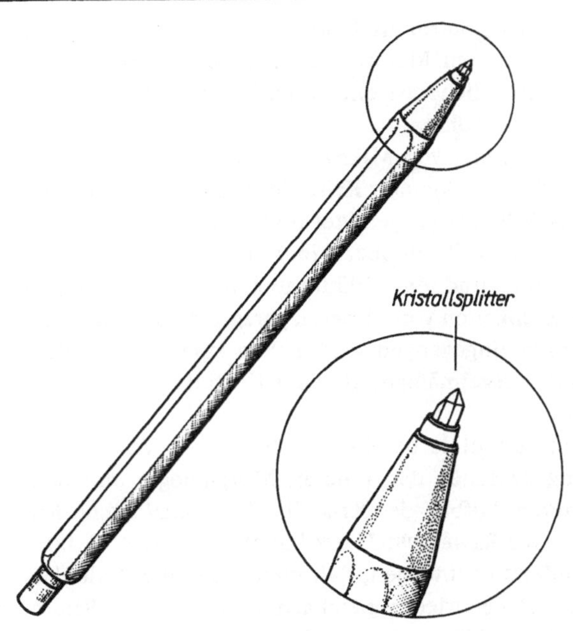

Bild 4.2. Prüfstift zur Bestimmung der Ritzhärte an Kleinmineralen

zeichnet man die Kugeldruckhärte als BRINELL-Härte, die Pyramidendruckhärte ist unter VICKERS-Härte bekannt.

Diese Methoden können auch zur Härteprüfung an mikroskopischen Präparaten verwendet werden. Dabei ist gewöhnlich eine Diamantspitze so am Objektiv montiert, daß man damit gleichzeitig den Eindruck erzeugen und die entsprechende Beobachtung und Messung vornehmen kann.

Die *Dichte* (früher auch als spezifisches Gewicht bezeichnet) wird definiert als Masse je Volumeneinheit (z. B. g/cm^3). Von den verschiedenen Methoden bietet sich für die Dichtebestimmung kleiner Kristalle besonders das Pyknometer an. Aus drei Wägungen (Kristall in Luft, Pyknometer mit Wasser, Pyknometer mit Wasser und Kristall) läßt sich die Dichte des Kristalls bestimmen.

In gleicher Weise verwendet man sogenannte schwere Lösungen zur Bestimmung der Mineraldichte (vgl. Tabelle 4.2). Das zu untersuchende Mineral wird in die Flüssigkeit eingebracht. Ist es schwerer als die Flüssigkeit, sinkt es zu Boden, ist es leichter, wird es schwimmen. Schwebt es in der Lösung, besitzt es die gleiche Dichte wie diese.

Zur genauen Dichtebestimmung der schweren Flüssigkeiten hat sich optisches Glas mit definierter Dichte durchgesetzt. Dabei geht man wie folgt vor: Hat man durch Verdünnen bzw. Konzentrieren der

Tabelle 4.2. Schwere Lösungen für die Dichtebestimmung

Bezeichnung	Formel	Dichte	Verdünnungsmittel
Bromoform	$CHBr_2$	2,90	Alkohol oder Xylol
Acethylen-tetrabromid	$Br_2CHCHBr_2$	2,96	Alkohol oder Xylol
THOULETsche Lösung	$KJ \cdot HgJ_2$	3,196	dest. Wasser
Methylenjodid	CH_2J_2	3,32	Benzol oder Xylol
ROHRBACHsche Lösung	BaJ_2HgJ_2	3,588	dest. Wasser
CLERICI-Lösung	Thalliumformiat und -malonat	4,25	dest. Wasser

Tabelle 4.3. Dichtewürfel aus optischem Glas

Nr.	Dichte in g/cm^3	Nr.	Dichte in g/cm^3	Nr.	Dichte in g/cm^3
1	2,28	12	2,86	23	3,55
2	2,32	13	2,91	24	3,60
3	2,37	14	2,98	25	3,66
4	2,41	15	3,05	26	3,72
5	2,45	16	3,09	27	3,77
6	2,50	17	3,16	28	3,86
7	2,55	18	3,23	29	3,91
8	2,61	19	3,29	30	3,95
9	2,68	20	3,35	31	4,03
10	2,75	21	3,43	32	4,08
11	2,81	22	3,50		

schweren Lösungen die Mischung erreicht, in der das zu untersuchende Mineral gerade schwebt, wird der entsprechende Glaswürfel gesucht, der in gleicher Weise in der Flüssigkeit schwebt. Damit ist die Dichte der schweren Flüssigkeit und gleichermaßen des Minerals exakt bestimmt. In Tabelle 4.3 wird ein Glas-Dichte-Satz beschrieben.

4.2. Ermittlung der Kristallmorphologie

Man definiert die Minerale als homogene anisotrope (kristallisierte) Bestandteile der festen Erdkruste. Dabei kann man feststellen, daß fast alle Minerale kristallisiert sind, d. h. aus Kristallen bestehen. Kristalle werden von ebenen Flächen begrenzt, obwohl natürlich auch ein von muschligen Bruchflächen begrenztes Stück eines Kristalls in physikalischer und chemischer Hinsicht immer noch ein Kristall ist. Kristallisierte Stoffe zeichnen sich durch richtungsabhängiges Verhalten ihrer verschiedenen physikalischen Eigenschaften aus, sie sind also anisotrop. Die Kristallgeometrie als Lehre von der Anisotropie der kristallisierten Materie ist neben der Kristallphysik und Kristallchemie ein wesentlicher Bestandteil der Kristallographie.

Der Sammler von Mikrostufen hat u. a. den Vorteil, daß die sehr kleinen Kristalle in der Regel morphologisch besser ausgebildet und so besser zu identifizieren sind. Bevor aber näher auf die praktische Anwendung und die Erläuterung der mannigfaltigen Möglichkeiten von Mineralaggregaten sowie Kristallformen eingegangen wird, sollen kurz die Ursachen für den regelmäßigen Bau der Kristalle erläutert werden.

Man vermutete bereits sehr früh einen Zusammenhang zwischen der äußeren Morphologie und dem inneren Aufbau der Kristalle. Der französische Mineraloge René Just Hauy konnte Ende des 18. Jahrhunderts nachweisen, daß man aus einem Calcitkristall immer wieder gleichartige Spaltstücke (Rhomboeder) erhält und diese Spaltung bis in mikroskopisch kleine Bereiche fortsetzen kann. So versuchte er auch den Aufbau anderer Kristallformen aus kleinsten Würfeln zu erklären (vgl. Bild 4.3). Wenig

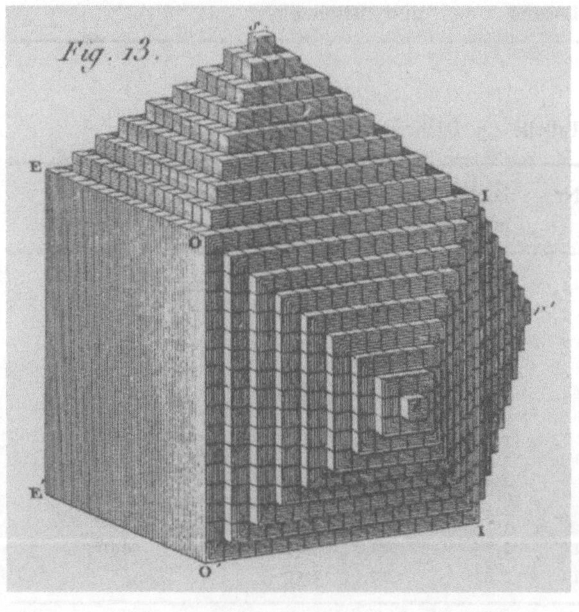

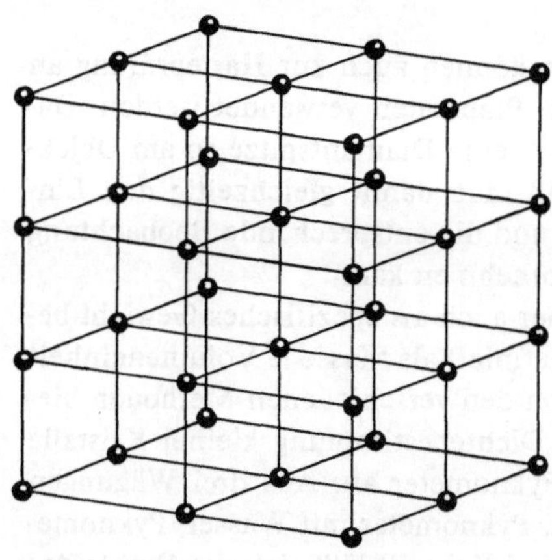

a|b

Bild 4.3. Darstellung des Kristallaufbaues nach Hauy (a) und entsprechendes Raumgitter (b)

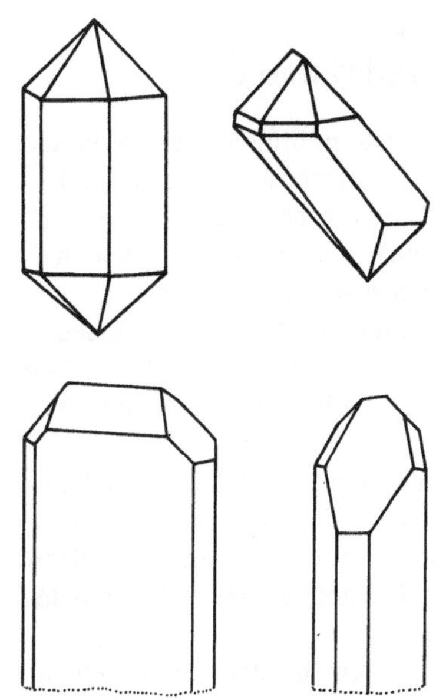

Bild 4.4. Verzerrte Kristalle beim Quarz (nach [4.16])

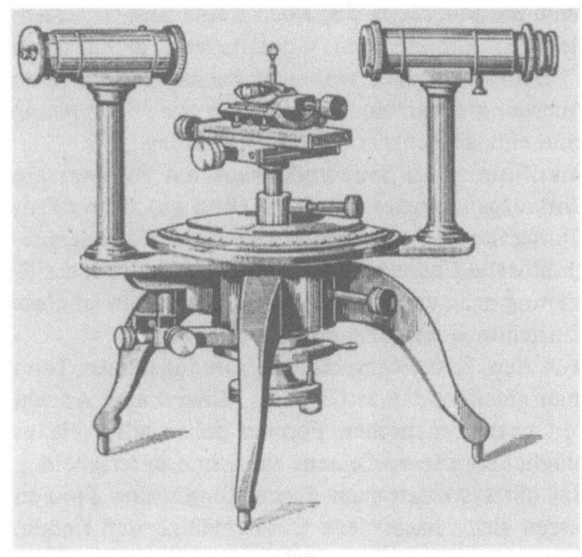

Bild 4.5. Reflexionsgoniometer zur Messung der Flächenwinkel am Kristall

später schlug LUDWIG AUGUST SEEBER vor, die Kristallbausteine von HAUY durch Massenschwerpunkte zu ersetzen. Er schuf damit die Grundlage zur Darstellung der Struktur der Minerale in Form von Raumgittern. Im Jahre 1912 erst konnte MAX VON LAUE mit seinem berühmten Röntgenexperiment nachweisen, daß die Bauteile der Kristalle tatsächlich gitterartig angeordnet sind.

Eine wichtige Entdeckung in der Kristallgeometrie war jedoch bereits im Jahre 1669 gelungen: In diesem Jahr veröffentlichte der Däne NICOLAUS STENO sein »Gesetz der Winkelkonstanz«. Er konnte nachweisen, daß die Winkel zwischen gleichen Flächen einer Kristallart auch an verschiedenen Exemplaren stets gleich sind. Wie wichtig diese Entdeckung war, unterstreicht die Tatsache, daß in der Natur in den meisten Fällen verzerrte Kristallindividuen vorkommen (Bild 4.4). Die Messung der Flächenwinkel gestattet dann jedoch eine eindeutige Zuordnung.

Während für genügend große Kristalle die Messung mit einem Anlegegoniometer sehr einfach und für jeden Sammler leicht durchzuführen ist, muß man für sehr kleine Kristalle ein Reflexionsgoniometer einsetzen (Bild 4.5). Zur Winkelmessung wird der Kristall auf einer gegen eine Nullmarke (mit Nonius) drehbaren Scheibe so befestigt, daß eine von zwei Flächen gebildete Kante mit der Drehachse zusammenfällt und parallel zu ihr verläuft. Um das mit hinreichender Genauigkeit ausführen zu können, sind am Zentrierkopf des Instruments je ein Paar senkrecht zueinander stehende gerade Schlitten und ein Paar Bogenschlitten angebracht. Der Kristall wird durch ein Lichtstrahlenbündel beleuchtet. Die an einer der Kristallflächen reflektierten Lichtstrahlen werden durch ein Fernrohr, das ein Fadenkreuz enthält, beobachtet. Danach dreht man die Kreisscheibe um einen solchen Betrag weiter, daß die zweite Fläche das Licht in das Beobachtungsrohr reflektiert. Das Maß der Drehung ist dann gleich dem Winkel zwischen beiden Flächen. Mit diesem einkreisigen Goniometer kann man ohne Neujustierung des Kristalls immer nur die Winkel zwischen Flächen messen, die zu derselben Kante parallel laufen. Bei den zweikreisigen Goniometern, deren beide Teilkreise um zwei senkrecht zueinander stehende Achsen drehbar sind, genügt für die Vermessung eine einzige Zentrierung und Justierung.

Als Zusatz zum Stereomikroskop hat RYCKART ein Einkreisgoniometer entwickelt (Bild 4.6). Sowohl zur Vorbereitung kleinster Einzelkristalle für röntgenographische Untersuchungen als auch für die Identifizierung nach den typischen Flächenwinkeln ist diese Einrichtung eine unkomplizierte Hilfe.

Aus den kristallographischen Grundgesetzen kann man ableiten, daß es für jedes Mineral eine Anzahl von charakteristischen Formen geben wird, die es möglicherweise von einem ähnlichen unterscheidet. Bei der systematischen Betrachtung dieser Formen lassen sich verschiedene Gesetzmäßigkeiten finden, deren einfachste die Zuordnung zu einem geeigneten Achsensystem ist. Damit kommt man zu den Kristallsystemen, die nachfolgend als Grundlage für die Bestimmung der Minerale nach morphologischen Gesichtspunkten kurz erläutert werden.

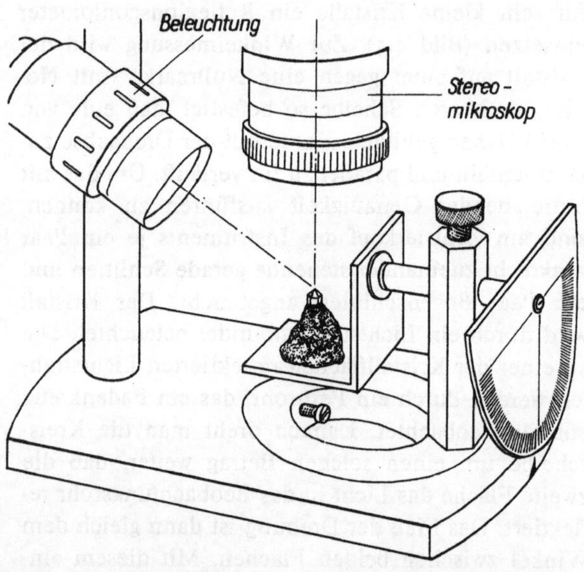

Bild 4.6. Einkreisgoniometer für den Einsatz am Stereomikroskop (nach RYCKART)

4.2.1. Kristallsysteme

Im *kubischen* Kristallsystem bilden drei senkrecht aufeinander stehende gleichwertige Achsen das Koordinatensystem. Die zu diesem (auch isometrisch genannten; iso = gleich) System gehörenden Kristalle besitzen die höchstmögliche Symmetrie. Die wichtigsten Kristallformen sind Würfel, Oktaeder, Rhombendodekaeder (vgl. Bild 4.7). Im kubischen System kristallisieren u. a. Bleiglanz, Steinsalz, Pyrit und Zinkblende.

Eine Vielzahl von Mineralen kristallisiert im *tetragonalen* System (z. B. Rutil, Zinnstein, Anatas, Vesuvian). Zwei gleichwertige und eine senkrecht dazu stehende größere bzw. kleinere Achse bilden das tetragonale Achsenkreuz.

Auch das *rhombische* System besitzt drei senkrecht aufeinander stehende Achsen, die jedoch alle ungleichwertig sind. Vertreter dieses Systems sind u. a. Topas, Schwefel und Schwerspat.

Bei einer weiteren Gruppe von Mineralen, zu denen u. a. Brochantit, Linarit und Gips gehören, ist es unmöglich, drei paarweise aufeinander senkrecht stehende Kantenrichtungen zu finden, die man als Koordinatenachsen einführen könnte. Die genannten Minerale lassen sich mit dem *monoklinen* System beschreiben. Das Achsenkreuz besitzt ebenfalls drei ungleichwertige Achsen, aber der die *a*- und *c*-Achse einschließende Winkel ist von 90° verschieden. Die beiden anderen Winkel betragen wie beim rhombischen System ebenfalls 90°.

Das *trikline* Kristallsystem zeichnet sich durch drei ungleiche Koordinatenachsen aus. Die die Koordinatenachsen einschließenden Winkel sind alle von 90° verschieden (Bild 4.7). Vertreter dieses Systems sind z. B. Axinit oder die seltenen Minerale Lausit und Walpurgin.

Bei einer Vielzahl von Mineralen schließlich (z. B. Quarz, Kalkspat, Dioptas, Turmalin oder Pyrargyrit) ist eine Zuordnung zu den bisher beschriebenen Kristallsystemen nicht möglich. Für die Beschreibung der Geometrie dieser Minerale eignet sich ein Ach-

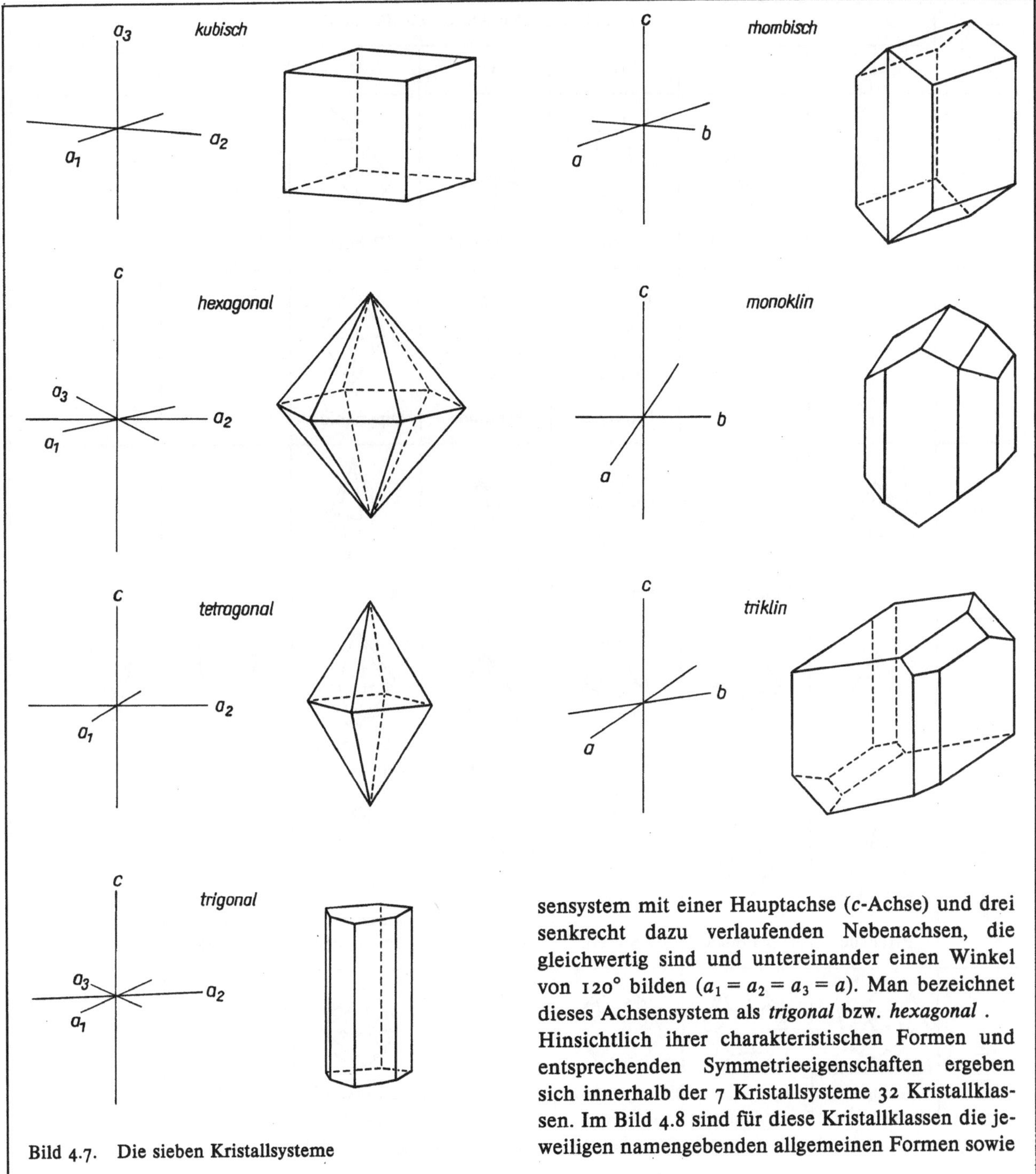

Bild 4.7. Die sieben Kristallsysteme

sensystem mit einer Hauptachse (c-Achse) und drei senkrecht dazu verlaufenden Nebenachsen, die gleichwertig sind und untereinander einen Winkel von 120° bilden ($a_1 = a_2 = a_3 = a$). Man bezeichnet dieses Achsensystem als *trigonal* bzw. *hexagonal* . Hinsichtlich ihrer charakteristischen Formen und entsprechenden Symmetrieeigenschaften ergeben sich innerhalb der 7 Kristallsysteme 32 Kristallklassen. Im Bild 4.8 sind für diese Kristallklassen die jeweiligen namengebenden allgemeinen Formen sowie

Kristall-systeme	Kristallklasse (charakteristische Formen)						
	I	II	III	IV	V	A	B
monoklin/ triklin	Pedion	Pinakoid	Doma	Sphenoid	Prisma		
rhombisch			Tetraeder	Pyramide	Dipyramide		
trigonal	Pyramide	Rhomboeder	Trapezoeder	ditrigonale Pyramide	Skalenoeder		
tetragonal	Pyramide	Dipyramide	Trapezoeder	ditetragonale Pyramide	ditetragonale Dipyramide	Tetraeder	Skalenoeder
hexagonal	Pyramide	Dipyramide	Trapezoeder	dihexagonale Pyramide	dihexagonale Dipyramide	trigonale Pyramide	ditrigonale Dipyramide
kubisch	tetraedrisches Pentagon-dodekaeder	Disdodekaeder	Pentagonikosi-tetraeder	Hexakis-tetraeder	Hexakis-oktaeder		

Bild 4.8. Die 32 Kristallklassen mit namengebenden Formen und Beispielen (nach KOSTOW [4.26])

Kristallklasse (Beispiele mit Kombinationen)							Kristall-systeme
I	II	III	IV	V	A	B	
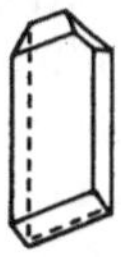 Sr-Tartrat	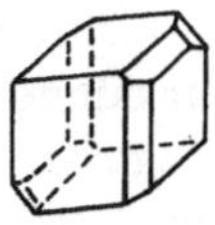 Axinit	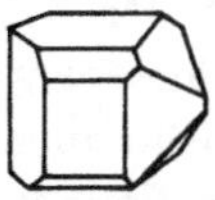 Weinsäure	 Hilgardit	 Augit			monoklin/triklin
		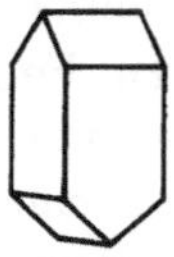 Epsomit	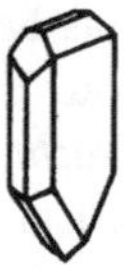 Hemimorphit	 Topas			rhombisch
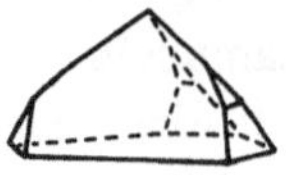 Na-Periodat	 Dioptas	 β-Quarz	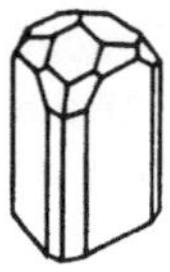 Turmalin	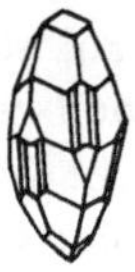 Calcit			trigonal
 Wulfenit	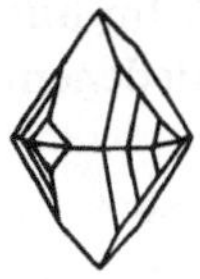 Scheelit	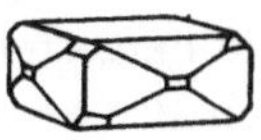 Phosgenit	 Diaboleit	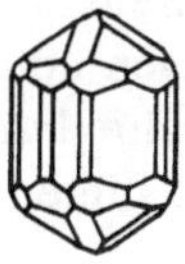 Kassiterit	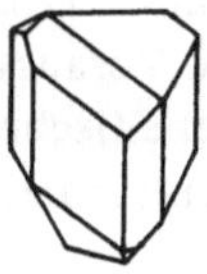 Chanit	 Chalkopyrit	tetragonal
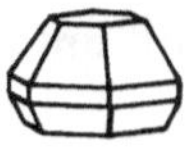 Nephelin	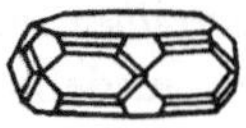 Apatit	 α-Quarz	 Zinkit	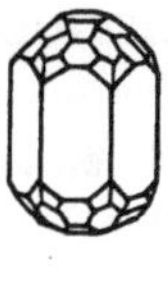 Beryll		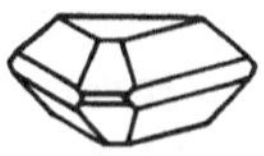 Bentonit	hexagonal
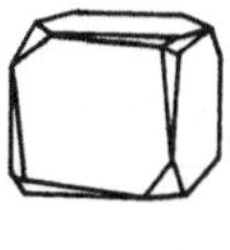 Ba-Nitrat	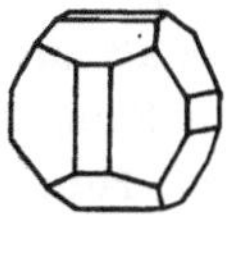 Pyrit	 Cuprit	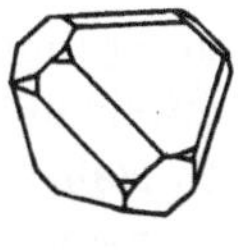 Sphalerit	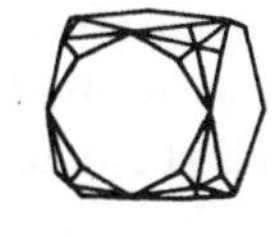 Fluorit			kubisch

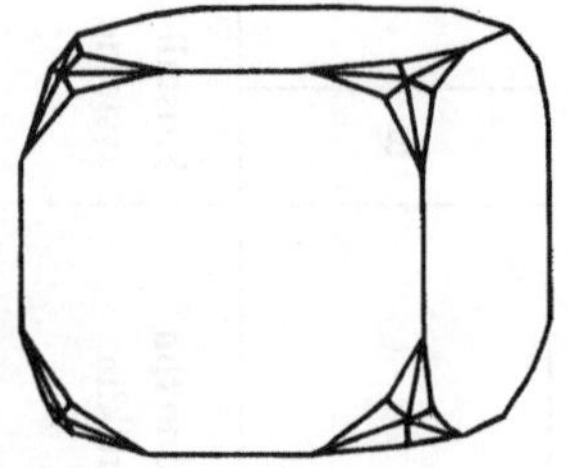
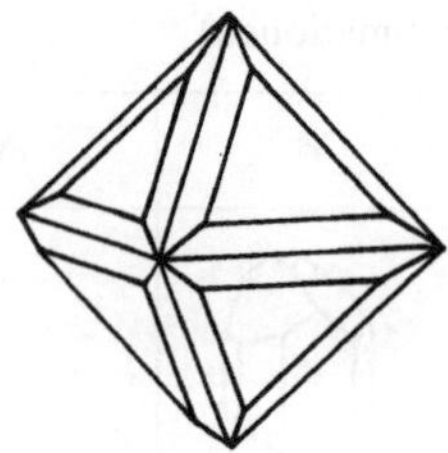

a | b
Bild 4.9. Spezielle Formen beim Fluorit (a) und Spinell (b)

Beispiele typischer Mineralvertreter angegeben. Die Minerale bilden in den entsprechenden Klassen in der Mehrzahl Kristalle, die eine Kombination mehrerer spezieller oder allgemeiner Formen darstellen. So ist der im Bild 4.9a gezeigte Fluoritkristall eine Kombination aus einem 48-Flächner (Hexakisoktaeder) und einem Würfel. Der Spinellkristall (Bild 4.9b) wird aus einem Trisoktaeder (acht dreigeteilte Oktaederflächen) und einem Oktaeder gebildet. Eine zweifelsfreie Identifizierung der Kristallformen und ihrer Kombinationen hat natürlich auf der Basis des hier vermittelbaren Grundwissens ihre Grenzen. Dazu sind weitere Voraussetzungen nötig, die zu einer exakten mathematischen Beschreibung der einzelnen Kristallflächen (Indizierung) führen.

4.2.2. Kristallformen und Kombinationen

Für den Sammler von meist wohlausgebildeten kleinen Kristallen ist jedoch bereits die relative Unterscheidung hinsichtlich spezieller morphologischer Erscheinungen außerordentlich hilfreich. So wurde bereits erwähnt, daß die Minerale sehr häufig keine »ideal« ausgebildete Kristallform besitzen (vgl. Bild 4.4) und es darauf ankommt, diese »reale« Form zu erkennen. Man sollte sich durch ständige Übung für diese *Verzerrungen* einen Blick erwerben.

In noch weit stärkerem Maße sind morphologische Erscheinungsformen an Kristallen von Bedeutung, die man durch die Begriffe Tracht und Habitus beschreibt. So kennt man z. B. beim Kalkspat in Abhängigkeit vom Fundort unterschiedliche Ausbildungsformen der Kristalle. Während der »Blätterspat« von Schneeberg in sehr dünnen Kristallen, die von flachen Rhomboedern begrenzt werden, auftritt, kommt er im Freiberger oder Cumberlander Revier in Form langsäuliger Kristalle vor, die vorwiegend das hexagonale Prisma oder ein Skalenoeder zeigen. Das bedeutet, die Kristallformen unterscheiden sich von Fundort zu Fundort durch eine wechselnde *Tracht*, worunter man die Gesamtheit der an einem Kristall vorkommenden Formen versteht. Die Tracht eines Minerals kann so kennzeichnend für einen Fundort sein, daß man mit Sicherheit auf seine Herkunft schließen kann. Der häufige Wechsel der Tracht kann andererseits jedoch auch erschwerend für die Bestimmung des Minerals insgesamt sein.

Mit dem Begriff *Habitus* bezeichnet man diejenige Kristallform, die am betreffenden Mineral am ausgedehntesten entwickelt ist. Dabei handelt es sich um die Flächen, die bei der Bildung des Minerals am langsamsten gewachsen sind. Im Bild 4.10 sind zwei Pucheritkristalle mit verschiedenem Habitus, aber gleicher Tracht dargestellt.

Es handelt sich also bei den eben beschriebenen Erscheinungen nicht um Verzerrungen. Für den Habitus des Minerals ist die unterschiedliche Wachstumsgeschwindigkeit verschiedener Formen verantwortlich. Verzerrungen hingegen entstehen, wenn sich verschiedene Flächen *derselben* Form mit unterschiedlicher Geschwindigkeit ausdehnen.

Neben den bisher betrachteten realen Erscheinungsformen am einzelnen Kristall trifft man bei den Mineralen sehr häufig auch *Kristallverwachsungen* an. Dabei können die Kristalle sowohl in zufälliger, unregelmäßiger Art und Weise als auch gesetzmäßig miteinander verwachsen sein. Parallel verwachsene Kristalle gleicher Art bilden zum Teil typische (namengebende) Formen, wie z. B. Szepterquarz (Bild 4.11). Einen weiteren Typ von Verwachsungen stellen die *Zwillingsbildungen* dar. Hier sind zwei

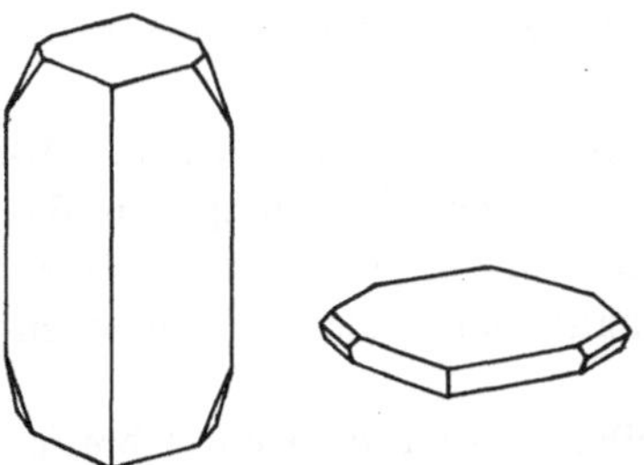

Bild 4.10. Beispiel für Tracht und Habitus beim Pucherit

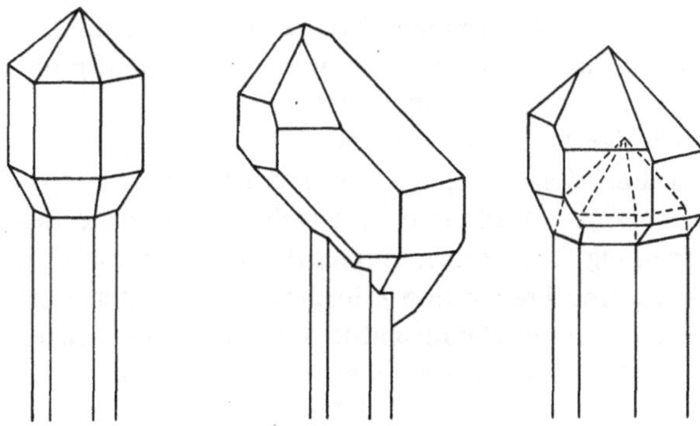

Bild 4.11. Szepterquarze (nach RYCKART)

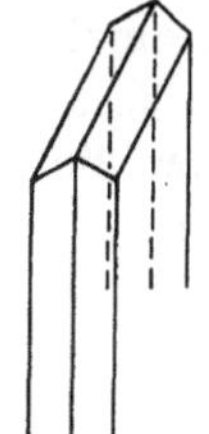

Bild 4.12. Zwillingsbildung beim Walpurgin

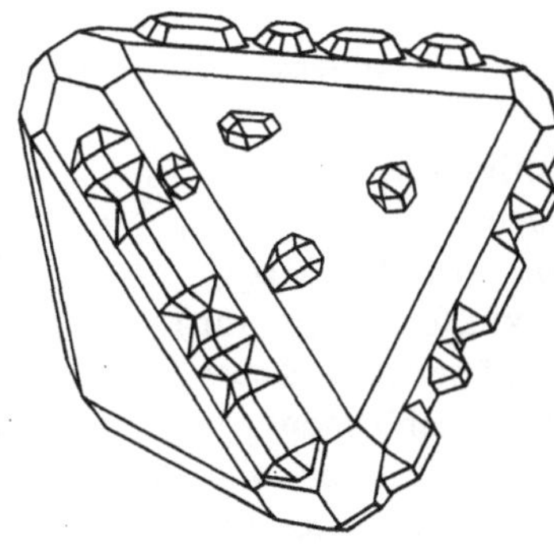

Bild 4.13. Orientierte Verwachsung von Fahlerz und Kupferkies (aus LUEDECKE [4.21])

oder mehrere Kristalle der gleichen Art in gesetzmäßiger (meist symmetrischer) Form miteinander verwachsen. In Bild 4.12 sind zwei trikline Walpurginkristalle so verwachsen, daß sie eine monokline Symmetrie vortäuschen. In solchen Fällen ist der Nachweis einer Zwillingsbildung schwierig und damit bei der Mineralbestimmung wenig hilfreich. In vielen Fällen weisen Zwillinge jedoch typische Merkmale (häufig einspringende Winkel) auf, die eine Identifikation erleichtern. Für einige Minerale sind Zwillingsverwachsungen fundorttypisch, so kennt man beim Orthoklas Zwillinge nach dem Karlsbader, Manebacher und Bavenoer Gesetz (vgl. [4.3], [4.10]).

Schließlich treten auch Verwachsungen zwischen verschiedenen Mineralarten auf. Für solche *orientierten Verwachsungen* ist eine gewisse Ähnlichkeit des inneren Aufbaus der beteiligten Minerale erforderlich. Ist eine entsprechende »Passung« gegeben, entstehen Verwachsungen, wie sie beispielsweise für Fahlerz und Kupferkies vom Fundort Neudorf/Harz typisch sind (Bild 4.13).

4.2.3. Mineralaggregate

Bisher konnte festgestellt werden, daß die Minerale hinsichtlich der Geometrie des einzelnen Kristalls in der Regel Abweichungen vom idealen Zustand zeigen. Andererseits ist für die Bildung der Minerale typisch, daß in ihren Eigenschaften und ihrer chemischen Zusammensetzung unterschiedliche Minerale miteinander verwachsen und sogenannte Mineralaggregate bilden. Die Gesteine (z. B. Basalt, Granit, Granodiorit) sind dafür ein Beispiel wie auch ein Bleiglanz-Zinkblende-Pyrit-Erz. Die Ursachen dafür, daß es zur Bildung der unterschiedlichsten Mineralaggregate kommt, sind einmal die physikalischen und chemischen Eigenschaften der Minerale selbst sowie die herrschenden Bildungsbedingungen, wie Temperatur, Druck, Zeit, Mengenverhältnis der beteiligten Komponenten, Raumerfüllung und Bei-

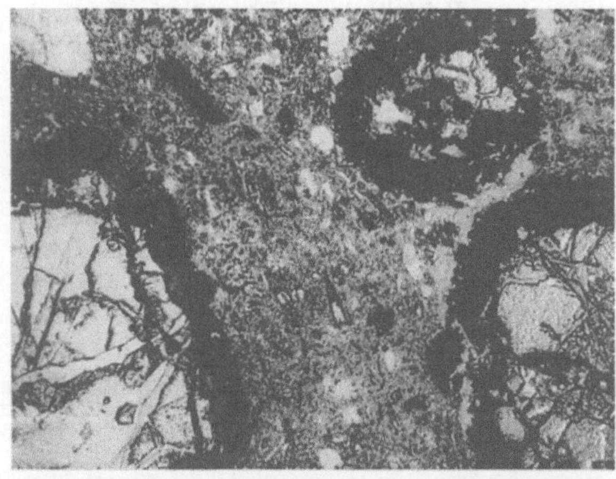

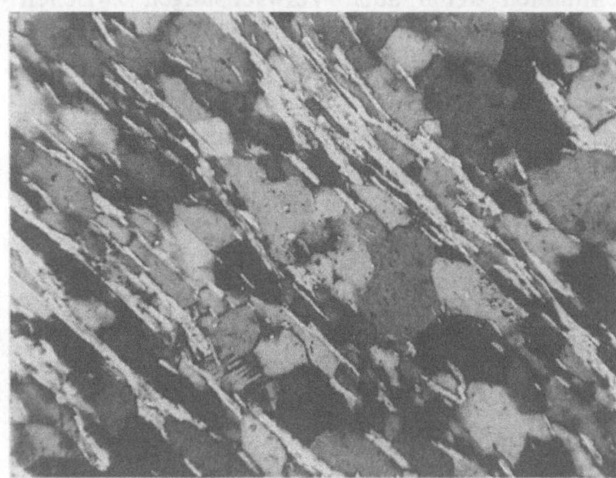

a
―
b

Bild 4.14. Dünnschliffbilder (Aufnahmen: Prof. BAUTSCH, Berlin) Bildbreite 2,5 mm

a) Quarzporphyr aus dem Rotliegenden, Staaken
In einer feinkörnigen Matrix sind Granitkörner eingebettet, die einen Reaktionssaum zeigen (schwarz)

b) Gneis, nordisches Geschiebe
In der für den Gneis typischen Textur erkennt man Feldspat (helle Leisten), Quarz (dunkle Körner) und Glimmer (dunkle Leisten)

mengungen, die das Wachstum fördern oder stören können.

Bei der Beschreibung der wichtigsten Typen von Mineralaggregaten folgt man der Einteilung von BETECHTIN [4.6]. Auch bei LIEBER [4.11] sind wichtige Hinweise zur Systematik der Mineralaggregate zu finden.

Körnige Aggregate stellen den am meisten verbreiteten Typ dar. Sie bestehen aus einer Matrix weniger gut ausgebildeter Kristalle, in der auch wohlgeformte Kristalle liegen können. Bild 4.14 zeigt dazu Beispiele. Hinsichtlich der Korngröße kann man grobkörnige (Korngröße im Durchschnitt >5 mm), mittelkörnige (1 bis 5 mm) und feinkörnige Aggregate (<1 mm; Einsatz einer Lupe oder des Polarisationsmikroskops erforderlich) unterscheiden. Für die Bestimmung feinkörniger Aggregate ist in den meisten Fällen eine Präparation erforderlich, um einen sehr dünnen Schnitt (Dünnschliff von etwa 30 µm Dicke) im Falle durchsichtiger oder transparenter Minerale oder eine feinpolierte Oberfläche (Anschliff) für undurchsichtige (opake) Minerale zu erhalten. Für eine Reihe von Mikromineralen (die nicht in gut ausgebildeten Kristallen vorkommen) sind das die einzigen Bestimmungsmethoden. Hierzu gehören u. a. sulfidische Erzminerale, wie z. B. Lautit, oder die »Silberkiese«. Außerdem sind Anschliffe auch notwendig für Mineralbestimmungen mit dem Rasterelektronenmikroskop (vgl. S. 51).

Die allgemeine morphologische Erscheinungsform der Mineralaggregate und damit der einzelnen Kristallindividuen gestattet eine weitere Unterteilung:

- haarförmig (Millerit oder »Haarkies«, Halotrichtit)
- faserig (Ulexit, Asbest)
- nadelig (Malachit, Antimonit)
- säulig (Manganit, Aragonit)
- radialstrahlig (Erythrin, Wavellit, Mixit)
- tafelig (Lepidokrokit, Wulfenit, Torbernit)
- blättrig (Walpurgin, »Blätterspat«, Koechlinit)
- kugelig (Sphärocobaltit, Pechblende)

Darüber hinaus gibt es eine Vielzahl von Bezeichnungen, die die besondere Form beschreiben, wie

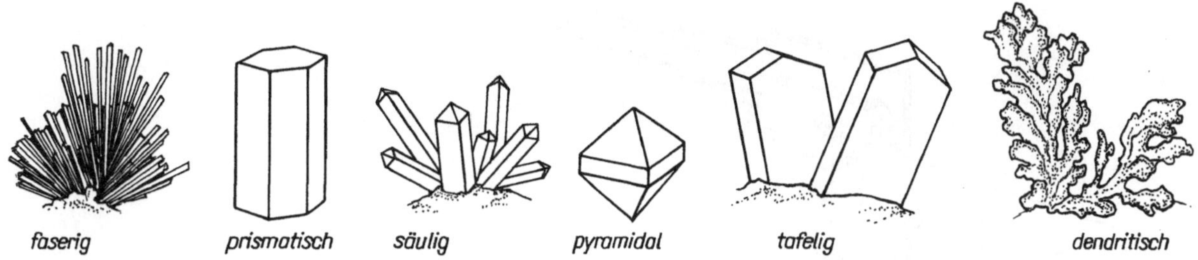

Bild 4.15. Beispiele für Mineralaggregate

z. B. kammartig oder bürstenförmig. Im Bild 4.15 sind ausgewählte Beispiele der mannigfaltigen Ausbildungsformen der Mineralaggregate dargestellt.

Drusen stellen Hohlräume dar, in denen von der Wand aus wohlausgebildete Kristalle in den freien Raum wachsen oder in denen sich feinkristalline Schichten absetzen, die die Hohlräume dann ausfüllen (man spricht dann von Geoden).

In den Hohlräumen können sich aus Gelen auch Fließformen bilden, von denen ***Stalagmiten*** und ***Stalaktiten*** die bekanntesten sind (sie treten z. B. bei Malachit, Aragonit oder den Psilomelanen auf).

Ein Teil der Minerale kommt auch in Form von

- erdigen Massen (Mangan- und Eisenhydroxide)
- Ausblühungen (Dendriten der Manganhydroxide)
- Anflügen und Beschlägen (Kobalt-, Nickel- und Kupfererze)

vor.

Die Schwierigkeit für den Sammler bei der Mineralbestimmung nach morphologischen Gesichtspunkten wird vor allem darin bestehen, daß nicht immer nur *eine* bestimmte Kristallform oder Verwachsungsform typisch für ein Mineral ist. So treten beim Malachit kollomorphe Formen und feinste Nadeln auf. Das sehr seltene Wismutsilikat Eulytin bildet sowohl flächenreiche kubische Kristalle als auch kugelförmige Aggregate (s. Farbtafel S. 145). Das ständige Üben durch häufiges vergleichendes Betrachten der Kristallformen und Aggregate führt jedoch dazu, daß bereits durch dieses unaufwendige Bestimmungsverfahren viele Unklarheiten zu beseitigen sind.

Die nachfolgend beschriebenen Bestimmungsverfahren stellen sowohl eine Ergänzung als auch für eine Reihe von komplizierten Fällen die einzige Möglichkeit der exakten Mineralbestimmung dar. Diese Verfahren erfordern jedoch einen mehr oder weniger großen gerätetechnischen Aufwand.

4.2.4. Untersuchung mit dem Polarisationsmikroskop

Wie bereits erwähnt, dienen die Lupe und das Stereomikroskop dem Sammler in erster Linie zur vergrößerten Wiedergabe der zu betrachtenden Präparate. Darüber hinaus gestattet die Benutzung eines *Polarisationsmikroskops* u. a. die Bestimmung der optischen Eigenschaften.

Voraussetzung für diese Bestimmungsmethode war die Möglichkeit der Erzeugung von polarisiertem Licht. 1828 stellte dafür WILLIAM NICOL eine später nach ihm benannte Vorrichtung (NICOLsches Prisma) vor, die sich die starke Doppelbrechung des Calcits zunutze macht. Außerdem ist es möglich, durch Reflexion und Absorption polarisiertes Licht zu erzeugen. So besitzt z. B. Turmalin die Eigenschaft, hindurchtretendes Licht zu polarisieren. Diesen Effekt kann man inzwischen auch künstlich erzeugen. In den modernen Polarisationsmikroskopen setzt man deshalb Polarisationsfilter ein, die außerdem billiger und raumsparender sind. Gegenüber einem »gewöhnlichen« Mikroskop besitzt demnach

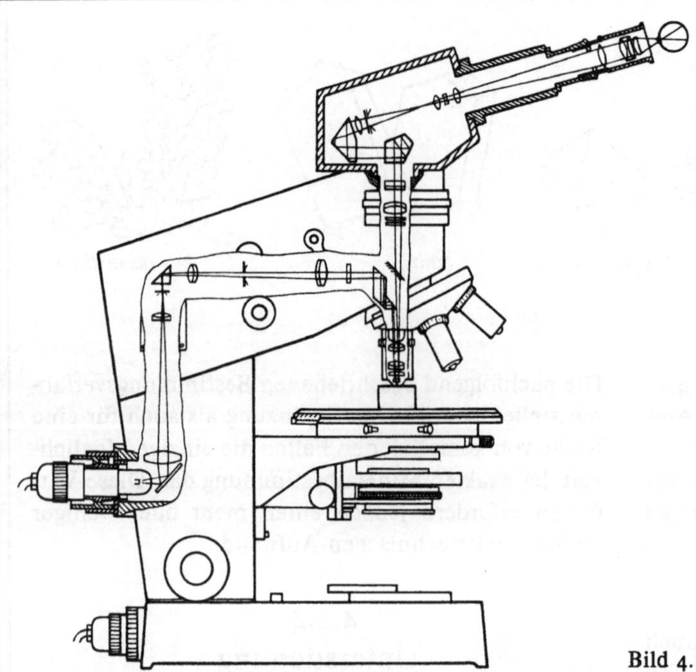

Bild 4.16. Prinzip eines Polarisationsmikroskops [4.3]

das Polarisationsmikroskop (s. Bild 4.16) zusätzlich eine Vorrichtung zur Polarisation des Lichtes (Polarisator) sowie zur Analyse der Interferenzerscheinungen (Analysator). Auch für die Arbeit mit dem Stereomikroskop ist ein Polarisationszusatz von großem Vorteil.

Für die Untersuchung mit dem Polarisationsmikroskop wird im Normalfall ein durchsichtiges Präparat benötigt. Zu diesem Zweck wird ein etwa 30 µm dikker Dünnschliff hergestellt. Neben der Untersuchung dünner Kristallschnitte wird diese Technik vor allen Dingen zur Identifizierung der Gesteine verwendet. So ist es beispielsweise üblich, durch Auszählen der einzelnen Gesteinskomponenten (mit Hilfe eines sogenannten Integrationszusatzes) die mineralische Zusammensetzung zu bestimmen.

Einen Sonderfall stellt die *Auflichtmikroskopie* (Erzmikroskopie) dar, die für die Untersuchung stark absorbierender, undurchsichtiger Minerale eingesetzt wird. Das Präparat, ein möglichst relieffrei polierter Anschliff, wird in diesem Falle von oben durch das Objektiv hindurch beleuchtet. Bild 4.16 zeigt das Prinzip eines Auflichtmikroskops: Über eine Beleuchtungseinrichtung tritt das Licht – wahlweise durch einen Polarisator – von der Seite in den Tubus ein. Hier wird es durch ein Prisma oder Glasplättchen umgelenkt. Man beobachtet also im reflektierten Licht.

Der Einsatz des Erzmikroskops hat besonders in den vergangenen 30 Jahren zur Entdeckung einer Reihe neuer Minerale beigetragen. Das trifft vor allem auf Erze (z. B. Silberkiese) sowie auf die Identifizierung extraterrestrischer Minerale (vom Mond oder aus Meteoriten) zu. Der Altmeister der Mineralogie Professor Ramdohr (gestorben 1985 im Alter von 96 Jahren) hat durch die Entdeckung neuer Minerale und die Beschreibung einer Vielzahl von Mineralparagenesen die Leistungsfähigkeit dieser Methode demonstriert. Dabei ist die eindeutige Identifizierung nur in Kombination mit einer mikrochemischen Elementanalyse möglich. Die Einführung der Röntgen- bzw. Elektronenmikroanalyse vor etwa 30 Jahren war ein entscheidender Fortschritt in dieser Richtung (vgl. S. 62).

Die Verwendung von Anschliffen wird für den Sammler von Kleinmineralen immer dann interessant, wenn es sich um weniger gut ausgebildete und eng verwachsene Mineralaggregate handelt, wie sie beispielsweise aus Erzgängen bekannt sind. Die Betrachtung setzt viel Übung voraus, um anhand der Reflexionseigenschaften, der Farbe sowie typischer Kristallverwachsungen das Mineral zu identifizieren. Hier bietet sich der Aufbau einer »Modell-Sammlung« typischer Erzminerale und ihrer Vergesellschaftung im Anschliff an. Diese Form der Spezialsammlung ist eine anspruchsvolle Möglichkeit für den ernsthaften fortgeschrittenen Sammler, sich zu spezialisieren. Dabei spielt der Gesichtspunkt eine wesentliche Rolle, aus der Vergesellschaftung der Minerale (»paragenetische Bestimmungsmethode«) bereits auf die zu bestimmenden Minerale sowie auf den eventuell unbekannten Fundort zu schließen.

Die Abbildungen im Farbtafelteil zeigen als Beispiele auch den ästhetischen Reiz dieser Form der Bestimmung und die Möglichkeit für eine Spezialsammlung (vgl. Kapitel 3.).

4.2.5. Beobachtung mit dem Rasterelektronenmikroskop

Der visuellen Beobachtung und besonders der fotografischen Abbildung sehr kleiner Minerale mit Hilfe der Lichtmikroskopie (Stereomikroskope sowie Einsatz von fotografischen Mikroaufnahmetechniken) sind Grenzen gesetzt. Seit Anfang der siebziger Jahre schließt das Rasterelektronenmikroskop (REM) als wichtiges Hilfsmittel für die Beobachtung

Bild 4.17. Rasterelektronenmikroskop SEM 515 der Firma PHILIPS

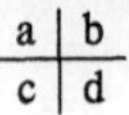

Bild 4.18. Beispiele für rasterelektronenmikroskopische Aufnahmen von Mineralen aus dem Steinbruch Nesselgrund bei Schnellbach/Thüringen
Die Aufnahmen wurden im Institut für Elektronenmikroskopie der Akademie der Wissenschaften der DDR in Halle durch Dipl.-Phys. K. Schumann angefertigt. Das Material stellte R. Schmidt zur Verfügung
a) Babingtonit b) Babingtonit
c) Epidot mit Ferropumpellyit d) Pumpellyit

mikroskopisch kleinster Bereiche diese Lücke. Mit einem Auflösungsvermögen von 10 bis 20 Å[1]) und einer enormen Schärfentiefe ist es für die kristallometrische Bestimmung kleinster Kristalle das ideale Gerät.

Die Wirkungsweise beruht darauf, daß ein fein gebündelter Elektronenstrahl das Objekt in kleinen Flächeneinheiten abtastet. Bei diesem Vorgang werden durch die Probe Sekundärelektronen ausgesandt, die durch einen Detektor aufgenommen und in elektrische Signale umgewandelt werden. Damit wird eine Bildröhre gesteuert; außerdem ist die Möglichkeit der fotografischen Dokumentation vorhanden. Im Bild 4.17 ist eine rasterelektronenmikroskopische Anlage dargestellt. Die Kristallaufnahmen (Bild 4.18) unterstreichen die Leistungsfähigkeit dieser Methode besonders hinsichtlich der Erkennung kleinster Details (vgl. auch Kapitel 3.). Dem Sammler von Kleinmineralen ist es in der Regel bei guter Zusammenarbeit mit Museen bzw. anderen wissen-

[1]) Å = Ångström: 1 Å = 0,1 Nanometer = 10^{-10} m

schaftlichen Einrichtungen möglich, besonders interessante Objekte mit dieser Methode abbilden zu lassen. Auch hier muß jedoch erwähnt werden, daß eine eindeutige Bestimmung – besonders bei komplizierten Fällen – oft erst durch die chemische Analyse möglich ist.
Damit wäre die Beschreibung der Methoden abgeschlossen, die die Bestimmung der Geometrie von Mineralen (Kristallen) und ihrer spezifischen Ausbildungsformen zum Gegenstand haben. Im folgenden sollen Bestimmungsmethoden beschrieben werden, welche häufig erst die endgültige Entscheidung über die Identität des Minerals gestatten.

4.3. Bestimmung der chemischen Zusammensetzung

Bei den bisher beschriebenen Bestimmungsverfahren kann man auf Fälle treffen, bei denen man zwischen zwei oder mehreren Möglichkeiten nicht mehr unterscheiden kann. Das ist dann der Fall, wenn es sich um Minerale derselben Gruppe oder Reihe handelt. Hier ist es häufig möglich, daß ähnliche oder gleiche Farben und ebenso gleiche Kristallformen typisch sind. Ein Beispiel dafür ist die Pyromorphit-Reihe. Pyromorphit und Mimetesit lassen sich nach den bisher beschriebenen äußeren und kristallometrischen Kennzeichen nicht immer eindeutig identifizieren. Aufschluß kann dann nur der chemische Nachweis auf Phosphor oder Arsen geben; während Mimetesit ein Bleiarsenat ist, stellt Pyromorphit das entsprechende Bleiphosphat dar.
In ähnlicher Weise gibt die chemische Analyse auf Nickel und Kobalt erst Aufschluß über die Identität der beiden Arsenide Safflorit (Kobalt) und Rammelsbergit (Nickel).
In den wenigsten Fällen würde man jedoch Minerale durch chemische Methoden allein bestimmen. Vielmehr wird man die Anzahl der in Betracht kommenden Mineralarten aufgrund der oben beschriebenen Methoden einzugrenzen versuchen.

Der chemische Nachweis eines Elementes geht im allgemeinen so vor sich, daß man auf die Lösung, in der jenes Element vorhanden ist, eine andere Lösung (das Reagens) einwirken läßt und die eintretenden Änderungen beobachtet. Dazu muß das im festen Zustand vorliegende Mineral zunächst in eine Lösung überführt, d.h. aufgeschlossen werden. Für das Aufschließen gibt es mehrere Verfahren:

- Auflösen in Wasser oder Säuren
- Zusammenschmelzen mit festen Reagenzien (Soda, Salpeter o.a.)
- Verdampfen bei hoher Temperatur, Abscheiden des Dampfes auf einer Unterlage und anschließendes Lösen in einer Flüssigkeit.

Für das letztgenannte Verfahren wie auch teilweise für eine Elementbestimmung im Mikrobereich selbst ist das *Lötrohr* ein geeignetes Instrument. Durch den Einsatz neuer chemischer Analyseverfahren ist das Lötrohrverfahren, das dem versierten Mineralogen auch für den Feldeinsatz eine wertvolle Hilfe ist, zurückgedrängt worden. Mit dem zunehmenden Sammeln von Kleinmineralen wird es jedoch – gemeinsam mit naßchemischen Untersuchungen (unter dem Stereomikroskop bzw. durch Tüpfelreaktionen) – ein unentbehrliches Hilfsmittel bei der Bestimmung von Micromounts. Es sollen deshalb nachfolgend die Methode und die wichtigsten Nachweisreaktionen dargestellt werden.

4.3.1. Lötrohrverfahren

Historisches

Der Vorteil hoher Temperaturen für die Analyse der unterschiedlichsten Materialien wurde bereits sehr früh erkannt. Um auf kleinem Raum Metalle bzw. Gläser zum Schmelzen zu bringen, benutzten bereits im Mittelalter die Gold- und Silberschmiede sowie die Glasbläser das Lötrohr. Als chemische Analysenmethode kam das Lötrohrverfahren erst im 18. Jahrhundert in Gebrauch [4.14]. Johann Kunckel emp-

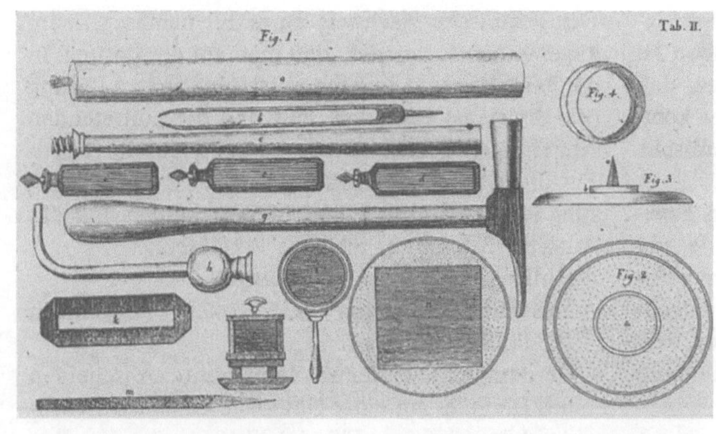

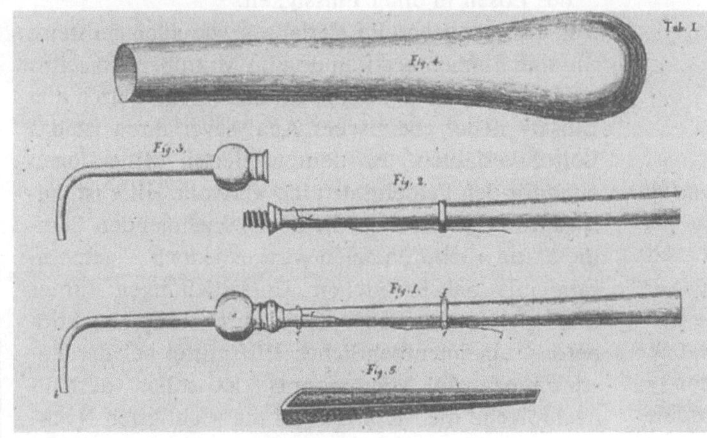

Bild 4.19. Probiergeräte für Lötrohruntersuchungen nach TOBERN BERGMAN

fahl im Jahre 1767 als erster das Lötrohr für die Mineralanalyse. Dabei nutzte er die hohen Temperaturen des Lötrohrverfahrens zum Aufschluß des zu untersuchenden Minerals im Gemenge mit Kalk bzw. Soda.

Auch andere berühmte Chemiker des 18. und 19. Jahrhunderts propagierten die Lötrohrprobierkunst als erfolgreiche Methode für die Mineralanalyse. Dazu gehören vor allem die schwedischen Chemiker und Mineralogen TOBERN BERGMAN und GUSTAV VON ENGESTRÖM, die selbst Probiergeräte für die Analyse entwickelten und bauten (vgl. Bild 4.19). In Bild 4.20 ist das Lötrohrbesteck von Prof. KOLBECK gezeigt, der ab 1901 an der Bergakademmie Freiberg tätig war. Mit dem Aufschwung des Berg- und Hüttenwesens in dieser Zeit in Schweden erlebte das Lötrohr seine erste Blütezeit. Von ENGESTRÖM stammt auch die erste Anleitung zum Gebrauch des Lötrohres für die Mineralanalyse. Eine weitere Verbesserung der Lötrohrmethode gelang J. BERZELIUS, der als Meister seines Faches eine Reihe von Zusatzinstrumenten, die zum Teil auf BERGMAN und seinen Lehrer J. G. GAHN zurückgehen, einführte und 1812 in einem Lehrbuch veröffentlichte. Dazu gehören u. a. die Unterscheidung der inneren und äußeren Flamme, die Einführung der Reagenzien Borax, Phosphorsalz und Soda sowie die Nutzung eines Platindrahtes. Danach erschienen eine

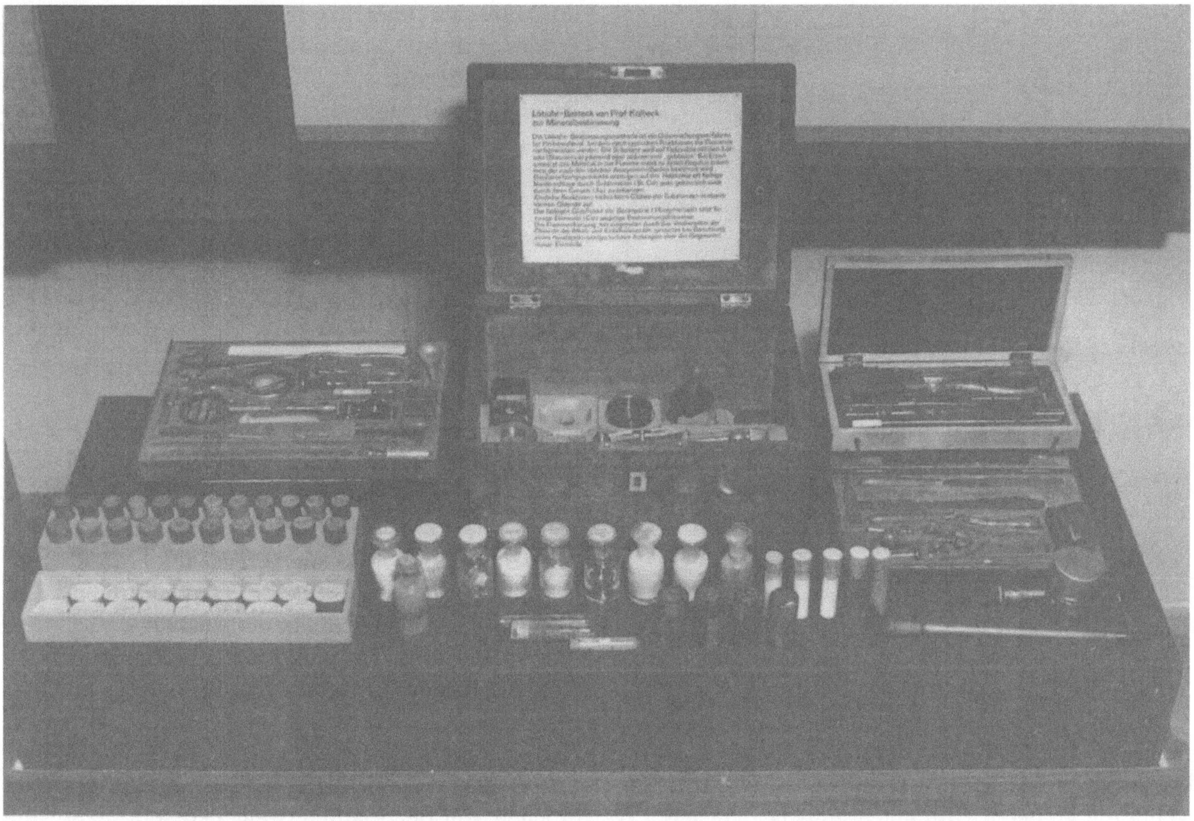

Bild 4.20. Lötrohrbesteck von Prof. Kolbeck (Foto M. Knopfe, Freiberg) Gesamtansicht (oben) und Detail (unten)

Reihe weiterer Lehrbücher und Anleitungen, die die Lötrohrmethode ständig verfeinerten und auf eine Vielzahl von Elementen erweiterten. Erwähnt werden sollen hier nur die Arbeiten von von Kobell, Fuchs und Streng, Plattner und Kolbeck, Henglein, Filipenko und Kalinin, Kuzin und Egerov [4.15] bis [4.18].

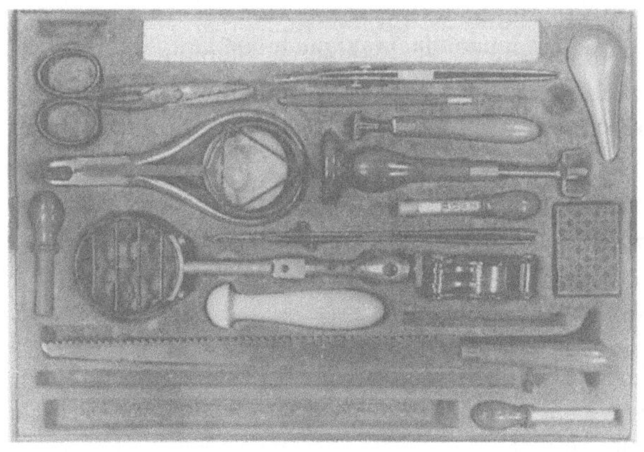

Hilfsmittel zum Lötrohrverfahren

Das *Lötrohr* selbst besteht aus einem Messingrohr, das an einem Ende ein Mundstück aus Holz oder Horn trägt, während das andere Ende etwas gebogen ist und eine feine Öffnung (zwischen 0,3 und

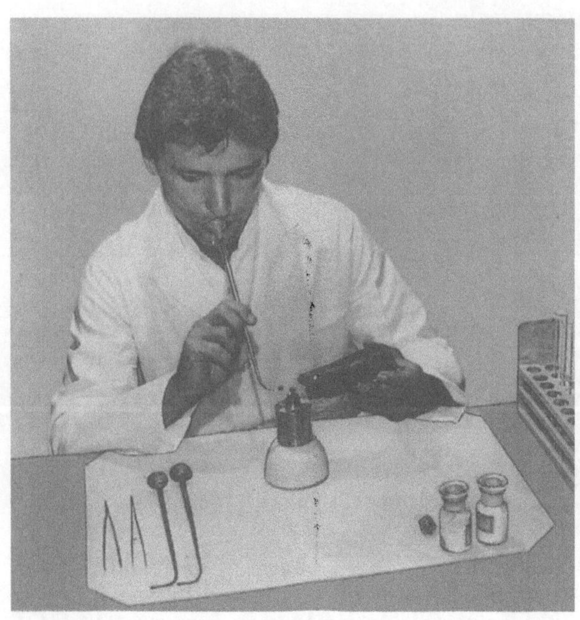

Bild 4.21. Arbeitsplatz für Untersuchungen mit dem Lötrohr

0,6 mm) aufweist. Zweckmäßigerweise besitzt man mehrere Lötrohre mit unterschiedlichem Innendurchmesser der Austrittsdüse (vgl. auch Bild 4.21), wobei die größeren Öffnungen günstiger für das Erzeugen einer Oxydationsflamme, die kleineren für die Reduktionsflamme einzusetzen sind. Als sehr hilfreich erweist es sich, wenn man das Lötrohr auf einem Grundbrett befestigt und damit beide Hände zum Manipulieren frei hat.

Zur Erzeugung der geeigneten Flamme verwendet man am besten eine *Lötrohrlampe* mit Paraffin oder Alkohol als Brennstoff. Selbstverständlich sind auch

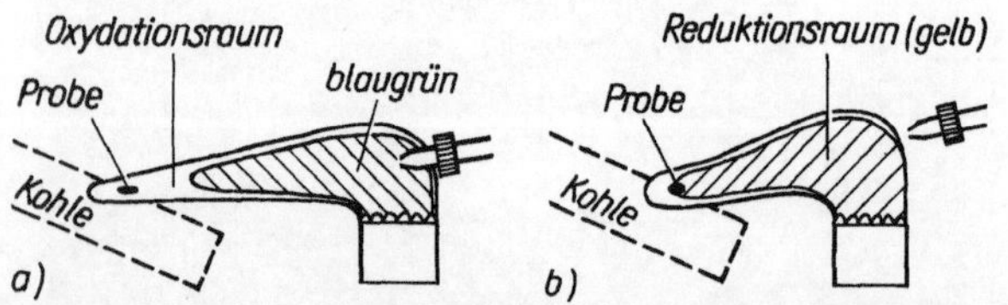

Bild 4.22. Oxydations- (a) und Reduktionsflamme (b) beim Lötrohr

ein Bunsenbrenner bzw. entsprechende Propangasbrenner geeignet; im einfachsten Falle benutzt man eine Stearinkerze.

Bei der Anwendung des Lötrohrs kommt es sehr darauf an, daß längere Zeit ununterbrochen geblasen wird. Man erreicht dies, indem man die Luft nicht aus der Lunge, sondern aus der Mundhöhle unter Benutzung der Wangenmuskeln in das Rohr drückt und dabei den Gaumen verschließt. Auf diese Weise kann man während des Blasens ununterbrochen aus- und einatmen. Ist der Luftvorrat in der Mundhöhle erschöpft, so füllt man ihn durch kurzfristiges Öffnen des Gaumenverschlusses wieder auf.

Die Verwendung des Lötrohrs bietet außerdem die Möglichkeit, beim Blasen wahlweise oxydierend oder reduzierend auf die Mineralprobe einzuwirken (Bild 4.22). Führt man das Lötrohr mit der Spitze lediglich bis an die Flamme heran und bläst diese nur gelinde zur Seite, so wird ihr Charakter nicht geändert: Die umgebogene Flamme leuchtet wie zuvor und wirkt durch die in ihr enthaltenen glühenden Kohlenstoffteilchen reduzierend. Ihre Temperatur ist nicht sehr hoch; man muß unter Umständen ziemlich lange blasen, um eine Wirkung zu erzielen. Vor allem muß die Probe vollständig und ununterbrochen von der Flamme umgeben sein, damit die heiße Probe nicht an der Luft oxydiert werden kann.

Taucht man beim Blasen die Spitze des Lötrohrs in die Lampenflamme ein und bläst etwas stärker, so entsteht eine nicht sehr leuchtende Flamme mit einem blaugrünen Kern. Der innere Kern, der noch unverbrannte Paraffindämpfe enthält, wirkt schwach reduzierend, der äußere Mantel stark oxydierend.

Zur Aufnahme der Probe und für die Durchführung der Analyse wird weiterhin gut ausgeglühte Holzkohle benötigt. Am besten geeignet ist Fichtenholzkohle, aus der man Stücke von der Größe 10 × 3 cm und 2 cm Dicke herstellt und auf eine glatte Oberfläche achtet. Um die Mineralprobe für die Lötrohranalyse zu fixieren, werden im Abstand von etwa 5 mm vom Rand kleine Grübchen (etwa 1 bis 2 mm tief) angelegt.

Wie bereits erwähnt, kann man das Lötrohrverfahren auch zum Aufschluß verwenden und den Nachweis der fraglichen Elemente auf naßchemischem Weg führen. Diese Untersuchungstechnik, die eng mit der Lötrohranalyse verbunden ist, erfordert zusätzlich einige spezifische Geräte:

- *Mörser* (Porzellan oder Achat) zum Pulverisieren der Mineralprobe
- *Glühröhrchen*: einseitig geschlossene Röhrchen aus schwer schmelzbarem Glas von 6 bis 8 cm Länge und 0,5 cm Innendurchmesser
- *Magnesiastäbchen*

Sehr zweckmäßig sind *Porzellanschälchen* von 2 bis 3 cm oberem Durchmesser und 0,5 cm Tiefe. In diesen Schälchen führt man die Tüpfeluntersuchungen aus. Man kann dafür auch eine Tüpfelplatte aus Porzellan oder Glas mit 6 bis 12 näpfchenförmigen Vertiefungen verwenden. Unter die Glasplatte legt man ein Stück weißes Papier.

Schließlich sind gelegentlich Filterpapier, Kobaltglas, Unitestpapier und eine Pinzette erforderlich.

Für die Durchführung einiger weniger ausgewählter chemischer Analysen im Mikrobereich wird natürlich eine Reihe von Chemikalien benötigt, deren Handhabung nur in dafür eingerichteten Labors gestattet ist. Als Standardausrüstung, besonders für den Feldeinsatz, sind folgende Reagenzien erforderlich:

- Borax $Na_2B_4O_7 \cdot H_2O$ (Pulver)
- Natriumammoniumphosphat $NH_4NaHPO_4 \cdot 4\ H_2O$ (Pulver)
- Soda Na_2CO_3 (kalziniert, Pulver)
- Kobaltnitrat $Co(NO_3)_2$ (Lösung 1:20)
- Salzsäure, verdünnt, HCl

Untersuchungsmethoden mit dem Lötrohr

In manchen Fällen hat der Sammler die zu untersuchenden Minerale bereits nach ihren äußeren Kennzeichen identifiziert bzw. benötigt durch die chemischen Methoden nur eine endgültige Bestätigung. Eine Vielzahl von Mineralen lassen sich jedoch so nicht eindeutig bestimmen. Man nutzt deshalb chemische Hilfsmittel unter Verwendung des Lötrohres in folgender Weise:

- Durch den Flammenfärbungstest können vor allem die Alkali- und Erdalkalimetalle sowie auch Kupfer und Bor nachgewiesen werden.
- Die Untersuchung mit Hilfe der Borax- oder Phosphorsalzreaktion gibt die Möglichkeit, in vielen Fällen vor allem Mangan, Eisen, Chrom, Kupfer, Nickel, Kobalt und Titan zu unterscheiden.
- Mit der Prüfung im Glühröhrchen ist u. a. der Nachweis von Schwefel, Quecksilber und Arsen möglich.
- Der eigentliche Test vor dem Lötrohr sowohl als Aufschluß wie auch als Nachweis bietet die Möglichkeit, weitere Elemente zu identifizieren bzw. die bisherigen Ergebnisse zu bestätigen.

In der Tabelle 4.4. sind die für das jeweilige Element wichtigsten Bestimmungsmethoden zusammengefaßt.

Natürlich ist die Mehrzahl dieser Untersuchungen auch mit Hilfe der Flamme eines Bunsenbrenners oder Gasherdes möglich.

Flammenfärbung

Minerale, die Alkali- und Erdalkalimetalle enthalten, zeigen bei starker Erhitzung eine mehr oder weniger intensive Flammenfärbung. Für diesen Test bringt man ein kleines Mineralstück oder Pulver daraus an einem Magnesiastäbchen, das man vorher sehr gut ausgeglüht hat, in den oxydierenden Teil der Lötrohr- oder Bunsenbrennerflamme. Der Versuch gelingt besser, wenn man die Probe vorher mit etwas Salzsäure benetzt. *Natrium* enthaltende Minerale geben eine intensive gelbe Färbung. Das häufig auch in kleinen Mengen vorkommende Natrium kann mit seiner starken Gelbfärbung die übrigen Elemente verdecken (»maskieren«). Durch ein Filter von blauem Glas kann man diese gelbe Färbung aufheben.

Im einzelnen kann man folgende typische Flammenfärbung beobachten:

Kaliumsalze: ziemlich schnell vergängliche violette Färbung. Durch Kobaltglas betrachtet (um das stö-

Tabelle 4.4. Lötrohrtests
Bevorzugte Bestimmungsmethoden für die wichtigsten Elemente

Element	Chemisches Symbol	Günstigste Methode
Antimon	Sb	(4)
Arsen	As	(4), (3)
Barium	Ba	(1)
Beryllium	Be	(1)
Blei	Pb	(4)
Chrom	Cr	(2)
Eisen	Fe	(4), (2)
Gold	Au	(4)
Kalium	K	(1)
Kalzium	Ca	(1)
Kobalt	Co	(4), (2)
Kupfer	Cu	(4), (1), (2)
Lithium	Li	(1)
Mangan	Mn	(2)
Molybdän	Mo	(1), (2)
Natrium	Na	(1)
Nickel	Ni	(4), (2)
Quecksilber	Hg	(3)
Schwefel	S	(4), (3)
Silber	Ag	(4)
Strontium	Sr	(1)
Titan	Ti	(2)
Uran	U	(2)
Vanadium	V	(2)
Wismut	Bi	(4)
Wolfram	W	(4), (2)
Zinn	Sn	(4)
Zirkonium	Zr	(4)

Erläuterungen:
(1) Flammenfärbung
(2) Borax- bzw. Phosphorsalzperle
(3) Glühröhrchentest
(4) Nachweis mit Lötrohr/Holzkohle

rende Natrium zu absorbieren), erscheint die Flamme rot-violett. Dabei stören Kalzium-, Strontium- und Lithiumsalze, die ebenfalls unabsorbiert durch das Kobaltglas treten.

Lithiumsalze: rote Färbung, ziemlich schnell vergänglich. Im Gegensatz zu Kalzium ist die Flamme durch ein grünes Glas nicht sichtbar.

Strontiumsalze: lange anhaltende karminrote Färbung. Will man Strontium neben Lithium erkennen, benetzt man die Probe mit Schwefelsäure und bringt sie dann in die Flamme. Die Strontiumfärbung tritt nur sehr schwach und später auf.

Kalziumsalze: anhaltend orangefarbene Flamme. Durch Benetzen mit Salzsäure kann die Färbung verlängert werden.

Bariumsalze: gelb-grüne, lange anhaltende und recht spät auftretende Färbung. Zum Nachweis von Barium z.B. im Schwerspat ($BaSO_4$) hält man die Probe erst einige Minuten in die reduzierende Flamme. Anschließend wird mit Salzsäure befeuchtet und in der Oxydationsflamme geprüft.

Kupfer (in Oxiden und Sulfiden wie Chalkosin, Chalkopyrit): breite grüne Flammenfärbung. Nach Behandlung mit Salzsäure wird die Flamme blau, nach weiterem Erhitzen wieder grün.

Borhaltige Minerale: intensive anhaltende Grünfärbung. Dazu ist jedoch ein Befeuchten mit Schwefelsäure erforderlich. Diese setzt aus den meisten Bormineralen Borsäure frei (außer Borsilikate), die dann die Flamme grün färbt.

Weniger typisch, aber zur Eingrenzung der Minerale durchaus geeignet ist die fahlblaue Färbung, wenn die Proben *Blei, Zinn* oder *Antimon* enthalten.

Molybdänhaltige Minerale: schwache fahlgrüne Färbung.

Wenn man die Möglichkeit hat, sollte man die gefärbte Flamme durch ein Spektroskop (vgl. S. 59) betrachten. Die dann sichtbaren Linien bzw. Banden bestimmt man über eine Skala und vergleicht sie in einer Spektraltafel relativ zur stets vorhandenen bekannten Natriumlinie.

Als Zusatz für direkte Beobachtung am Stereoskop wird von GRAMACCIOLI [4.24] ein Spektroskop beschrieben, das im Bild 4.23 als Prinzipskizze dargestellt ist. Mit dieser Methode gelingt auch die Unterscheidung gleichfarbiger Minerale unterschiedlicher Zusammensetzung (z. B. Pyrop und Spinell) anhand des unterschiedlichen Absorptionsspektrums.

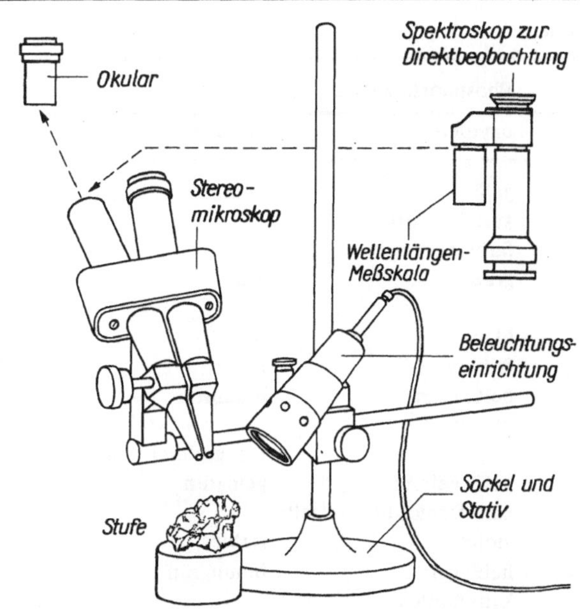

Bild 4.23. Spektroskopzusatz für das Stereomikroskop nach GRAMACCIOLI

Borax- und Phosphorsalzperle

Schmilzt man Borax oder Phosphorsalz in der Flamme eines Bunsenbrenners oder Gasherdes (in der Lötrohrflamme ist es komplizierter), bildet sich Natriummetaborat bzw. Natriummetaphosphat. Mit den Kationen der zu untersuchenden Minerale entstehen dann farbige Borate bzw. Phosphate.

Um eine Borax- oder Phosphorperle zu erzeugen, erhitzt man (oder befeuchtet mit Wasser) ein Magnesiastäbchen, nimmt damit Borax oder Phosphorsalz auf und erhitzt weiter in der Oxydationsflamme des Brenners, Gasherdes oder Lötrohres. Das Pulver schmilzt und bildet nach dem Erkalten eine farblose Glaskugel. Um eine Perle von 2 bis 3 mm Durchmesser zu erhalten, muß man diese Prozedur zwei- bis dreimal wiederholen. Die noch heiße Perle bringt man dann mit der zu untersuchenden Substanz in Berührung und erhitzt weiter in der Oxydationsflamme, bis sich die gesamte Perle färbt. Die Farbe rührt dann in der Regel vom häufigsten Kation her (vgl. Tabelle 4.5).

Bei einigen Elementen (z. B. Kupfer, Mangan, Chrom) ändert sich die Farbe, wenn die Perle in der Reduktionsflamme erhitzt wird. Um diese Reduktionsperle zu erhalten, erhitzt man die Probe zuerst in der Oxydationsflamme, besser jedoch in einer Magnesiarinne, und anschließend in der Reduktionsflamme. Durch Zugabe von etwas metallischem Zinn (Stanniol) oder Zinn(II)-chlorid kann die Reduktion bei schwerer reduzierbaren Substanzen erleichtert werden.

Prüfung im Glühröhrchen

Durch Erhitzen des zu untersuchenden Minerals im Glühröhrchen kann man Zersetzungsprozesse, Schmelzvorgänge, Sublimation (Niederschlag an der Röhrchenwand), Entweichen von Gasen, Leuchten und Farbwechsel beobachten. Dazu wird das geschlossene Ende des Glühröhrchens mit dem gepulverten Mineral in der Oxydationsflamme des Lötrohres erhitzt. Man hält das Röhrchen im Winkel von etwa 45° in die Flamme und erhitzt, langsam beginnend, dann in sehr heißer Flamme bis zur Rotglut. Nach dem Erkalten kann man aus den charakteristischen Beschlägen an der Innenwand erkennen, ob das Mineral Wasser, Sauerstoff, Schwefel, Arsen und/oder Quecksilber enthält. Absorbiertes Wasser bildet kleine Tropfen an der Wand und wird bereits bei geringem Erhitzen abgegeben. Im Mineral gebundenes Wasser (Kristallisationswasser) wird erst bei sehr starkem Erhitzen ausgetrieben.

Sauerstoff läßt sich nachweisen, indem man ein kleines Kohlekorn in das Glühröhrchen gibt. Bei Anwesenheit von Sauerstoff fängt dieses intensiv zu brennen an.

Sulfide unter den Mineralen (Pyrit, Markasit) scheiden Schwefel in Form eines gelben Niederschlages ab. Bei längerem Erhitzen bilden sich auch kleine rote Schwefeltröpfchen.

Arsenide unter den Mineralen scheiden Arsen in Form eines hellgrauen Niederschlages mit metallischem Glanz ab.

Tabelle 4.5. Elementnachweis mit der Borax- und Phosphorsalzperle

Element	Boraxperle		Phosphorsalzperle	
	oxydierend	reduzierend	oxydierend	reduzierend
Ag	weiß	grau	gelb kalt: opalartig	grau
Bi, Cd, Sb, Zn	farblos	grau	farblos	grau
Cr	heiß: rotgelb kalt: gelbgrün	grün	grün	grün
Co	blau	blau	blau	blau
Ba, Sr, Ca, Mg	farblos	farblos	farblos	farblos
Cu	heiß: grün kalt: blaugrün	farblos bis rotbraun	heiß: grün kalt: blau	braunrot
Cu mit Sn-Folie	–	rot (undurchsichtig)	–	rot (undurchsichtig)
Fe	gelb	grün	heiß: gelbrot kalt: farblos bis hellgelb	gelbgrün
Mn	violett	farblos	violett	farblos
Mo	heiß: gelb kalt: farblos	braunschwarz	heiß: gelb kalt: farblos	braungrün
Ni	heiß: violett kalt: braun	grau, nach längerem Blasen farblos	heiß: rötlich kalt: gelb	grau
Pb	heiß: gelblich kalt: farblos	grau	–	grau
Sn, Al	farblos	farblos	farblos	farblos
Ti	heiß: gelb kalt: farblos	braun, violett	heiß: gelb kalt: farblos	schwach violett, wenn Fe: blutrot
U	gelb	grün bis schwarzgrün	gelb	grün
SiO_2	farblos	farblos	Kieselskelett	Kieselskelett
Silikate				weiße (ungeschmolzene Flocken)

Prüfung vor dem Lötrohr

Das zu untersuchende Mineralpulver wird in die Vertiefungen der Holzkohle gebracht und mit der Lötrohrflamme so erhitzt, daß der Holzkohleblock und die Flamme einen Winkel von etwa 45° bilden. Durch Nutzung der Reduktionsflamme erhält man in der Regel metallische Produkte in Form von Kügelchen oder Schlacken. Durch oxydierendes Blasen bilden sich dagegen typische Oxidbeschläge. Darüber hinaus ist es durch die direkte Lötrohruntersuchung auch möglich, die Minerale durch Geruchsentwicklung, Farbänderung, Änderung der Flammenfärbung oder Schmelzerscheinungen zu identifizieren.

In der Reduktionsflamme vollziehen sich folgende Reaktionen:

Bleihaltige Minerale (z. B. Phosgenit, Mimetesit) erzeugen in der reduzierenden Lötrohrflamme eine bleigraue Metallperle, die, in der Oxydationsflamme erhitzt, einen gelblichen Beschlag bildet. Die Gegenwart von Silber führt zur Bildung einer weißen geschmeidigen Metallperle, ohne daß ein Beschlag entsteht (z. B. Freieslebenit, Ramdohrit).

Tabelle 4.6. Mineralbestimmung mit dem Lötrohr Beschläge auf der Kohle bei oxydierendem Blasen

Ort	Farbe	Verhalten zur Flamme	Zusammensetzung	Urheber
weit entfernt von der Probe	gräulich weiß	leicht vertreibbar mit fahlblauem Schein	As_2O_3	Arsen
entfernt von der Probe	schwarz, rotbraun, orange, pfauenschweifartig bunt	leicht vertreibbar	CdO	Cadmium
mäßig weit entfernt von der Probe	weiß, eventuell mit braunem Saum	leicht vertreibbar mit grünem Schein der Reduktionsflamme	TeO_2	Tellur
entfernt von der Probe	heiß: orange kalt: blaßgelb, gel. gelblich, weißer Saum	vertreibbar	Bi_2O_3 Saum: $Bi_2(CO_3)_2$	Wismut
mäßig weit entfernt von der Probe	heiß: gelb kalt: weiß	nicht vertreibbar mit der Reduktionsflamme	MoO_3	Molybdän
mäßig weit entfernt von der Probe	weiß mit bläulichem Saum	vertreibbar	Sb_2O_4	Antimon
nahe der Probe	stahlgrau, gel. mit rotem Saum	leicht vertreibbar mit azurblauem Schein	Se	Selen
nahe der Probe	heiß: gelb kalt: blaßgelb, bläulichweißer Saum	vertreibbar mit fahlblauem Schein	PbO Saum: $PbCO_3$	Blei
nahe der Probe	weiß	leicht vertreibbar	GeO_2	Germanium
nahe der Probe	heiß: gelb kalt: weiß	nicht vertreibbar, leuchtet stark auf	ZnO	Zink
unmittelbar an der Probe	weiß	nicht vertreibbar	SnO_2	Zinn
dicht an der Probe, nach langem Blasen	schwach rotbraun	–	Ag_2O	Silber

Aluminium, Magnesium und Titan ergeben ebenfalls weiße Beschläge.
Nach Versetzen mit Kobaltnitratlösung und erneutem Erhitzen ergibt sich für
Aluminium: blauer Beschlag
Magnesium: roter Beschlag
Titan: gelb-grüner Beschlag

Gold (z.B. in Krennerit oder Sylvanit) erzeugt eine gelbe niederschlagsfreie Metallperle.
Kupferhaltige Minerale (Emplektit, Libethenit) bilden meist kleine rote Metallkörner ohne Beschlag.
Die Anwesenheit von Eisen (z.B. Berthierit, Bixbyit) führt zur Bildung von schwarzen oder grauen geschmeidigen Aggregaten, die magnetisch sind (kein Beschlag).
Ni- und Co-haltige Minerale (Maucherit, Breithauptit, Safflorit) bilden meist graue Schlacken, seltener auch kleine magnetische Perlen ohne Beschlag.
Zinn (Canfieldit, Herzenbergit) erzeugt weiße oder graue geschmeidige Metallkügelchen mit einem weißen Beschlag unmittelbar an der Probe.
Antimon (Allemontit, Kermesit) wird charakterisiert durch eine graue brüchige Perle und einen weißen Beschlag. Nach langem Erhitzen verflüchtigt sich beides unter heftiger Entwicklung eines weißen Rauches.
Cadmiumhaltige Minerale (z. B. Greenockit) bilden – vermischt mit Soda – einen braunen Beschlag ohne Metallkorn; häufig schillert der Beschlag in bunten Oberflächenfarben (»Pfauenauge«).
Chrom in Mineralen (z. B. Kämmererit) führt zur Bildung einer grünen Schlacke, die nach längerem Erhitzen in unschmelzbares grünes Chrom(III)-oxid übergeht.
Enthält das Mineral Wismut (Koechlinit, Pucherit), bildet sich eine rötliche Perle, die von einem gelben Film und gelblichem Beschlag besäumt wird.
Die Tabelle 4.6 faßt für einige wichtige Elemente das typische Verhalten vor dem Lötrohr zusammen, wenn die Mineralprobe in der Oxydationsflamme untersucht wird.
In einer Reihe von Fällen wird eine anschließende mikrochemische Untersuchung des Reaktionsproduktes erst endgültig Aufschluß über die Zusammensetzung geben. Andererseits führt das chemische Nachweisverfahren häufig auch direkt einfacher und schneller zum Ziel. Aus diesem Grunde sei hier auf die Beschreibung von Beispielen typischer Elemente verwiesen, wie sie bei VOLLSTÄDT [4.8] beschrieben werden.

4.3.2. Weitere Methoden zur Elementanalyse

Von den vielen spezifischen Methoden für die Elementanalyse stellt die Elektronenstrahlmikroanalyse mit der Mikrosonde gegenwärtig die modernste dar. RÖSLER [4.3] hat die meisten Analyseverfahren zur Elementbestimmung zusammengestellt, wobei aber nur einige eine besondere Bedeutung in der Praxis besitzen. Dazu gehören neben den bereits erwähnten klassischen chemischen Verfahren und der Mikrosonde die Emissionsspektrometrie, die Atomabsorption, die Röntgenfluoreszenzspektrometrie, die Kernresonanzmessungen und die massenspektrometrischen Elementbestimmungen.
Untersuchungen mit der Mikrosonde liegt das Prinzip zugrunde, daß ein Elektronenstrahl die Probe trifft, der seinerseits je nach der Art des Elements oder Minerals eine charakteristische Röntgenstrah-

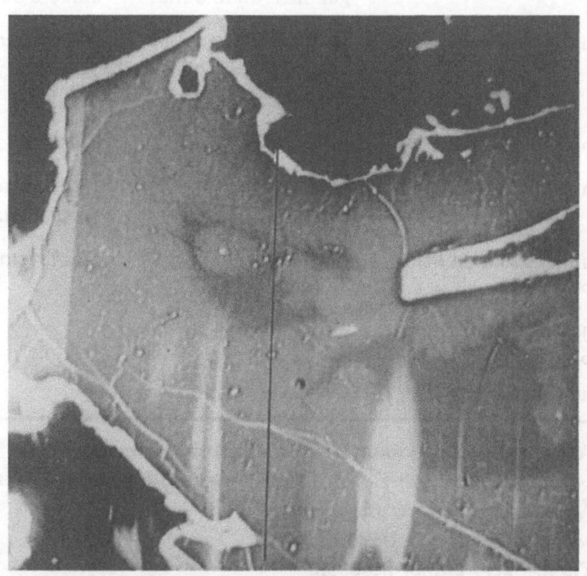

Bild 4.24. Anschliffaufnahme eines Titanomagnetitkorns mit eingezeichneter Spur der Mikrosonde

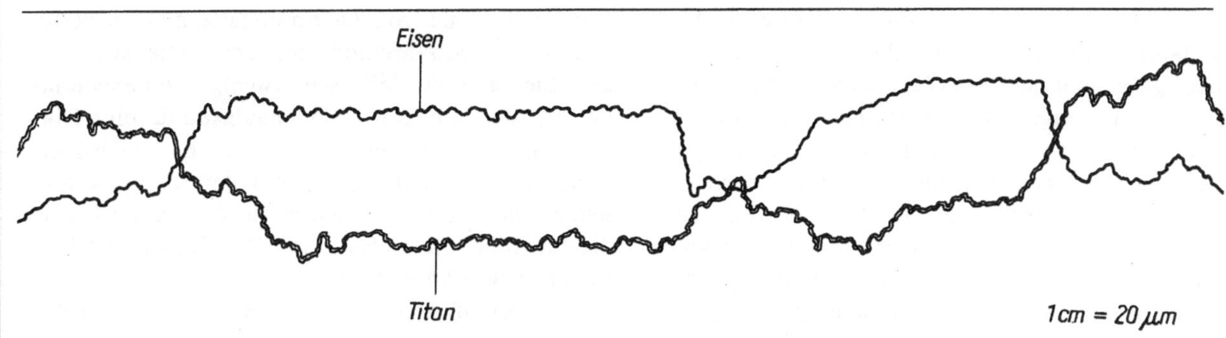

Bild 4.25. Bestimmung der Elementverteilung mittels Mikrosonde über das Titanomagnetitkorn (vgl. Bild 4.24)

lung erzeugt. Diese Strahlung wird anschließend mit einem Spektrographen getrennt und durch ein Zählrohrsystem registriert. Der Elektronenstrahl kann so fein gebündelt werden, daß Minerale im Durchmesser bis zu einem Mikrometer (10^{-6}m) hinsichtlich ihrer Elementzusammensetzung bestimmt werden können (vgl. Bild 4.24).

Mit modernen Gerätesystemen ist ein vielseitiger Einsatz möglich. Beispielsweise kann man die flächenhafte Verteilung der vorhandenen Elemente ermitteln. Weiterhin ist es möglich, jedes gewünschte Element in seiner Konzentration entlang ausgewählten Profilen zu bestimmen. Im Bild 4.25 ist die Änderung der Eisen- und Titankonzentration über ein Titanomagnetitkorn (Bild 4.24) dargestellt. Durch den Nachweis der Titanverringerung in der äußeren Zone kann u. a. auf den Entstehungsmechanismus und nachfolgende Gesteinsveränderungen sowie die Ursachen dafür geschlossen werden.

Entscheidenden Einfluß hat die seit Mitte der 50er Jahre eingesetzte Mikrosonde auf die Entdeckung neuer Minerale gehabt. Bei den seit dieser Zeit fast 1000 neu entdeckten bzw. bestimmten Mineralen handelt es sich in der Mehrzahl um sehr kleine Exemplare, die – in Erzen oder Gesteinen eng verwachsen – mit Hilfe der klassischen Methoden nur sehr schwer zu finden waren. Der größte Teil dieser Mikrominerale wurde dabei durch den Einsatz der modernen Meßtechnik, vornehmlich mit der Mikrosonde bestimmt.

In manchen Fällen setzt man auch die *Röntgenfluoreszenzanalyse* zur Mineralbestimmung ein. Sie beruht auf demselben Prinzip wie die Mikrosonde, nur daß als energiereiche Quelle eine intensive Röntgenstrahlung dient.

4.3.3. Röntgen-Phasenanalyse

Neben der Bestimmung des Minerals und seiner chemischen Zusammensetzung ist es oft erforderlich, verschiedene Minerale in einem Mineralgemisch zu identifizieren. Seit den grundlegenden Arbeiten von Max von Laue im Jahre 1912 setzt man die Röntgenstrahlung sowohl für die Mineralbestimmung als auch für die Unterscheidung mehrerer Mineralphasen erfolgreich ein. Die Röntgenphasenanalyse beruht auf der Tatsache, daß Röntgenstrahlung und Mineral eine charakteristische Wechselwirkung zeigen. Jedes kristalline Mineral besitzt einen typischen Gitteraufbau, an dem die Röntgenstrahlung (deren Wellenlänge in der Größenordnung der Gitterbausteinabstände liegt) gebeugt wird. Das System der Beugungswinkel ist dann wieder für jedes Mineral charakteristisch.

Für diese Beugungsanalyse verwendet man als Quelle eine monochromatische Röntgenstrahlung (d. h. eine Strahlung von einer einzigen Wellenlänge). Im Bild 4.26 ist das Prinzip der beiden Meßverfahren dargestellt, die für die Mineralanalyse am häufigsten eingesetzt werden. Dabei geht man als Probe von wenigen Milligramm Pulver aus, das sehr fein vermahlen viele Möglichkeiten der Beugung am Kristallgitter bietet. Die von einer Röntgenröhre erzeugte Strahlung trifft auf die Probe und wird nach der Wechselwirkung mit dem Mineral entweder durch ein Zählrohr oder auf einem Film registriert. In der Regel erhält man ein eindeutiges Beugungsbild, aus dem auf die Identität des Minerals geschlossen werden kann (vgl. Bild 4.27). Dabei hat die gerätetechnisch aufwendigere Zählrohrmethode den Vorteil einer direkteren und besseren Auswertung.

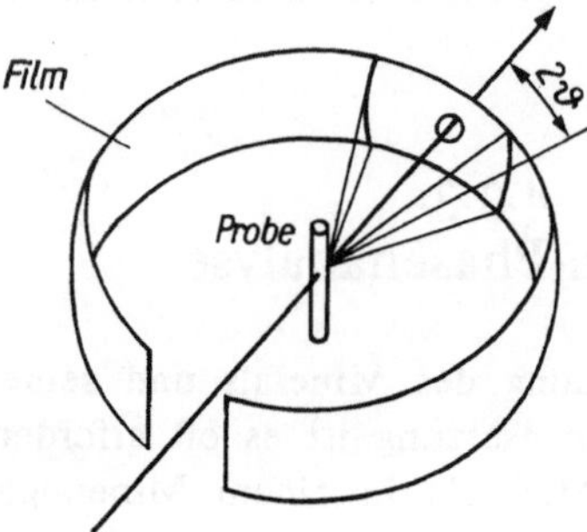

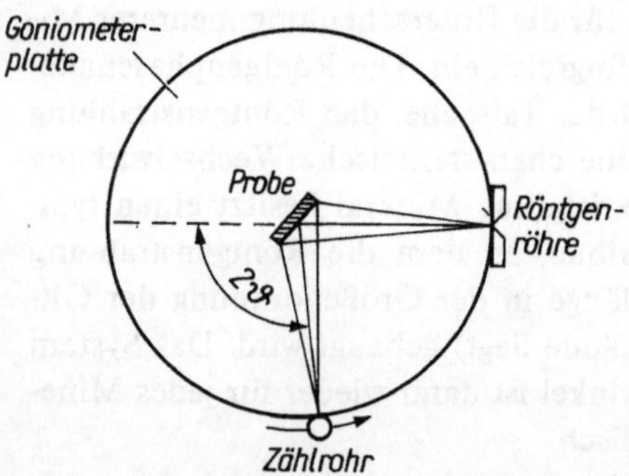

Bild 4.26. Prinzip des Meßverfahrens zur röntgenographischen Phasenanalyse (nach Rösler [4.3])

Für den Sammler von Kleinmineralen bietet sich die Debye-Scherrer-Methode mit der Filmauswertung an. Sie kommt mit sehr wenig Probematerial (< 1 mg) aus und ist in der Genauigkeit für eine Diagnose in vielen Fällen ausreichend. Es gibt jedoch Beispiele, wo die Diagnose mit der Deybe-Scherrer-Methode nicht eindeutig ist. So konnte damit die Identität von Atelestit und Rhagit nicht eindeutig nachgewiesen werden.

Zum Abschluß werden in Tabelle 4.7 diejenigen Bestimmungsverfahren zusammengestellt, die für eine komplexe Identifizierung besonders kleiner Minerale in Frage kommen.

Tabelle 4.7. Zusammenfassung der möglichen phasen- und elementanalytischen Untersuchungsverfahren für Micromounts

Mineralphasenanalyse	Elementanalyse	
	chemische Verfahren	physikalische Verfahren
makroskopisch	Lötrohr	Flammenspektroskopie
– optisch (Farbe, Glanz u.a.)	Tüpfelanalyse	Atomabsorption
– mechanisch (Härte, Dichte u.a.)		
– morphologisch	Gravimetrie	Emissionsspektroskopie
Lupe, Stereomikroskop	Volumetrie	Lasermikrospektralanalyse
Polarisationsmikroskop		Röntgenfluoreszenzanalyse
Differentialthermoanalyse		Elektronenstrahlmikrosonde
Elektronenmikrosonde		
Elektronenbeugung		

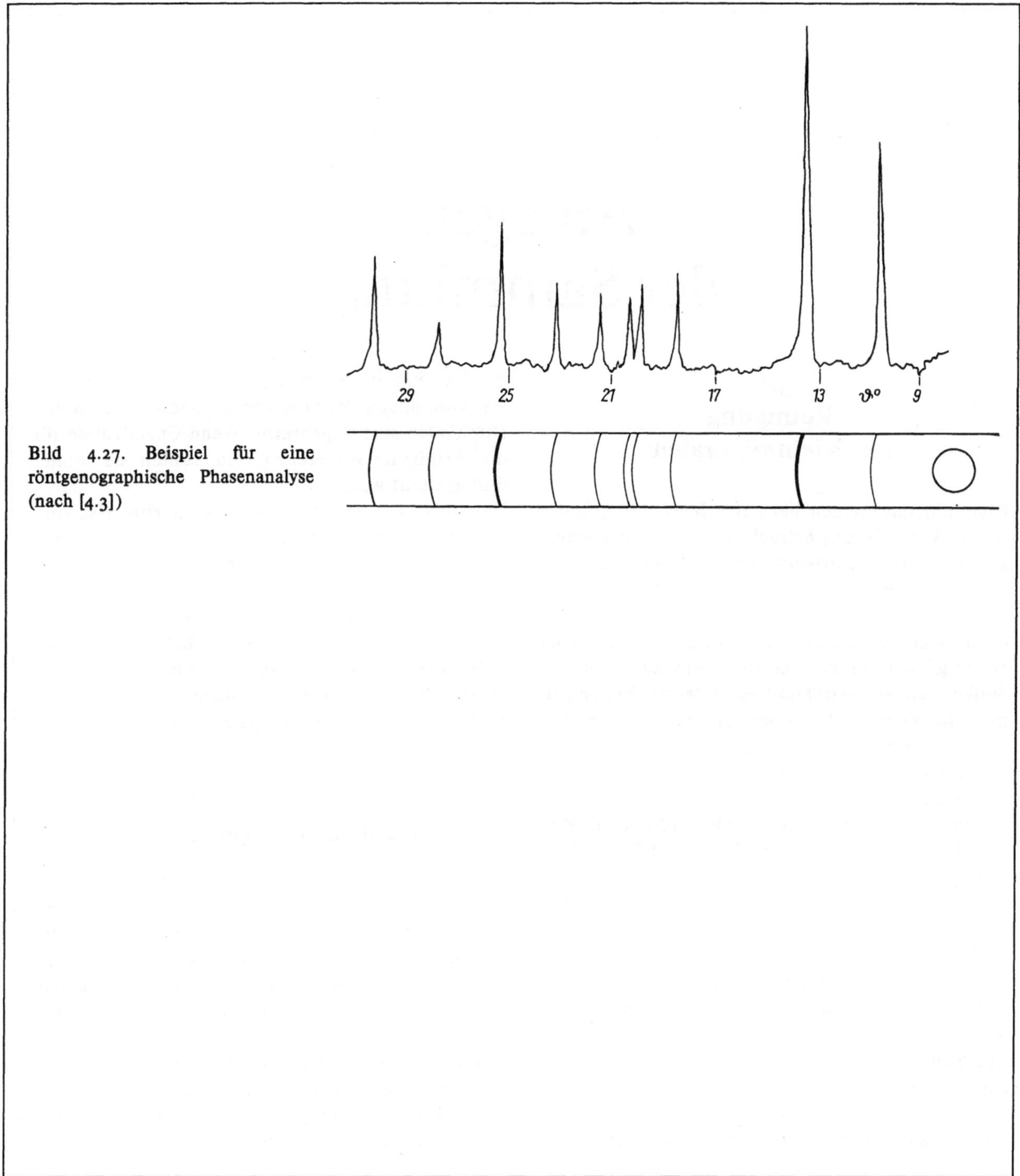

Bild 4.27. Beispiel für eine röntgenographische Phasenanalyse (nach [4.3])

5. KAPITEL

Anlegen der Sammlung

5.1. Reinigung von Kleinmineralen

Kleinminerale werden bei guter Beleuchtung unter starker Vergrößerung betrachtet. Dabei stören selbst geringe Schmutzpartikeln erheblich. Für die Fotografie sind makellos saubere Stücke Voraussetzung. Aus diesen Gründen ist die sorgfältige Reinigung noch wichtiger als bei Normalstufen. Zweckmäßig ist es, bergfrisch aus dem Gesteinsverband geborgene Stufen nicht erst verschmutzen zu lassen. Eine nachträgliche Verschmutzung sauber geborgener Stufen kann z. B. durch Staub bei der Formatisierung und durch Abrieb beim Transport entstehen. Zu empfehlen ist deshalb,

- saubere Kristallhohlräume oder aufsitzende Kristalle vor der weiteren Reinigung und Formatisierung abzudecken (z. B. mit Klebeband)
- beim Formatisieren die Kristallpartien nach unten zu halten, damit Schmutz nicht auf die Kristalle fällt
- zweckmäßige Verpackung, die keine Bewegung der Stufe zuläßt und wenig Abrieb erzeugt
- schonender Transport.

In vielen Fällen sind die Stufen jedoch von vornherein stark verschmutzt oder auch von unerwünschten Ablagerungen (z. B. Eisenoxiden) überzogen. Die Reinigungsmethoden sind vielfältig, und ihr zweckmäßiger Einsatz ist abhängig von Art und Grad der Verschmutzung. Vorversuche an weniger wertvollen Duplikaten sind angebracht. Wenn Chemikalien für die Reinigung vorgesehen sind, sollten sie immer durchgeführt werden.

Die folgenden Ausführungen bieten Hinweise und Empfehlungen zur zweckmäßigen Reinigung. Eigene Versuche und Erfahrungen sind auf diesem Gebiet unerläßlich. Erforderlich ist meist die Vorreinigung am Fundpunkt, um die Materialauswahl zielsicher treffen zu können. Auf empfindliche kleine Kristalle, die bei einer solchen Vorreinigung Schaden nehmen können (Sekundärminerale!), ist dabei zu achten. Gewässer – besonders geeignet sind Bäche – in der Nähe der Fundstelle sollten zum Säubern genutzt werden.

Mechanische Reinigungsverfahren

Sind die gesammelten Stücke nicht feucht oder mit nassem Schmutz verschmiert, wird meist mit der Trockenreinigung begonnen. Dazu benutzt man Bürsten und Pinsel, die um so weicher sein müssen, je empfindlicher das Material ist. Besonders gut eignen sich Zahnbürsten, die durch Kürzen der Borsten die entsprechende Härte erhalten (Bild 5.1). Durch Herausziehen von Borstenbündeln aus der Zahnbürste mit einer Flachzange kann sie speziell zum Reinigen kleiner Hohlräume präpariert werden. Angebracht ist bei der Trockenreinigung der Wechsel zwischen har-

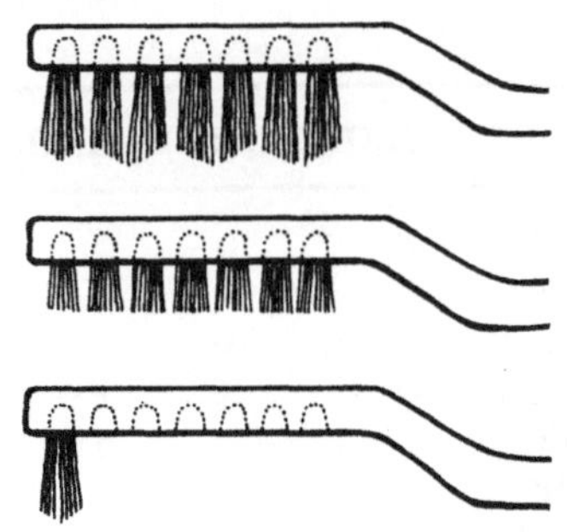

Bild 5.1. Präparierte Zahnbürsten als Reinigungsinstrumente

ter Bürste und weichem Pinsel, um immer wieder den Staub zu entfernen. In manchen Fällen ist es günstig, einen gerichteten Luftstrom zur Unterstützung der Reinigung einzusetzen. Hierfür bieten sich Kleinkompressoren, Luftduschen und – insbesondere für die abschließende Feinreinigung – ein Gummiblasball (Ohrenspritze) an. Grundsätzlich zu unterlassen ist das Abblasen mit dem Mund. Dadurch wird das Stück mit Speichelpartikeln belegt, die schwer wieder zu entfernen sind. In besonderen Fällen kann auch die Adhäsionswirkung des zur Montage der Kleinminerale eingesetzten Kitts zur Reinigung verwendet werden, indem man ein Stück Kitt in die zu reinigende Vertiefung drückt und mit dem Kitt die Schmutzreste vom Mineral entfernt. Sofern es nicht gelingt, ein Stück so aus dem Gesteinsverband zu bergen, daß ein Abblasen der feinen Staubpartikeln genügt, die beim Spalten entstanden sind, ist meist eine Naßreinigung erforderlich. Vor der Naßreinigung prüft man (Tabelle 5.1), ob das Mineral wasserlöslich ist. Unlösliche Minerale werden zur Erleichterung der Reinigung zunächst längere Zeit in kaltem Wasser eingeweicht. Zur Steigerung der Wirkung setzt man dem Wasser waschaktive Substanzen zu, die es entspannen und den Reinigungsprozeß wesentlich unterstützen. Am zweckmäßigsten ist die Verwendung von einfachem Haarshampoo für fettiges Haar. Bei ihm ist am wenigsten mit unerwünschten Zusätzen (z. B. Fetten) zu rechnen. Auch Waschpasten sind ein sehr geeigneter Zusatz. Aufwaschmittel (z.B. Fit) enthalten neben waschaktiven Substanzen auch Salze und zum Teil zusätzlich Bleichsubstanzen, deren Wirkung auf die Minerale nicht übersehen werden kann. Robuste Minerale vertragen nach dem Einweichen ein Abspritzen mit scharfem Wasserstrahl oder der Brause, gegebenenfalls unter Zuhilfenahme einer Bürste. Empfindliche Stücke werden nur vorsichtig im Wasser geschwenkt. Mit einem stärkeren Wasserstrahl kommt man manchmal nicht in tiefere Höhlungen des Minerals hinein (z.B. bei verschmutzten kleinen Kristalldrusen). Eine gute Möglichkeit bieten hier die Zylinder von Injektionsspritzen mit entsprechenden Injektionskanülen, die man an die Wasserleitung anschließt (Bild 5.2). Man kann damit feine Schmutzablagerungen mechanisch ablösen und durch Wasserdruck wegspülen.

Zur Trocknung legt man die gereinigten Stücke auf dicke Lagen Zeitungspapier, das viel Feuchtigkeit aufsaugt. Zusätzliche Wärmequellen zum Trocknen sollten nur dann eingesetzt werden, wenn sicher ist, daß durch Wärmeeinwirkung keine Schäden, etwa durch Austreiben von Kristallwasser oder durch Spannungsrißbildung, entstehen können. Taucht man die Minerale nach der Naßreinigung in Alkohol (Brennspiritus), wird das anhaftende Wasser aufgenommen und der Trockenprozeß stark verkürzt. Außerdem wird der Entstehung von Kalkflecken, die auf Kristallflächen stören können, vorgebeugt. Kalkflecken können auch durch Eintauchen in destilliertes Wasser vermieden werden.

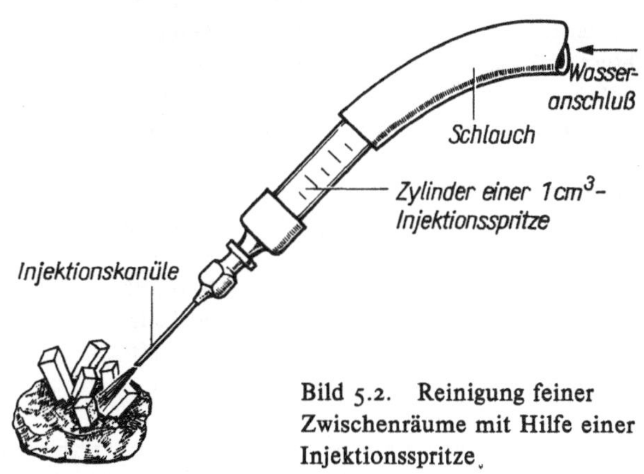

Bild 5.2. Reinigung feiner Zwischenräume mit Hilfe einer Injektionsspritze

Tabelle 5.1. Löslichkeit von Mineralen (nach [5.1], [5.6], [5.7], [5.12], [5.25], [5.26])

Mineral	H_2O	HCl	H_2SO_4	HNO_3	Mineral	H_2O	HCl	H_2SO_4	HNO_3	Mineral	H_2O	HCl	H_2SO_4	HNO_3
Adamin	○	++	++	++	Cuprit	○	++	++	++	Orthoklas	○	○	○	○
Adular	○	○	○	○	Datolith	○	+	+	+	Phillipsit	○	++	+	++
Albit	○	+	○	○	Descloizit	○	++	++	++	Phlogopit	○	○	+	○
Analcim	○	++	+	+	Dioptas	○	++	++	++	Phosgenit	○	+	+	++
Anatas	○	○	○	○	Disthen	○	○	○	○	Prehnit	○	○	○	○
Andalusit	○	○	○	○	Dolomit	○	++	++	++	Proustit	○	○	○	+
Anglesit	○	○	+	+	Epidot	○	+	+	+	Psilomelan	○	++	+	○
Anhydrit	○	○	+	○	Epsomit	++	++	++	++	Pyrargyrit	○	○	○	++
Ankerit	○	++	++	++	Erythrin	○	++	++	++	Pyrit	○	○	○	+
Annabergit	○	++	++	++	Fluorit	○	○	++	○	Pyrolusit	○	+	+	○
Antimonit	○	++	++	++	Galenit	○	+	+	+	Pyromorphit	○	++	++	++
Apatit	○	++	++	++	Gips	+	+	+	+	Pyrrhotin	○	+	+	++
Aragonit	○	++	++	++	Halit	++	++	++	++	Quarz	○	○	○	○
Argentit	○	+	+	++	Halotrichit	++	++	++	++	Rhodochrosit	○	++	++	++
Arsenopyrit	○	○	○	++	Hämatit	○	+	+	+	Rhodonit	○	○	○	○
Atacamit	○	++	++	++	Hemimorphit	○	++	++	++	Rutil	○	○	○	○
Augit	○	○	○	○	Heulandit	○	++	++	++	Scheelit	○	+	+	+
Aurichalcit	○	++	++	++	Kainit	++	++	++	++	Siderit	○	++	++	++
Azurit	○	++	++	++	Kakoxen	○	++	++	++	Silber	○	○	+	++
Baryt	○	○	+	○	Korund	○	○	○	○	Skorodit	○	++	++	++
Beryll	○	○	○	○	Krokoit	○	+	+	+	Smithsonit	○	++	++	++
Bismuthinit	○	+	+	++	Kupfer	○	+	+	+	Sodalith	○	++	++	++
Borazit	○	+	+	+	Lepidolith	○	○	○	○	Sphalerit	○	+	+	++
Bornit	○	++	+	++	Leucit	○	+	+	+	Sphen	○	○	+	○
Boulangerit	○	++	++	++	Linarit	○	+	+	++	Spinell	○	○	○	○
Bournonit	○	++	++	++	Löllingit	○	+	+	++	Stilbit	○	++	+	++
Brochantit	○	++	++	++	Magnesit	○	++	++	++	Strontianit	○	++	++	++
Brookit	○	○	○	○	Magnetit	○	+	+	+	Sylvanit	○	○	○	++
Calcit	○	++	++	++	Malachit	○	++	++	++	Tetraedrit	○	+	+	++
Cassiterit	○	○	○	○	Manganit	○	+	++	○	Thomsonit	○	++	+	○
Cerussit	○	++	+	++	Markasit	○	++	+	+	Titanit	○	○	+	○
Chabasit	○	++	++	++	Melanterit	++	++	++	++	Topas	○	○	+	○
Chalkanthit	++	++	++	++	Mikroklin	○	○	○	○	Ulexit	+	++	++	++
Chalkopyrit	○	○	+	++	Millerit	○	+	+	+	Vanadinit	○	++	+	++
Chalkosin	○	○	+	++	Mimetesit	○	++	++	++	Vivianit	○	++	++	++
Chloanthit	○	○	+	++	Molybdänit	○	○	+	++	Wavellit	○	++	++	++
Chrysokoll	○	+	+	+	Muskovit	○	○	○	○	Wismut	○	○	○	++
Cinnabarit	○	○	○	○	Natrolith	○	++	++	++	Witherit	○	++	++	++
Cobaltit	○	○	+	++	Nickelin	○	+	+	++	Wolframit	○	+	+	+
Coelestin	○	○	○	○	Olivenit	○	++	++	++	Wulfenit	○	+	+	+
Colemanit	○	++	++	++	Olivin	○	+	+	++	Zinkit	○	++	++	++
Covellin	○	+	+	++	Opal	○	○	○	○	Zinnwaldit	○	++	++	++

○ unlöslich   + schwer löslich   ++ mittel oder gut löslich

Zur Feinreinigung benötigt man einige Hilfsmittel, um Schmutz aus engen Spalten, insbesondere auch zwischen den Kristallen entfernen zu können. Dazu zählen z. B. Nadeln, Schreibfedern, Präparierstichel, Zahnstocher, Skalpelle, zahnärztliche Instrumente, wie sie z. B. zur Zahnsteinentfernung benutzt werden, und spitze Pinzetten (Bild 5.3). Bewährt haben sich scharf angespitzte Bambusstäbchen. Im Gegensatz zu Holzstäbchen weicht ihre Spitze nicht auf, wenn sie mit Wasser in Berührung kommt. Weiche Pinsel, z. B. Rasierpinsel, und Optikreinigungspinsel sind für empfindliche Minerale gut zu gebrauchen. Unentbehrlich ist die schon erwähnte Gummibirne (Ohrenspritze) zum Abblasen feiner Stäubchen.

Besondere Probleme bereitet die Säuberung feinnadliger, faseriger Minerale (z. B. Boulangerit, Jamesonit, Malachit). Leichtes Klopfen auf das Stück bei nach unten gehaltenen Kristallen, vorsichtiges Abblasen oder Saugen (z. B. mit schwachem Luftstrom des Staubsaugers) können zum Erfolg führen.

Wasserlösliche Minerale können in organischen Lösungsmitteln (z. B. Aceton, Waschbenzin, Spiritus) gereinigt werden. Beim Umgang mit Lösungsmitteln müssen die betreffenden Arbeits- und Brandschutzbestimmungen streng eingehalten werden. Die Lösungsmittel sind leicht entflammbar, und ihre Dämpfe bilden mit Luft explosive Gemische. Sie sind deshalb nur im Freien anzuwenden. Eine Reihe von Lösungsmitteln wirken stark gesundheitsschädigend (z. B. chlorierte Kohlenwasserstoffe wie Trichlorethylen). Wenn der Einsatz von Lösungsmitteln unumgänglich ist, z. B. wenn Minerale mit Lacken beschichtet wurden oder mit Fett beschmiert sind, muß man sich vor ihrem Gebrauch umfassend über ihre Eigenschaften und mögliche Gefährdungen informieren.

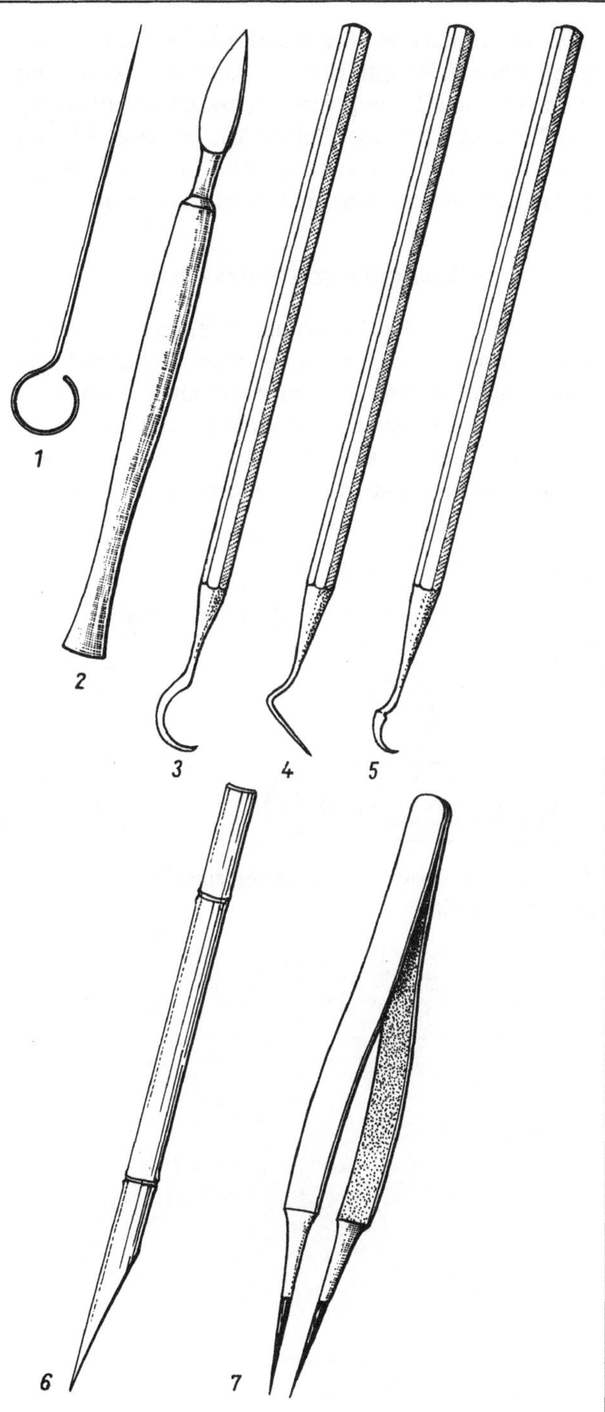

Bild 5.3. Instrumente zur Präparation und Reinigung
1 spitze Nadel, z. B. Rouladennadel o. ä.
2 Skalpell
3 bis *5* zahnärztliche Instrumente
6 angespitztes Bambusstäbchen
7 Spitzpinzette

Bei verschmutzten Steinsalzkristallen kann man auch ohne Lösungsmittel auskommen, wenn man eine gesättigte Lösung von Kochsalz herstellt (400 g Kochsalz in 1 l Wasser bei 20 °C). In dieser Lösung können die Steinsalzkristalle mit Pinsel und Bürste behandelt werden, ohne daß sie sich auflösen.

Reinigung mit Ultraschall

In der industriellen Fertigung, in feinmechanischen Reparaturbetrieben und in der Medizin hat sich die Ultraschallreinigung als hochwirksames Verfahren zur Lösung komplizierter Reinigungsaufgaben (z. B. Teile mit schwer zugänglichen Hohlräumen, komplett montierte Baugruppen mechanischer Geräte,

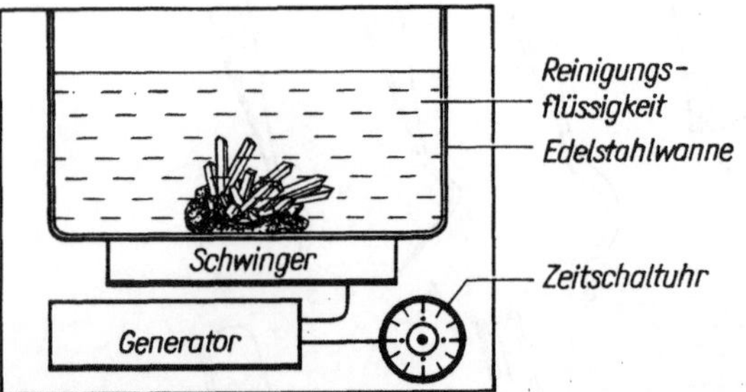

Bild 5.4. Schematische Darstellung eines Ultraschall-Reinigungsgerätes

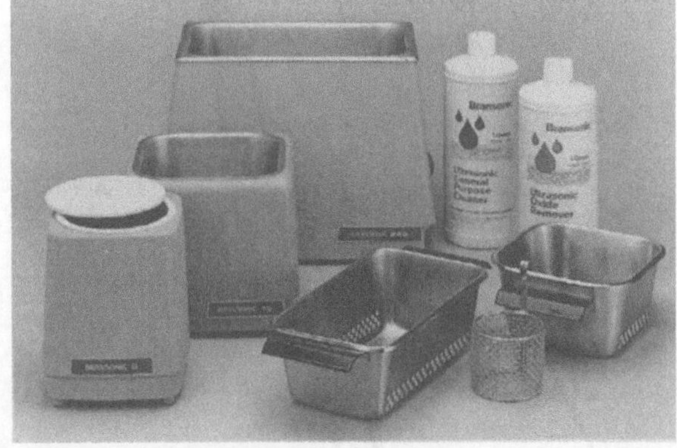

Bild 5.5. Ultraschallreinigungsgeräte (Werkbild Bransoni/Krantz)

medizinische Instrumente) besonders bewährt. Für Mineralstufen wird die Ultraschallreinigung hinsichtlich ihrer Wirksamkeit und ihrer schonenden Behandlung von keinem anderen Verfahren übertroffen. Ein erwachsener Mensch vermag im allgemeinen 16 bis 16000 Schwingungen je Sekunde (16 Hz bis 16 kHz) wahrzunehmen. Beim Ultraschall liegt die Frequenz der mechanischen Schwingungen über der Wahrnehmungsgrenze des menschlichen Ohres. Der unhörbare Ultraschall wird wesentlich energiereicher, d. h. »lautstärker« als Hörschall erzeugt. Die spezifische Schalleistungsdichte ist größenordnungsmäßig milliardenmal stärker als bei einem Zimmerlautsprecher. Der hervorragende Reinigungseffekt wird dadurch verständlich. Die sogenannte Kavitation ist für die Wirksamkeit der ausschlaggebende Faktor. Im Rhythmus der Ultraschallfrequenz zerreißt die Reinigungsflüssigkeit. Es bilden sich unzählige winzige Bläschen, die in der Druckphase mit großer Gewalt wieder zusammenschlagen. Die Ultraschallreinigung wird im allgemeinen bei Frequenzen zwischen 20 und 40 kHz durchgeführt. Die Reinigung findet in einer Flüssigkeit statt, die sowohl zur Übertragung der Ultraschallschwingungen auf das Reinigungsgut als auch zum Schmutzabtransport dient. Den vielfältigen Ansprüchen in Industrie, Handwerk und Medizin entsprechend, gibt es Ultraschallreinigungsgeräte in unterschiedlichen Ausführungen. Für die Mineralreinigung eignen sich kleine Geräte mit 0,5 bis 2 l Badvolumen (Bilder 5.4 und 5.5). Ein Ultraschallreinigungsgerät besteht im wesentlichen aus einer Edelstahlwanne, an deren Boden von außen Ultraschallschwinger (piezokeramische Schwinger aus Bariumtitanat- oder Blei-Zirkonat-Titanat-Keramik) angebracht sind, und einem Generator zur Erzeugung der Ultraschallfrequenz. Bei kleinen Geräten ist der Generator mit der Reinigungswanne in einem Gehäuse vereinigt.

Die Säuberung mit Ultraschall hat den Vorteil, daß die Schmutzpartikeln selbst aus den kleinsten Hohlräumen und Spalten herausgelöst werden, und gerade das bereitet bei der konventionellen Reinigung die größten Probleme. Allerdings darf man nicht glauben, daß der Ultraschall den Schmutz in Nichts auflöst. Die abgetrennten Schmutzpartikeln verbleiben im Reinigungsbad, und ein Abspülen mit sauberem Wasser ist nach der Entnahme aus dem Ultraschallbad noch erforderlich. Durch den Zusatz von Mitteln zur Reduzierung der Oberflächenspannung des Wassers (flüssige Seife, einfaches Haarshampoo, waschaktive Substanzen) kann der Reinigungseffekt auch hier verstärkt werden. Oft ist es zweckmäßig, kleine Stücke in einem besonderen, mit Flüssigkeit gefüllten Behälter (z. B. Becherglas) in das Ultraschallbad zu bringen. Die Reinigungszeit richtet sich nach dem Verschmutzungsgrad und der Haftung des Schmutzes an den Kristallen. Im allgemeinen liegt sie zwischen 30 Sekunden und einigen Minuten, in hartnäckigen Fällen bis 20 Minuten. Es empfiehlt sich nicht, mit den Händen in das Ultraschallbad zu fassen, da Blutgefäße platzen können.

KIPFER [5.1] weist darauf hin, daß eine Reihe von Mineralen nicht mit Ultraschall gereinigt werden sollten, um Beschädigungen zu vermeiden, z. B. Kristalle mit Einschlüssen und feinen Rissen, feinnadlige Minerale, Dioptas, Fluorit, Chrysoberyll, Quarze mit Einschlüssen, Opale, Titanit, Topas.

Reinigung mit Wasserstoffperoxid

Auch mit Wasserstoffperoxid (H_2O_2) ist eine hocheffektive Reinigung möglich. Die Methode hat sich bei vielen Sammlern hervorragend bewährt und kann besonders für Kleinminerale empfohlen werden. Das Reinigungsverfahren mit Wasserstoffperoxid ist besonders für empfindliche, feinnadlige Minerale zu empfehlen. Beim Einlegen der Stufen in eine etwa 15%ige Lösung entstehen durch katalytische Prozesse Sauerstoffbläschen, die die Schmutzteilchen mechanisch ablösen und forttransportieren. Durch Erwärmen auf 50 bis 60 °C kann der Vorgang beschleunigt werden. Durch die stark oxydierende Wirkung von Wasserstoffperoxidlösungen kann es zu oberflächlichen Veränderungen der Minerale kommen. Diese Gefahr besteht besonders bei Erzmineralen, deshalb sind entsprechende Tests zweckmäßig. Wasserstoffperoxidlösungen sind gefährlich für Augen und Haut und dürfen nicht mit ungeschützten Körperpartien in Kontakt kommen. Nach ERTL [5.7] kann die Wirkung des Wasserstoffperoxids noch beträchtlich erhöht werden, wenn das trockene Mineral zuvor etwa 24 Stunden in eine 13%ige Lösung von Kaliumhypochlorit (auch als Eau de Javelle oder Javelwasser bekannt) gelegt wird. Eine Lösung von Natriumhypochlorit hat die gleiche Wirkung. Falls erforderlich, kann der Wechsel von Wasserstoffperoxid und Eau de Javelle mehrfach wiederholt werden. Wegen der Bildung von stark giftigem Chlorgas dürfen Natrium- und Kaliumhypochlorit niemals mit Säuren zusammengebracht werden.

Chemische Reinigung

Durch die chemische Behandlung werden festsitzende unerwünschte Beläge von den Mineralstufen entfernt. Dabei erfolgt ein mehr oder weniger starker Eingriff in die natürliche Paragenese. Die Reinigung mit chemischen Mitteln sollte deshalb nur selten und in wirklich begründeten Fällen eingesetzt werden, zumal in Spalten und Poren eingedrungene Chemikalien manchmal sehr schwer wieder zu entfernen sind und zu überraschenden Spätschäden führen können. Über eine chemische Reinigung sind unbedingt entsprechende Vermerke auf der zum Mineral gehörenden Karteikarte zu machen. In einigen Fällen werden eingewachsene Kristalle durch Säuren erst freigelegt. Beispiele dafür sind die oft von Calcit umschlossenen Manganitkristalle von Ilfeld/Harz oder die ebenfalls in Calcit eingewachsenen Milleritnadeln von Johanngeorgenstadt/Erzgebirge.

In der Regel werden stark ätzende und giftige Chemikalien eingesetzt. Auf den Arbeitsschutz und die strenge Einhaltung der Giftgesetze [5.13] bis [5.15] ist deshalb besonders zu achten. Grundsätzlich sind beim Umgang mit Säuren Schutzbrillen (z. B. Motorradbrillen mit seitlichem Schutz) und Gummihandschuhe zu tragen. Eine Reihe von Grundregeln für das Arbeiten mit chemischen Substanzen sind zu beachten. Die Verdünnung von Säuren erfolgt immer durch das langsame Eingießen der Säure unter Umrühren in das Wasser und niemals umgekehrt, weil es sonst infolge exothermer Reaktionen zum gefährlichen Verspritzen kommen kann. Vielfältige Hinweise für das Arbeiten mit Chemikalien, die entsprechenden Arbeitsschutzbestimmungen und das Giftgesetz geben die Bücher »Chemie selbst erlebt« [5.3] und »Chemikalienkunde« [5.4]. Zu Giften der Abteilung 2 gehören von den zur Mineralreinigung nutzbaren Chemikalien u. a.:

- Salzsäure mit einer Konzentration ab 15 %
- Schwefelsäure mit einer Konzentration ab 15 %
- Salpetersäure mit einer Konzentration ab 15 %
- Ammoniakwasser mit einer Konzentration ab 10 %
- Oxalsäure.

Schwefel- und Salpetersäure werden jedoch kaum benötigt, weil Salzsäure meist ausreichend ist.

Voraussetzung für die Anwendung der chemischen Behandlung ist die Kenntnis der Löslichkeit der paragenetisch vereinigten Minerale auf der Stufe. Tabelle 5.1 gibt dazu Anhaltspunkte. Dabei ist zu beachten, daß die Löslichkeit von einer Reihe von Faktoren, wie Temperatur und Konzentration der Säuren sowie von der Ausbildung der Proben (pulvrig, porös, kompakt), abhängt und die Angaben in der Tabelle nur Orientierungscharakter haben können. Versuche an einem weniger wertvollen Stück sind immer angebracht. In Lehrbüchern der Mineralogie finden sich oft Hinweise über die Löslichkeit von Mineralen, so bei Rösler [5.9], Seim [5.11], Betechtin [5.10] und besonders viele bei Strübel und Zimmer [5.12].

Vor dem Einlegen der Stücke in das Reinigungsbad sollte immer eine gründliche Wässerung erfolgen, um das tiefe Eindringen der Chemikalien in Risse und Poren zu behindern. Intensives Wässern nach der Reinigung bei mehrfachem Wasseraustausch ist Voraussetzung, daß später an den behandelten Stükken keine Ausblühungen oder Zerstörungen auftreten.

Für einige spezielle Fälle sollen im folgenden bewährte Methoden angegeben werden.

Entfernen von Rost

Rostbeläge müssen verhältnismäßig oft von Stufen entfernt werden. Dazu gibt es verschiedene Methoden. Am bekanntesten ist die Behandlung mit Oxalsäure $(COOH_2) \cdot 2H_2O$. Sie ist ein Gift der Abteilung 2, deshalb sind die entsprechenden Vorschriften einzuhalten, und Vorsicht im Umgang mit dieser Substanz ist geboten. Zur Rostentfernung wird eine gesättigte Lösung hergestellt, indem angewärmtem Wasser (Regenwasser oder destilliertes Wasser) unter Umrühren Oxalsäure zugegeben wird, bis sich keine Substanz mehr löst. Eine gesättigte Lösung enthält bei 100 °C 50 g Oxalsäure in 100 ml Wasser. In dieser Lösung läßt man die zu behandelnden Stücke einige Stunden bis einige Tage liegen. Gründliches Spülen und Abbürsten unter fließendem Wasser ist nach der Reinigung erforderlich. Bei der Anwendung von Oxalsäure muß man sich davon überzeugen, welche auf der Stufe vorhandenen Minerale gegebenenfalls mit gelöst werden könnten (z. B. Apatit, Calcit).

Anstelle von Oxalsäure kann vorteilhaft Kaliumhydrogenoxalat $(COOK)_2 \cdot H_2O$ (ebenfalls ein Gift der Abteilung 2) verwendet werden, das gegenüber Oxalsäure den Vorteil des höheren *p*H-Wertes und damit der geringeren Aggressivität hat. Eine gesättigte Lösung enthält bei 100 °C 50 g Oxalat in 100 ml Wasser. Weil bei Verwendung von kalkhaltigem Leitungswasser Kalziumoxalat entsteht, das sich auf den Mineralen niederschlagen kann, ist destilliertes Wasser zu verwenden. Bei der Behandlung werden die unlöslichen Eisenverbindungen in wasserlösliche Komplexverbindungen überführt. Auch in dieser Lösung bleiben die Stücke einige Stunden bis Tage liegen. Gründliches Spülen und Abbürsten unter fließendem Wasser ist nach der Reinigung erforderlich. Die Lösung kann mehrmals verwendet werden, wobei die abgesetzten Kristalle immer wieder mit aufgelöst werden müssen. In hartnäckigen Fällen kann die Lösung mit der Stufe unter Beobachtung auch ei-

nige Minuten bis zum Sieden erhitzt werden. Danach ist dann die erste Spülung mit kalkfreiem Wasser ebenfalls in der Siedehitze vorzunehmen, damit das Spülwasser tief in die Poren dringt.
Eine Methode, die mit weniger gefährlichen Substanzen arbeitet, gibt VOGT [5.8] an. Sie ist gegenüber der Anwendung von Oxalsäure oder Oxalat auch deshalb zu bevorzugen, weil sie weniger aggressiv wirkt und unbeabsichtigter Angriff auf bestimmte Minerale (z. B. Karbonate) nicht zu befürchten ist. Danach wird eine Lösung von Natriumzitrat ($2\ Na_3C_6H_5O_7 \cdot 11\ H_2O$), Natriumdithionit ($Na_2S_2O_4$) und Natriumbikarbonat ($NaHCO_3$) angewendet. Aus 71 g Natriumzitrat, 8,5 g Natriumbikarbonat und 1 l destilliertem Wasser stellt man eine Stammlösung her. Das zu reinigende Stück wird in einem möglichst kleinen Gefäß mit dieser Stammlösung übergossen. Je 50 ml Stammlösung werden 1 g Natriumdithionit zugegeben. Ab und zu sollte umgerührt werden. Nach 4 bis 8 Stunden ist im allgemeinen die Reinigung beendet. Da die Lösung nach 12 Stunden ihre Wirksamkeit verliert, muß die Prozedur gegebenenfalls wiederholt werden. Als Orientierung kann gelten, daß sich in 100 ml Stammlösung 1 g Eisenoxid lösen läßt. Selbstverständlich muß, wie nach jeder anderen chemischen Behandlung, gründlich gewässert werden, um die letzten Reste der Lösung zu beseitigen, um Belagbildung und spätere Schäden an der Mineralstufe zu vermeiden.

Reinigung von Silber

Gediegenes Silber (Silberlocken, Silberbäumchen) überzieht sich an der Luft nach einiger Zeit mit schwarzem Silbersulfid. Im Handel gibt es eine Reihe von Silberreinigungslösungen (z. B. Blanka-Blink), in denen Minerale nach entsprechender Behandlungsdauer ihre frische Silberfarbe zurückbekommen, ohne daß das Silber angegriffen wird. Versuche mit weniger wertvollen Stücken sollten jedoch vorher durchgeführt werden. Ein einfaches Hausrezept zur Silberreinigung kann auch zur Reinigung von Silbermineralen angewandt werden. Dazu löst man in etwa 100 ml Wasser einen gehäuften Teelöffel voll Kochsalz und gibt etwa 20 cm^2 (in daumennagelgroße Stücke zerrissene) Aluminiumfolie hinzu. In der auf 60 bis 80 °C erwärmten Lösung erfolgt die Reinigung. Auch Ammoniakwasser kann als Mittel zur Reinigung von Silberstufen genutzt werden.

Reinigung von Kupfer

Auf Kupferoberflächen entstehen häufig schwarzer Tenorit, Azurit oder auch grüner Brochantit und Malachit. Diese Überzüge lassen sich in verdünnter Salzsäure (1:3 bis 1:5) beseitigen. Da Kupfer nach längerer Einwirkung von Salzsäure ebenfalls angegriffen wird, ist eine möglichst kurze Behandlungszeit anzuraten. Schonend ist nach einer Empfehlung von LIEBER [5.2] die Reinigung mit verdünnter Zitronensäure.

Beseitigung von organischen Resten in Mineralen

Besonders Minerale, die in oberflächennahen Bereichen gefunden wurden, sind oft mit organischem Material (Wurzelfasern, Flechten) verunreinigt. Eine gründliche mechanische Reinigung ist schwierig. Durch längeres Einlegen in 5%iges Ammoniakwasser (Salmiakgeist) werden die organischen Bestandteile aufgelöst und können abgespült werden. Zu beachten ist, daß Ammoniaklösungen ab 10 % zu den Giften der Abteilung 2 gehören.

5.2. Formatisieren von Kleinmineralen

Der Kleinmineralsammler bringt seine Stücke in Behältern von meist einheitlicher Größe unter. Kenntnisse über geeignete Methoden und Geräte zur schonenden Formatisierung der oft sehr empfindlichen Minerale sind wesentlich für den Erfolg seiner Sammeltätigkeit.
An der Fundstelle wird gewöhnlich mit Fäustel, Hammer und einem Sortiment verschiedener Meißel gearbeitet, um interessante Minerale aus dem Ge-

steinsverband zu lösen und größere Brocken zu zerteilen. Oberstes Gebot ist dabei, wertvolle Stücke mit empfindlichen Kristallen nicht durch die starken Erschütterungen der schlagenden Werkzeuge zu zerstören. Bei wertvollen Funden empfiehlt es sich, größere Stücke mitzunehmen und sie zu Hause mit speziellen Werkzeugen zu zerteilen. Es passiert immer wieder, daß beim Arbeiten mit Hammer und Fäustel feine Kristalle abspringen oder eine interessante Paragenese gerade an ungeeigneter Stelle auseinanderfällt. Wie weit man die Formatisierung an der Fundstelle treibt, hängt selbstverständlich auch vom Anmarschweg und den Transportmöglichkeiten ab. Ist man mit dem PKW unterwegs und kommt nahe an die Fundstelle heran, sollte man größere Stücke mitnehmen und die Zerkleinerung später in Ruhe vornehmen. Unter dem Stereomikroskop wird beim Zerlegen vielleicht manches entdeckt, was man am Fundpunkt übersehen hätte.

Geeignete Methoden und Geräte zur Formatisierung sind nicht nur für den Micromounter von Bedeutung. Auch für den Sammler von Normalstufen, den Fossiliensammler und den Sammler von Gesteinen bringt eine schonende bzw. genaue Zurichtung seiner Stücke eine bedeutende qualitative Aufwertung der Sammlung. Sehr oft stellt sich das Problem, ein Sammlungsstück durch Abtrennen von Teilen ohne die Gefahr des Zerbrechens ästhetisch zu verbessern.

Zur Formatisierung werden Geräte eingesetzt, mit denen durch die Nutzung physikalischer Gesetze die Handkraft verstärkt wird. Solche Geräte werden im Sprachgebrauch des Sammlers Quetschen, Steinpressen oder Trimmer genannt. Folgende Prinzipien zur Erzeugung der erforderlichen Kräfte werden genutzt:

- Hebel (z. B. Zangen, Kniehebelspalter)
- Exzenter (Exzenterquetsche)
- Gewindespindel (Nutzung von Schraubstöcken, Zwingen, speziell entwickelte Spindelpressen)
- hydraulische Kraftverstärker (z. B. Einsatz hydraulischer Wagenheber)

Während kleine Geräte für feinere Formatisierungsarbeiten meist auf der Grundlage von Hebel, Exzenter oder Gewindespindel aufgebaut sind, werden für das Zerteilen »großer Brocken« Geräte mit Gewindespindeln oder hydraulischen Wagenhebern benutzt. In den meisten Fällen wird der Sammler seine Formatisierungsgeräte selbst entwerfen und manchmal auch selbst bauen.

Durch die hohen Kräfte, die beim Einsatz von Formatisierpressen auftreten, können besonders beim Spalten harter Proben Splitter mit großer Gewalt abspringen. Auch das Ausbrechen von Meißelteilen ist nicht auszuschließen. Deshalb muß unbedingt eine geeignete Schutzbrille getragen werden, wenn nicht durch eine Abdeckung am Gerät das Umherfliegen von Splittern sicher vermieden werden kann.

Beim Eigenbau ist der Sammler auf vorhandene Bauteile und verfügbares Material angewiesen. In den Details werden deshalb die Geräte in der konstruktiven Ausführung mehr oder weniger voneinander abweichen. Es gibt jedoch einige grundsätzliche Gesichtspunkte, die beim Entwurf berücksichtigt werden müssen. Entscheidend für die Funktionsfähigkeit einer Trenneinrichtung ist, daß sich die Schneiden der Trennmeißel exakt gegenüberstehen und auch bei der höchsten möglichen Belastung nicht ausweichen. Das erfordert neben einem stabilen Grundaufbau des Gerätes eine sichere Führung der Meißel gegen seitliches Ausweichen, gegen Verkippung und Verdrehung.

Als Werkstoffe für die Trennmeißel sind u. a. folgende Stahlmarken geeignet, die vorschriftsmäßig zu härten und anzulassen sind: 45CrSiV6, 45WCrV7, 100V3, C100W2, C60W3, C75W3. Meist wird man versuchen, handelsübliche Meißel zu benutzen, die entsprechend gekürzt werden. Besonders bei größeren Trenneinrichtungen sind breite Meißel günstig. Dafür kann man notfalls auf ausgediente Automobilblattfedern zurückgreifen. Man muß dabei ein häufiges Nachschleifen in Kauf nehmen. Das Abtrennen der geeigneten Abmessungen aus dem Federblatt erfolgt im gehärteten Zustand durch Trennschleifen.

Geräte zum Formatisieren

Kniehebelspalter

Das Kniehebelprinzip ermöglicht den Aufbau kleiner und leichter Geräte mit großer Kraftentfaltung. Im Selbstbau lassen sie sich nur dann günstig erstellen, wenn auf handelsübliche Kniehebelelemente, wie sie beispielsweise als Spanneinheiten im Vorrichtungsbau benutzt werden, zurückgegriffen werden kann. Da die Handkraft beim Benutzen des Gerätes gegen die Aufstellfläche gerichtet ist, braucht es nicht, wie z. B. Exzenterquetschen, auf der Unterlage festgeschraubt zu werden (Bild 5.6).

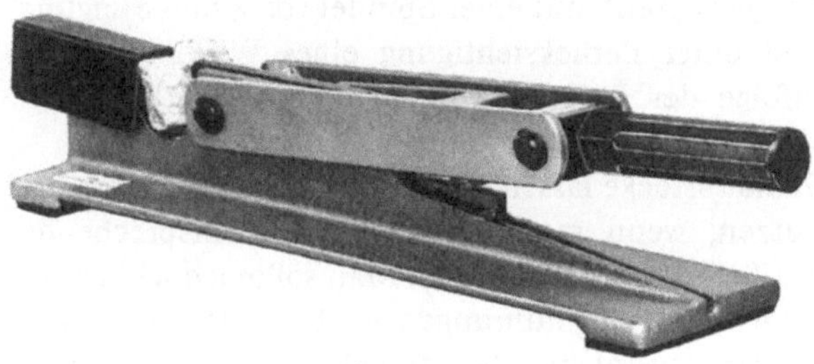

Bild 5.6. Kniehebelspalter (Werkbild Gebr. Zuber)

Exzenterquetsche

Ein bereits bei vielen Micromountern bewährtes zuverlässiges und robustes Gerät zum Formatisieren kleiner Stücke ist die Exzenterquetsche. Mit ihr ist ein schnelles und genaues Arbeiten möglich. Wegen ihrer einfachen Konstruktion ist sie leicht anzufertigen. Je größer die Exzentrizität, d. h. der Abstand des Drehpunktes vom geometrischen Mittelpunkt der kreisrunden Exzenterscheibe, um so größer ist der mögliche Weg des Meißels, um so geringer sind aber auch die erzielbaren Kräfte. Wichtig ist bei einer Exzenterquetsche die ausreichende Verstellbarkeit des Gegenmeißels, um Stücke unterschiedlicher Größe trennen zu können. Exzenterquetschen lassen sich je nach den praktischen Bedürfnissen in unterschiedlichen Größen realisieren (Bilder 5.7 und 5.8). Bezogen auf die Länge der Geräte (in Achsrichtung der Meißel) sind Größen von 150 bis 500 mm üblich.

Bild 5.7. Exzenterquetsche

Steinpressen mit Gewindespindel

Mit Gewindespindeln lassen sich hohe Kräfte erzeugen. Außerdem werden Gewindespindeln in vielen technischen Geräten in unterschiedlichen Abmes-

Bild 5.8. Schemazeichnung der Exzenterquetsche (nach Schmidt)

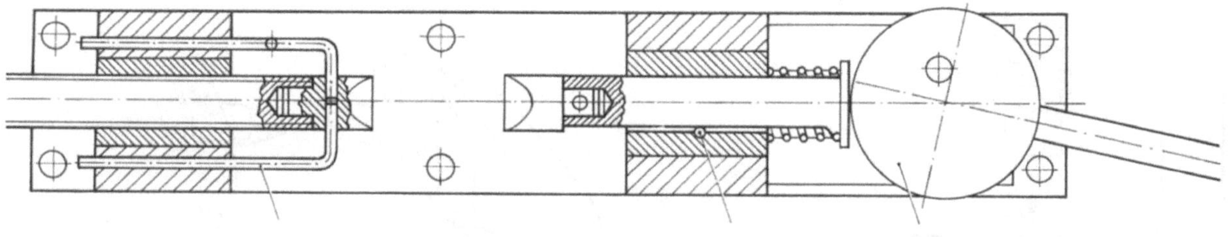

Rundmaterial zur Führung des Meißels und zum Verhindern des Verdrehens der Schneide

Zylinderstift und seitliche Abflachung des Meißelbolzens (Verhinderung des Verdrehens)

Exzenter mit Hebelarm (etwa 500 mm lang)

Bild 5.9. Steinpresse mit Gewindespindel

sungen eingesetzt, sind also leicht erhältlich (Bild 5.9). Ohne großen Aufwand lassen sich bei Verwendung vorhandener Spindeln mit den zugehörigen Muttern sehr brauchbare Formatisierungsgeräte herstellen.

Bei der Handkraft F_H, die im Abstand r angreift, ergibt sich (ohne Berücksichtigung der Reibung) eine Spaltkraft von (Bild 5.10)

$$F_s = \frac{2r \cdot F_H}{s}$$

Daraus folgt, daß mit einer durchaus üblichen Handkraft von 200 N, die an einem Hebel von 250 mm Länge angreift, mit einer Spindel von 4 mm Steigung und unter Berücksichtigung eines Wirkungsgrades infolge der Reibung von 60% eine Spaltkraft von 15 kN erzielt werden kann.

Schraubstöcke lassen sich gut zum Formatisieren benutzen, wenn man in die Backen entsprechende Meißel einsetzt (Bild 5.11). Man sollte jedoch darauf achten, daß die Führungen noch in Ordnung sind, um ein Ausweichen der Meißel zu vermeiden. Auch aus Schraubzwingen kann man für geringere Ansprüche entsprechende Behelfe basteln. Gut geeignet sind Spindeln und Muttern handelsüblicher Kloßpressen zum Bau einer leistungsfähigen Steinpresse. Spindeln von Wagenhebern sind verwendbar, wenn man sie entsprechend kürzt. Mit Scherenwagenhebern, die ebenfalls mit Gewindespindeln arbeiten, können kräftige Geräte gebaut werden, die im Grundaufbau hydraulischen Steinpressen ähnlich sind.

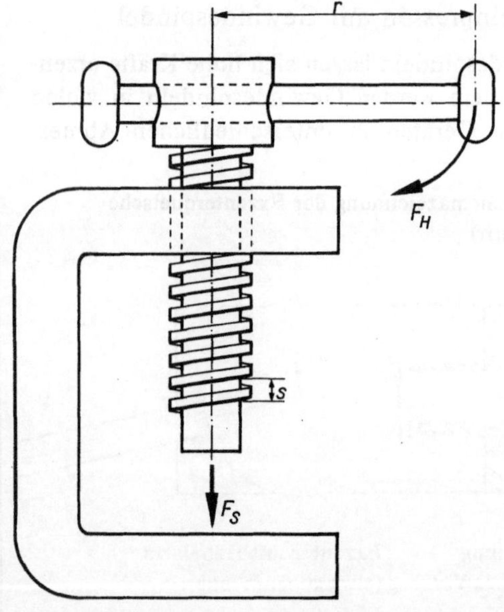

Bild 5.10. Krafterzeugung durch Gewindespindel

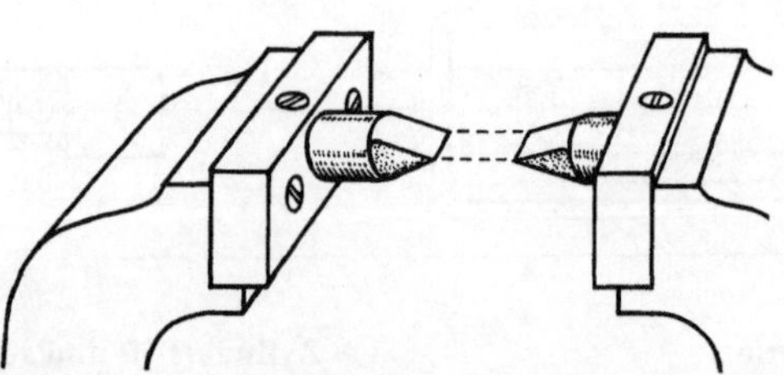

Bild 5.11. Schraubstock, modifiziert als Hilfsmittel zum Mineralspalten

Hydraulische Steinpressen

In zunehmendem Maße werden Pressen mit hydraulischen Kraftverstärkern zum Formatisieren von Mineralen eingesetzt (Bild 5.12). Sie eignen sich besonders für das Spalten harter und zäher Gesteine, weil mit ihnen große Kräfte erzeugt werden können. Auch für kleine präzise Arbeiten sind sie einsetzbar, dabei jedoch nicht so effektiv wie z. B. die Exzenterquetsche. Kompakte hydraulische Wagenheber unterschiedlicher Größe zur Erzeugung von Kräften von 2,5 bis 25 kN eignen sich zum Selbstbau von Steinpressen besonders (Bild 5.13). Da Wagenheber, die eigentlich nur als Pannenhilfsmittel gedacht sind, nicht unbedingt für den Dauerbetrieb ausgelegt sind, sollte man zur Sicherung einer größeren Lebensdauer die kräftigeren Typen bevorzugen. Damit die großen Kräfte aufgenommen werden können, ist ein robustes geschlossenes Gestell erforderlich. Kräftige Führungen für den beweglichen Schlitten, die ein Verkanten, Ausknicken oder Verdrehen des Meißels sicher vermeiden und nur in der beabsichtigten Richtung eine Meißelbewegung zulassen, sind entscheidend für ein zuverlässiges Arbeiten und auch für eine hohe Lebensdauer der Presse. Rohrführungen sind besonders zu empfehlen, da sie nur einen Freiheitsgrad für die Bewegung ermöglichen. Vorteilhaft ist es, Rückholfedern anzubringen, die nach Öffnen der Rücklaßschraube den Kolben selbsttätig wieder einfahren. Das gestattet bequemes und zügiges Arbeiten. Um die Hydraulikeinheit vor Verschleiß zu schützen, sollte der Kolben vor Gesteinssplittern und Mineralstaub durch eine geeignete Abdeckung geschützt werden. Aus Arbeitsschutzgründen ist immer auf eine einwandfreie Entlüftung des Hebers zu achten. Befindet sich in ihm Luft, wird diese beim Aufsetzen des Meißels auf das zu

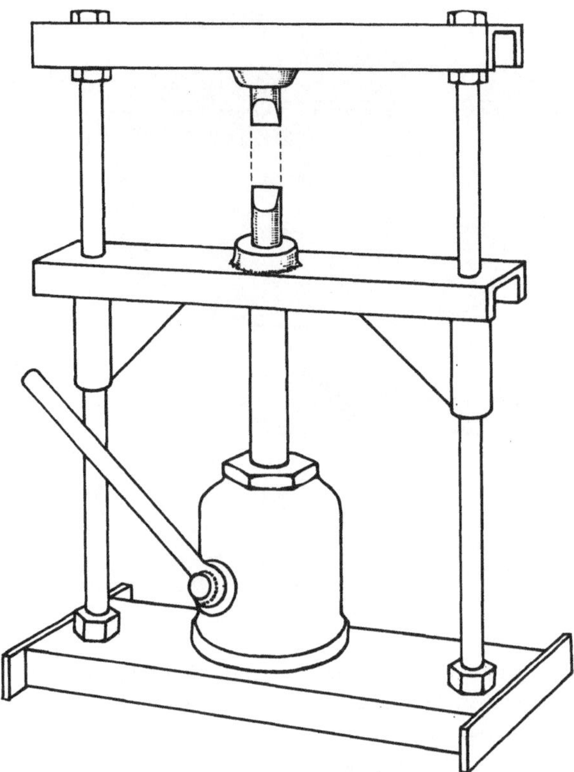

Bild 5.13. Hydraulische Steinpresse mit Wagenheber (nach GRUNEWALD)

Bild 5.12. Hydraulische Steinpresse (Werkbild Gebr. Zuber)

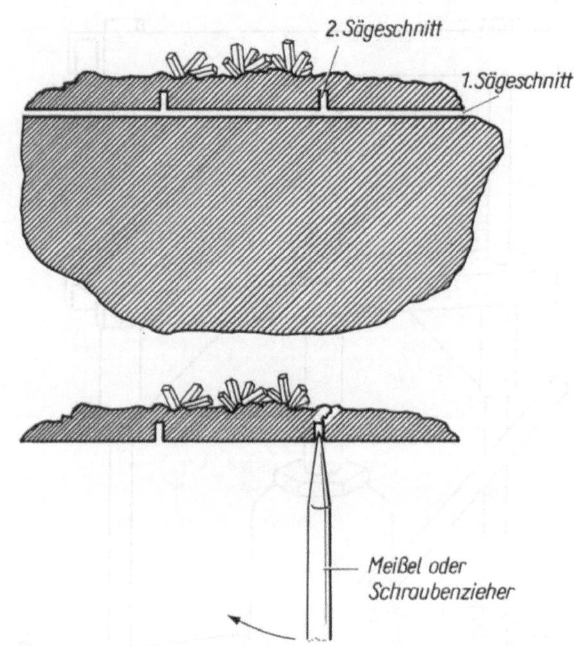

Bild 5.14. Herauspräparieren einer Kristallgruppe aus einer großen Matrixoberfläche durch Schnitte mit einer Diamantsäge (nach [2.5])

- Besonders problematisch ist die Teilung von schiefrigem Gestein. In der Regel sitzen die Kristalle senkrecht zur Schieferung. Der Einsatz von Formatisiergeräten ist deshalb meist nicht möglich. In solchen Fällen ist der Einsatz der Diamanttrennsäge zweckmäßig. Eine besonders wertvolle Gruppe kleiner Kristalle auf einer großen Fläche einer schiefrigen oder harten Matrix sollte man mit einer Diamanttrennsäge herauspräparieren. Da geschnittene Flächen an Mineralstufen unästhetisch wirken, ist es zweckmäßig, die Schnitte nicht bis zur Oberfläche zu führen und die Restfläche durch Brechen abzutrennen.

Problematisch ist die Spaltung von Stücken immer dann, wenn nur gegeneinander geneigte Flächen zum Angriff der Trennmeißel vorhanden sind. In diesen Fällen finden die Meißel am Stück keinen Angriff, sie rutschen ab und können das Stück beschädigen. Auch hier muß man zur Trennsäge (Bild 5.14) oder zu Hammer und Meißel greifen, um zunächst geeignete Angriffsflächen zu schaffen.

spaltende Material komprimiert. Beim plötzlichen Spalten des Minerals kann es durch die Ausdehnung der Luft zu unkontrollierten Bewegungen der Meißel kommen. Aus diesem Grunde sollte man beim Arbeiten niemals die Finger zwischen die Meißel bringen.

Je nach Härte, Festigkeit und Struktur verhalten sich die Minerale bzw. Gesteine beim Trennen verschieden:

- Bei poröser, lockerer Matrix (z. B. Limonit) und weichen Mineralen und Gesteinen dringt der Meißel tief in das Material ein und spaltet bei geringen Kräften weich.
- Harte homogene Gesteine mit dichtem bis körnigem Gefüge erfordern hohe Kräfte. Der Meißel dringt nicht tief ein. Das Trennen erfolgt plötzlich. Besondere Aufmerksamkeit ist dabei im Hinblick auf den Arbeitsschutz erforderlich.

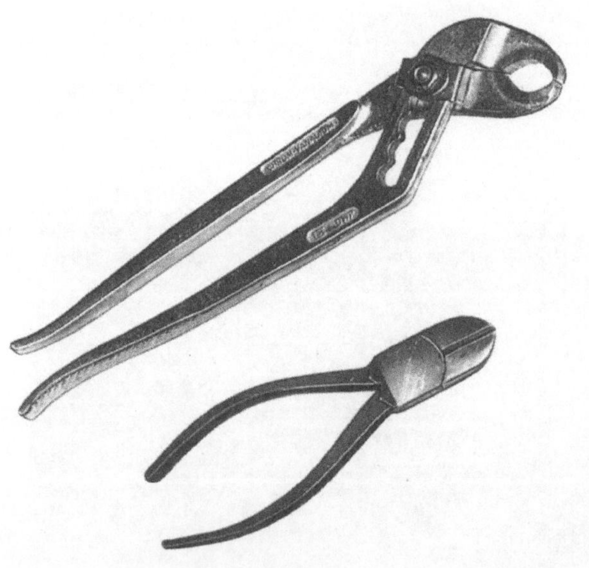

Bild 5.15. Speziell ausgeschliffene Wasserpumpenzange und Seitenschneider als Hilfsmittel zum Feinformatisieren

Feinformatisierung

Zangen mit scharfen Schneiden (Kneifzangen, Seitenschneider) sind für Formatisierarbeiten an kleinen Stücken wirksame Hilfsmittel. Auch für das letzte Zurichten vor dem Montieren, wobei manchmal noch eine Ecke abgeknipst werden muß, sind sie geeignet. Als besonders zweckmäßig hat sich eine Wasserpumpenzange erwiesen, bei der die Wangen ausgeschliffen und mit Schneiden versehen wurden (Bild 5.15). Diese Zange mit ihrem großen Verstellbereich ist besonders zum Trennen von weichem porösem Material gut brauchbar.

Für die letzte Feinarbeit werden schließlich noch eine Reihe von Werkzeugen benötigt, wie sie auch zur Reinigung benutzt werden (Präpariernadeln, zahnärztliche Instrumente zur Zahnsteinentfernung u.a.), kleine Zangen und spitze Pinzetten. Damit lassen sich Bröckchen absprengen, kleine Kristallgruppen, die in Höhlungen liegen, freipräparieren oder auch beschädigte oder störende Kristalle entfernen. Diese Feinarbeit ist oft dann erforderlich, wenn die Kleinminerale fotografiert werden sollen.

5.3. Montieren und Aufbewahren von Kleinmineralen

Die meisten sammeltechnischen Probleme wie Formatisierung, Reinigung, Katalogisierung treffen für alle unter dem Begriff Kleinminerale zusammengefaßten Varianten Micromounts, Thumbnails, Miniatures in gleicher Weise zu.

Bei der Montage und Aufbewahrung gibt es jedoch gewisse Unterschiede zwischen Micromounts einerseits sowie Thumbnails und Miniatures andererseits.

Micromounts werden in Döschen montiert, die meist aus glasklarem Polystyrol bestehen. Dadurch werden die Minerale vor Beschädigung und Verschmutzung perfekt geschützt. Ein luftdichter Abschluß des Behälters durch Umkleben der Trennfuge zwischen Ober- und Unterteil mit glasklarem Selbstklebeband schützt empfindliche Minerale auch vor Feuchtigkeit. Als Standardgröße kann man Dosen mit den Abmessungen von etwa 30 × 30 × 30 mm ansehen. Sie ermöglichen einen gewissen Spielraum in der Wahl der Größe der Stücke, so daß man sich auf eine Dosengröße festlegen kann. Wegen der raumsparenden Unterbringung und auch aus ästhetischen Gesichtspunkten ist das zweckmäßig. Geeignete Dosen gibt es in einer Vielzahl von Ausführungen, und auch ursprünglich für andere Zwecke bestimmte Behälter, wie z. B. glasklare Filmdosen, sind geeignet. Polystyroldosen sind kratzempfindlich. Damit sie nicht unansehnlich werden, sollte man darauf achten, daß sie nicht durch Mineralgebröckel zerkratzt werden. Nicht empfehlenswert sind Döschen mit Lupendeckel. Die eingepreßte Linse ist in ihrer Vergrößerung zu gering und verkratzt leicht. Die Betrachtungsmöglichkeit ist infolge der definierten Schärfenebene stark eingeschränkt.

Je nach Art und Größe des Stückes kann die Montage recht unterschiedlich erfolgen. Dem Erfindungsreichtum im Hinblick auf die Art und Weise der Montage und die Wahl der Träger sind dabei keine Grenzen gesetzt.

Man sollte jedoch eine relativ einheitliche Gestaltung der Sammlung anstreben und die Montagen auf die durch die unterschiedliche Ausbildung der Sammelobjekte erforderlichen Varianten beschränken. Das Wesentliche ist das Mineral und nicht die kunstvolle Montage. Durch eine zweckmäßige, unauffällige und vor allem rationelle, zeitsparende Montage soll das Mineral in der Dose sicher befestigt werden.

Zur Montage gibt es verschiedene Möglichkeiten (Bild 5.16):

- Montage im Dosendeckel mit Kitt
- Montage im Dosenunterteil mit Kitt
- Montage auf Sockel mit Kitt oder Klebstoff
- Montage auf Nadel oder Borste mit Klebstoff.

Die Montage im Dosendeckel ist am gebräuchlichsten und sehr rationell. Zum Befestigen des Micromounts wird eine Kittkugel geformt und in den Deckel gepreßt. In dieses Kittbett wird dann das Mineral

Bild 5.16. Montagevarianten für Micromounts

gedrückt. Ist die Matrix sehr porös und brüchig, so daß ein Zerbrechen beim Andrücken zu erwarten ist, oder ist zu befürchten, daß selbst die geringen Fettmengen im Kitt schädigen können, wird man eine Befestigung durch Kleben in Erwägung ziehen.

Die Montage im Dosenunterteil wird man dann wählen, wenn empfindliche Kristalle besonders geschützt werden sollen. Das Montieren selbst ist durch die Behinderung der Dosenwände jedoch schwieriger. Eine abgewinkelte Pinzette (Bild 5.17) ist dabei ein zweckmäßiges Hilfsmittel. Ein erheblicher Nachteil gegenüber der Montage im Deckel, bei der das Stück relativ frei steht, ist die Sichtbehinderung durch die Seitenwände. Das Betrachten ist dadurch sehr behindert, und das Fotografieren wird unmöglich. Man sollte deshalb diese Montageart nur in begründeten Ausnahmefällen anwenden und lieber bei empfindlichen Stücken besonders vorsichtig sein, um Beschädigungen zu vermeiden.

Um die Betrachtungsmöglichkeiten von den Seiten

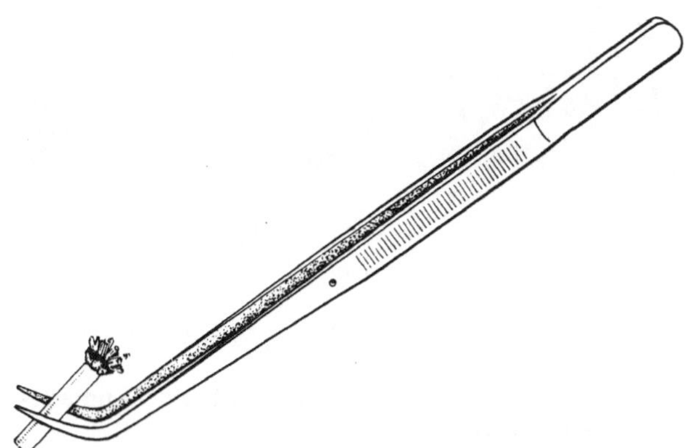

Bild 5.17. Abgewinkelte Pinzette zur Montage von Micromounts

nicht einzuschränken und eine optimale Präsentation der Stücke zu erreichen, sollten kleine Stücke auf Sockel montiert werden. Diese Sockel werden im Deckel und seltener auch im Unterteil befestigt. Für die Sockel können die unterschiedlichsten Materialien eingesetzt werden, wie runde oder kantige Holzstäbchen (z. B. Zündhölzer), Trinkröhrchen aus Plast, Abschnitte von Glasröhrchen, Schaumpolystyrol oder Kork. Runde Holzstäbe können nach einem Vorschlag von KIPFER mit einem Bleistiftspitzer konisch gestaltet werden, wodurch für die Sockelbefestigung eine große Fläche entsteht und andererseits eine Anpassung des Durchmessers an die Größe des Stückes möglich ist. Holzsockel werden durch Eintauchen in eine nicht glänzende Farbe (z. B. Ausziehtusche) schwarz eingefärbt. Die Auflagefläche kann bei Holz- oder Schaumpolystyrolsockeln der Unterseite des Micromounts angepaßt werden, wodurch das Kleben sicherer und leichter wird. Auch bei der Wahl der Sockel sollte man sich auf wenige Varianten beschränken (Bild 5.18).

Bild 5.18. Anpassung des Sockels an die Unterseite des Micromounts

Kleine Einzelkristalle kann man auf Nadeln, Drähte oder Borsten montieren, damit sie möglichst frei stehen (Bild 5.19). Nähnadeln, Insektennadeln, Borsten

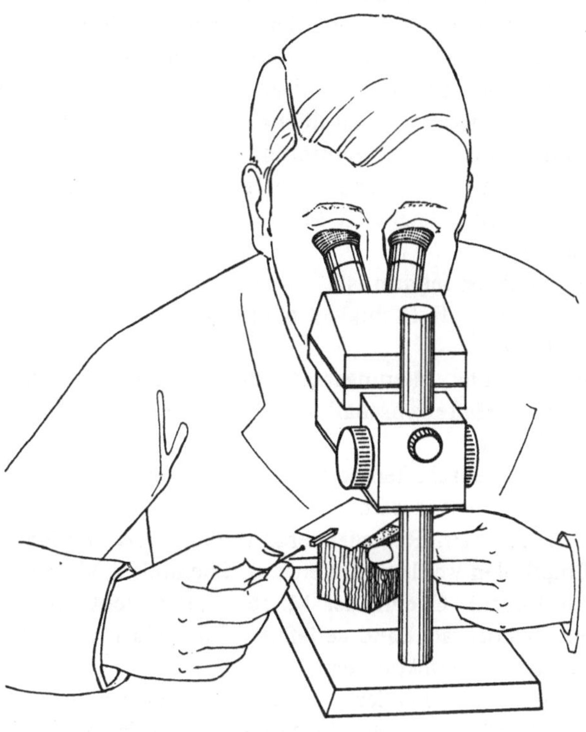

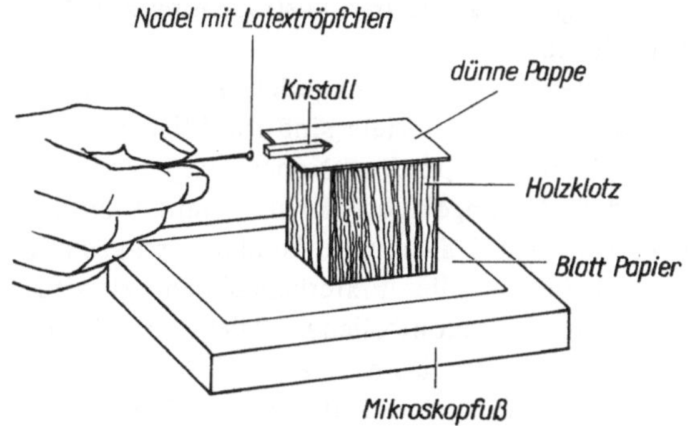

Bild 5.19. Montage von Einzelkristallen

von Bürsten u. ä. eignen sich dazu. Das Kleben der Stücke auf Nadeln oder Borsten und in vielen Fällen auch auf Sockel erfordert das Fixieren bis zum Erhärten des Klebstoffes. Dazu muß man geeignete Hilfsmittel wählen, wozu man mit vielfältigen Mitteln improvisieren kann (Pinzetten, Krokodilklemmen, biegsamer Stahldraht u. ä.).

Der mitunter empfohlene Schutz lichtempfindlicher Minerale wie Proustit oder Realgar durch entsprechend zugeschnittene Einlagen aus schwarzem Papier in den Döschen ist übertrieben, denn durch die Aufbewahrung der Sammlung in Schränken oder Kästen ist der notwendige Lichtschutz gegeben.

Von einem geeigneten Montagekitt wird gefordert, daß er

- möglichst fettarm ist,
- eine hohe Haftfähigkeit bei geeigneter Konsistenz besitzt,
- eine hohe Alterungsbeständigkeit aufweist, d. h. seine Hafteigenschaften nicht verliert und nicht erhärtet.

Diese Eigenschaften besitzen eine Reihe von Kitten, die für Dichtungsarbeiten an Kraftfahrzeugen (Karosserie- bzw. Regenleistenkitt) eingesetzt werden. Empfohlen werden können z. B. Chemiplast M 1601 (in Dosen), Chemiplast M 1602 (entspricht 1601, wird jedoch als Band geliefert), Chemiplast M 1310 (als Band konfektioniert).

In manchen Ländern werden vom einschlägigen Fachhandel spezielle, für Micromountmontage ausgewählte Kitte angeboten. Völlig ungeeignet sind wegen des Fettgehaltes und der Austrocknung Fensterkitt und Plastilina.

Klebstoffe werden vom Fachhandel in einer breiten Palette angeboten, und viele sind für Micromounts geeignet. Kleber mit pastöser Konsistenz haben den Vorteil, daß der angeklebte Kristall haften bleibt, wenn er mit dem Träger zum Trocknen aufgestellt wird und kein spezieller Fixierbehelf benutzt wird. Die verbreiteten acetonlöslichen Alleskleber (z. B. Duosan) bilden schnell eine Haut auf der Tropfenoberfläche, wodurch eine Haftung des Stückes erschwert wird. Dispersionsanstrichstoffe und Dispersionskleber auf PVAC- oder PAC-Basis (z. B. Latex-Bindemittel, Berliner Holzkaltleim) haben sich bewährt. Gezielte Versuche zur Ermittlung des für den jeweiligen Fall geeigneten Klebers und einer zweckmäßigen Klebetechnologie vermitteln die erforderlichen Erfahrungen.

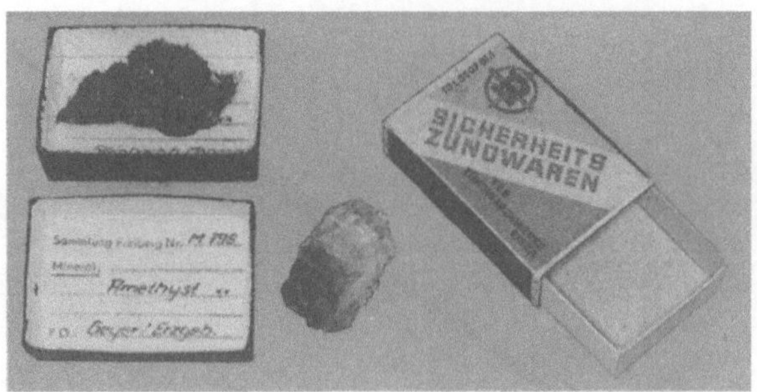

Bild 5.20. Kleinstufen, in Streichholzschachteln untergebracht (B. Freiberg)

Neben der Montage in entsprechend größeren Plastdosen kommen für Miniaturs und Thumbnails weitere Montage- bzw. Aufbewahrungsarten in Betracht. Billig und zweckmäßiger ist das lose Einlegen in Streichholzschachteln (Bilder 5.20 und 5. 21). Dabei können entweder nur die Einschübe der Schachteln verwendet werden, die ihrerseits in entsprechenden Paletten oder Schüben aufbewahrt werden, oder die kompletten Schachteln werden genutzt. In Bild 5.22 ist gezeigt, wie man Streichholzschachteln zu einem Aufbewahrungssystem zusammenkleben kann. Dieses System kann mit der Sammlung mitwachsen. Durch die Beschriftung auf der Stirnseite der Schachteln ergibt sich eine gute Übersichtlichkeit. Durch Vertauschen der Einschübe kann die Sammlung einfach und schnell neu geordnet werden. Zweckmäßig ist es, die Streichholzschachteln mit schwarzer PVAC-Farbe zu behandeln. Dadurch werden sie gleichzeitig stabilisiert. Zum Zusammenkleben eignet sich ein Klebstoff auf PVAC-Basis ebenfalls gut.

Das Aufkitten von Thumbnails und Miniatures auf Platten aus Polystyrol oder Piacryl (Bild 5.23) und die Aufbewahrung dieser Platten in Plastbehältern

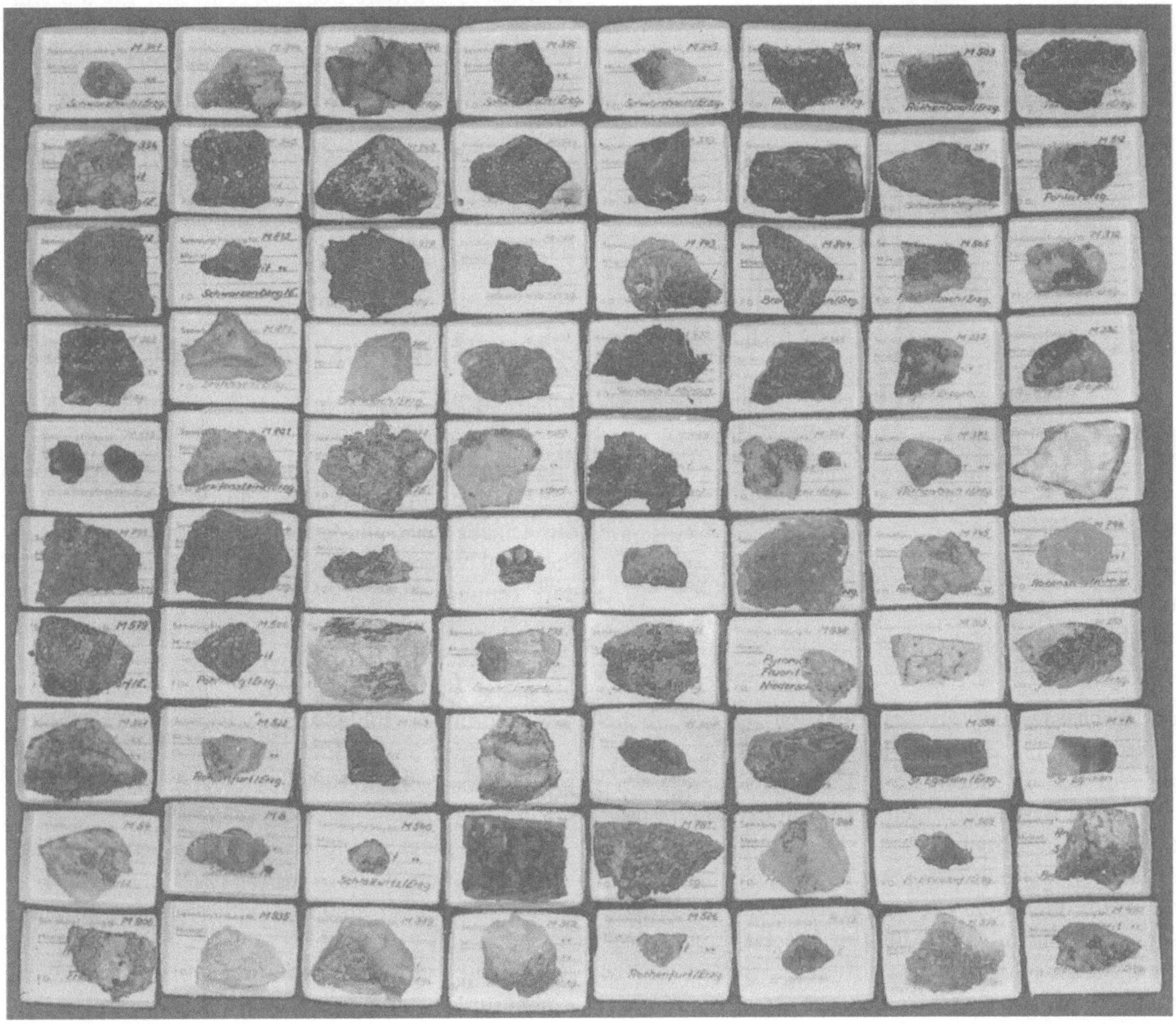

Bild 5.21. Kleinstufensammlung in Streichholzschachteln (B. FREIBERG)

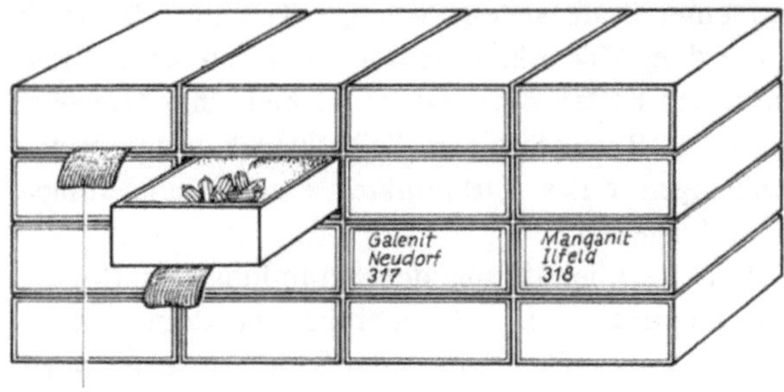

Bild 5.22. Aufbewahrung mittels aneinandergeklebter Streichholzschachteln

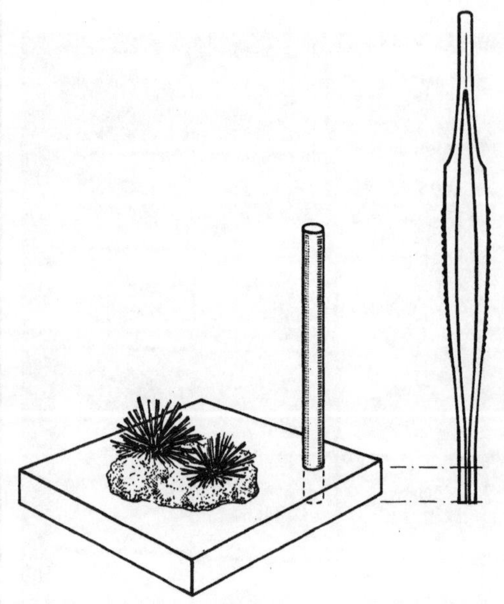

Bild 5.23. Zweckmäßige Handhabung von Plättchen aus Plast mit aufgekitteten Micromounts (Pinzettenspitze entsprechend Durchmesser der Bohrung in der Platte angeschliffen)

mit Facheinteilung ermöglichen den Aufbau übersichtlicher und ästhetisch befriedigender Sammlungen. In den Behältern sind die Kleinminerale vor Staub und Beschädigungen gut geschützt. Damit die aufgekitteten Minerale beim Herausnehmen nicht beschädigt werden, empfiehlt es sich, in einer Ecke der Platte eine Bohrung von 2 bis 3 mm Durchmesser anzubringen. Mit Hilfe eines Metallstabes oder einer entsprechend angeschliffenen Pinzette kann man die Platten sicher entnehmen. Mitunter sitzen auf einer Stufe seltene winzige Kristalle, die auch unter dem Mikroskop nicht sofort gefunden werden. In diesen Fällen kann das Aufkleben eines Hinweispfeiles (z. B. aus farbigem Selbstklebeband) oder das Anbringen eines Farbpunktes eine Orientierungshilfe darstellen.

Für die Aufbewahrung der Sammlungsbehältnisse, Micromountdosen, Streichholzschachteln, gefächerte Plastbehälter, wird jeder Sammler seine spezifischen Möglichkeiten nutzen. Besonders geeignet sind herausziehbare Schreibtischfächer für die Aufbewahrung der Micromountdosen, wobei man die übliche Höhe der Fächer zugunsten einer höheren Anzahl verringern wird. Zur Aufbewahrung von Micromountdosen sind auch Formularablagen geeignet. Sie haben eine vordere Klappe, die beschriftet werden kann, und einen herausziehbaren Einschub. Die einzelnen Elemente sind durch Druckknöpfe zu Säulen stapelbar.

5.4. Kennzeichnen und Katalogisieren

Informationsgehalt und Wert einer Sammlung hängen von der exakten verwechslungsfreien Kennzeichnung und Bestimmung der Objekte ab. Minerale ohne genaue Fundortangabe sind fast wertlos. Fehlt die Angabe des Funddatums, sind manche Minerale in ihrem wissenschaftlichen Wert ebenfalls gemindert. Immer sollten sofort Angaben zum Sammelobjekt erfaßt werden, die später nicht mehr rekonstruiert oder recherchiert werden können:

- exakter Fundort (so genau wie möglich, z. B. bei Steinbrüchen Sohle, genaue Lage des Fundpunktes auf der Sohle, Entfernung und Himmelsrichtung zu unveränderlichen Objekten im Bruch)
- Funddatum
- spezielle Angaben zum Gesamtfund, aus dem das Stück stammt
- Manipulationen und spezielle Bestimmungsmethoden
- Name und Anschrift des Finders bzw. Tauschpartners (um später gegebenenfalls Rückfragen zu halten oder weiteres Material beschaffen zu können).

Die genaue Kennzeichnung bereits beim Fund oder Erwerb ist deshalb wichtig, weil meist nicht sofort eine Einordnung in die Sammlung erfolgt und sich niemand Einzelheiten zu vielen Sammlungsobjekten über einen längeren Zeitraum merken kann. Empfehlenswert ist es, vorgedruckte Etiketten zu benutzen, die bereits beim Fund oder beim Mineraltausch ausgefüllt werden. Besonders auf Tauschveranstaltungen ist es zweckmäßig, diese Etiketten zu benutzen und sie gegebenenfalls vom Tauschpartner ausfüllen zu lassen.

Etikettierung

Im Gegensatz zu Normalstufen, bei denen in der Regel zur Kennzeichnung des Stückes eine Nummer direkt aufgeklebt wird und dem Mineral ein loses Etikett beigegeben wird, erfolgt bei Kleinmineralen meist keine gesonderte Numerierung am Stück, sondern ein Etikett wird in die Dose eingelegt bzw. auf die Dose aufgeklebt. Bei der Montage der Kleinminerale auf Platten werden nur Klebeetiketten verwendet oder Nummern auf den Platten angebracht. Selbstklebeetiketten sind Lose-Blatt-Einlagen vorzuziehen. Sie werden auf Wachspapier in verschiedenen Größen (z. B. 16 × 24 und 30 × 30 mm) entweder auf Bögen oder als Rollen angeboten. Die Bögen haben den Vorteil der besseren Beschriftungsmöglichkeit, gegebenenfalls auch mit einer Schreibmaschine mit Mikroschrift.

Am günstigsten ist es, auf einem schmalen Selbstklebestreifen, der den Blick auf das Stück nicht wesentlich einschränkt, eine Identifikationsnummer anzubringen und auf der Unterseite der Dose das Etikett aufzukleben (Bild 5.24). Die Angaben sollten aus

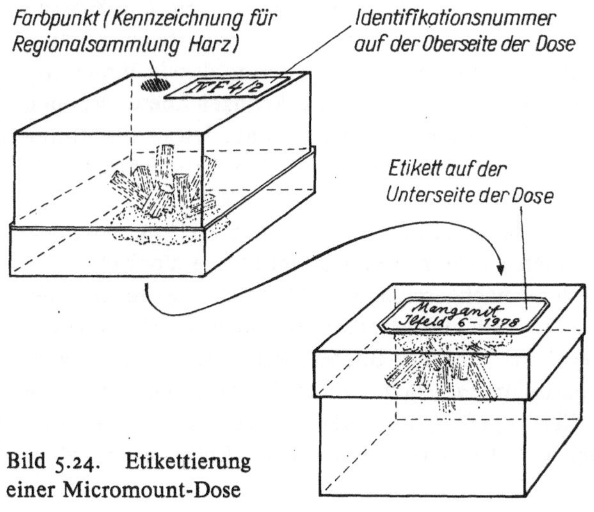

Bild 5.24. Etikettierung einer Micromount-Dose

Gründen des beschränkten Platzes nur die notwendigsten Informationen umfassen:

- Hauptmineral (nach dem das Stück in die Sammlung eingegliedert wurde)
- Fundortangabe, gegebenenfalls verkürzt
- Funddatum
- Identifikations-Nr. (falls nicht auf der Oberseite angebracht).

Bestimmte Merkmale, z. B. die Zugehörigkeit zu einer Spezialsammlung (Regionalsammlung, spezielle Mineralgruppen, Fluoreszenz u. ä.) kann man auch durch entsprechende Symbole (z. B. Farbpunkte) auf der Oberseite kennzeichnen.

Systematisierung

Der Aufbau der Sammlung muß nach bestimmten Kriterien, einem Ordnungsprinzip erfolgen, wenn nicht eine relativ wertlose Anhäufung von toten, bezugslosen Objekten entstehen soll. Gerade beim Aufbau einer Kleinmineralsammlung ist am Anfang mit einer raschen Zunahme der Anzahl der Objekte zu rechnen. Die Festlegung auf eine bestimmte Systematik ist deshalb rechtzeitig notwendig. Erfahrungsgemäß baut der engagierte Micromounter im Laufe der Zeit Spezialsammlungen auf (s. Kapitel 3.1.), weil sie einen sehr viel höheren Erkenntniswert als reine Systematiksammlungen besitzen. Um ihren Aussagewert sicherzustellen, ist die exakte Erfassung der dazu benötigten Daten vom Beginn der Tätigkeit an dringend notwendig. Das Ordnungsprinzip und die Hilfsmittel zur Erfassung der Daten, insbesondere die Karteikarte, bilden dafür die Voraussetzungen.

Im folgenden wird zur Systematisierung und Dokumentation bewußt ein Idealzustand vorgeschlagen. Dabei wird im wesentlichen den Vorstellungen von Kipfer [5.1] gefolgt. Je nach individueller Neigung und verfügbarem Zeitfonds können die Vorschläge abgewandelt und abgerüstet werden. Sie sollten im Hinblick auf die Tauglichkeit für die eigene, vielleicht noch in der ersten Aufbauphase befindliche Sammlung geprüft werden.

Eingangsnummer

Die Eingangsnummer hat ihre Bedeutung zunächst darin, daß Verwechslungen neu erworbener Minerale vermieden werden. Empfohlen wird eine fortlaufende Numerierung mit Jahreszahlangabe, z.B. 1/86 bis 195/86, für 1986 gesammelte Minerale. Diese Nummern können schon zu Hause vorbereitet sein und direkt nach dem Erwerb auf dem Mineral oder der Schachtel befestigt werden. Auf das zugehörige Etikett wird ebenfalls diese Nummer geschrieben. Falls man jedoch die Absicht hat, die Sammlung einmal mit einem Microcomputer zu erfassen und zu verwalten, empfiehlt es sich, statt der Nummer mit beigefügter Jahreszahl nur eine fortlaufende Nummer zu verwenden. Unter der Eingangsnummer wird zweckmäßigerweise in einem Ringbuch alles notiert, was für die Dokumentation wichtig ist: Mineralname, Paragenese, Fundort, Funddatum, Name des Tauschpartners und Finders, Manipulationen (chemischer oder mechanischer Art). Dieses Eingangsbuch stellt ein chronologisches Register dar und sichert die Daten, wenn man nicht gleich zur weiteren Bearbeitung des Materials kommt. Erfahrungsgemäß vergehen manchmal Wochen oder sogar Monate zwischen Erwerb und Einarbeitung in die Sammlung. Bei Eigenfunden sollte unbedingt eine Korrespondenz zwischen Eingangsbuch und Exkursionsheft hergestellt werden, um den Bezug zu den speziellen Bemerkungen zur Fundstelle zu haben. Sehr zu warnen ist davor, zu viele erworbene Minerale liegen zu lassen, um sie dann vielleicht gemeinsam in größerer Menge einzuarbeiten, weil der Arbeitsaufwand dann sehr hoch ist.

Katalognummer

Mit der Eingangsnummer ist das Mineral eindeutig gekennzeichnet. Wird nur damit gearbeitet, haben gleiche Mineralarten mehrere Nummern, und die wahllose Aufeinanderfolge ließe keine systematische Zuordnung zu, z. B. könnten Fluorit, Galenit, Bismutoferrit und gediegen Kupfer aufeinanderfolgende Nummern haben. Mit der Katalognummer wird eine verschlüsselte Mineralsystematik für die Sammlung geschaffen. Für den Aufbau einer systematischen Sammlung ist sie eine unabdingbare Notwendigkeit und für Spezialsammlungen ebenfalls nützlich. Beim Aufbau des Katalognummernsystems richtet man sich nach einem Lehrbuch oder Tabellenwerk der Mineralogie. Die Nutzung der »Mineralogischen Tabellen« von H. STRUNZ [5.19] ist besonders zu empfehlen. Folgende Gründe sprechen dafür:

- Sie sind international anerkannt und verbreitet.
- Sie liegen den meisten Büchern der speziellen Mineralogie zugrunde.
- Sie besitzen eine hohe Vollständigkeit in der Systematik und im Register.
- Das Register ist als alphabetischer Mineralindex nutzbar, wobei die Korrespondenz zum systematischen Teil gewährleistet ist.
- Veraltete, deutsche und synonyme Mineralbezeichnungen und Varietäten sind im Register mit aufgeführt. Weil man gerade beim Tausch manchmal veralteten oder synonymen Bezeichnungen begegnet, ist das sehr nützlich.

Der spezielle Teil der Mineralogischen Tabellen ist in neun Klassen von I. Elemente, II. Sulfide usw. bis IX. Organische Verbindungen eingeteilt. Diese Klassen werden ergänzt um eine weitere: X. Unbestimmte Minerale, in die zunächst noch nicht klar bestimmte eingeordnet werden können. Die Klassen sind in Abteilungen (durch Großbuchstaben gekennzeichnet) eingeteilt, die wiederum durch numerierte und mit Kleinbuchstaben gekennzeichnete Gruppen und/oder Reihen untersetzt sind. Diese Einteilung erfolgte nach kristallchemischen Grundsätzen, wie Strukturtyp, Isotypie und isomorphe Reihen.

Die Katalognummer wird danach wie folgt gebildet: Zunächst wird im Register der »Mineralogischen Tabellen« nachgeschlagen, auf welcher Seite des speziellen Teils das Mineral zu finden ist. Die dort angegebene Ziffern-Buchstaben-Kombination wird übernommen. Nach einem Schrägstrich wird eine Ziffer angefügt, die anzeigt, das wievielte Mineral der betreffenden Gruppe bzw. Reihe eingeordnet wird.

Beispiel:

Pyrargyrit	II	D	1	2
	Klasse Sulfide	Abteilung komplexe Sulfide	Proustit-Xanthokon-Gruppe	2. Mineral dieser Gruppe Proustit ist bereits in der Sammlung und hat Nr. 1

Diese Mineral-Nr. bildet den Grundstock der Katalog-Nr. und verändert sich nicht mehr, gleichgültig, ob die Stufe in der Systematik oder einer Spezialsammlung liegt. Die Mineral-Nr. kann auch gebildet werden, indem alle Minerale einer Reihe bzw. Gruppe von vornherein entsprechend der Reihenfolge im Nachschlagewerk durchnumeriert werden. Dieses Verfahren hat den Vorteil, daß in verschiedenen Sammlungen gleiche Minerale die gleichen Nummern besitzen. Da gleiche Minerale oft von verschiedenen Fundorten in die Sammlung aufgenommen werden, muß für die Fundorte noch eine weitere Ziffer angefügt werden. Schließlich wird man des öfteren auch mehrere gleiche Mineralarten vom gleichen Fundort besitzen, die man ebenfalls unterscheiden muß. Das erfolgt durch tiefgestellte Indizes.

Beispiel:

Pyrargyrit II D 1/2 – 1 – Schneeberg
Pyrargyrit II D 1/2 – 2_1 – St. Andreasberg (Einzel-X)
Pyrargyrit II D 1/2 – 2_2 – St. Andreasberg (auf Safflorit)

Damit ist die vollständige Katalog-Nr. gebildet, die auf Karteikarte und Etikett erscheint. Wenn auch ihre Bildung auf den ersten Blick recht kompliziert erscheint, erweist sich ihre Ermittlung als unproblematisch. Das Aufstellen des Kataloges und der Sammlung nach diesem System hat den Vorteil, daß stets alle gleichen und miteinander verwandten Minerale nebeneinander vorliegen. Vereinfachungen gegenüber dem erläuterten System zur Bildung der Katalog-Nr., z. B. durch eine Einteilung nur bis zu den Klassen, sind möglich, bringen jedoch keine wesentlichen Vorteile im Hinblick auf den Aufwand, hingegen eine wesentliche Einbuße an Aussagefähigkeit.

Tabelle 5.2. Mineralsystematik nach Rösler

I. Klasse:	Element-Minerale (mit 7 Mineralgruppen)
II. Klasse	Sulfide und Komplexsulfide (mit 14 Mineralgruppen)
III. Klasse:	Halogenide (mit 4 Mineralgruppen)
IV. Klasse:	Oxide und Hydroxide Abt. Oxide (mit 9 Mineralgruppen) Abt. Hydroxide (mit 2 Mineralgruppen)
V. Klasse:	Quarz und Silikate Quarzgruppe Abt. Neso- und Soro-Silikate (mit 11 Mineralgruppen) Abt. Ino- und Cyclo-Silikate (mit 8 Mineralgruppen) Abt. Phyllo-Silikate (mit 4 Mineralgruppen) Abt. Tekto-Silikate (mit 3 Mineralgruppen)
VI. Klasse:	Phosphate u. a. (mit 8 Mineralgruppen)
VII. Klasse:	Sulfate u. a. (mit 6 Mineralgruppen)
VIII. Klasse:	Karbonate (mit Mineralgruppen)
IX. Klasse:	Borate und Nitrate Abt. Borate (mit 4 Mineralgruppen) Abt. Nitrate (mit 1 Mineralgruppe)

Neben den empfohlenen »Mineralogischen Tabellen« bietet sich das »Lehrbuch der Mineralogie« von Rösler [5.9] als Gliederungsgrundlage an. Rösler gliedert die Minerale in neun Klassen, die weiter in Gruppen untergliedert sind (Tabelle 5.2). In einer Reihe von Fällen sind die Gruppen zu Abteilungen zusammengefaßt. Die Festlegung der Nummer für die jeweilige Mineralart innerhalb der Gruppe muß jeder Sammler selbst festlegen:

Beispiel:

Pyrargyrit II 14/2 – 1	Schneeberg
Pyrargyrit II 14/2 – 2_1	St. Andreasberg (Einzel-X)
Pyrargyrit II 14/2 – 2_2	St. Andreasberg (auf Safflorit)

Bei der Verwendung von »KLOCKMANNS [5.20] Lehrbuch der Mineralogie« als Grundlage für die Systematik ergibt sich die analoge Numerierung wie bei der Nutzung der »Mineralogischen Tabellen«, da dieses von P. RAMDOHR und H. STRUNZ bearbeitete Werk seit der 16. Auflage ebenfalls die Gliederung der »Mineralogischen Tabellen« zugrunde legt.

Pyrit		**Pyrargyrit**	
II C5/1-1	Gernrode/Harz (m. Cronstedtit)	II D1/2-1	Schneeberg (Einzel-X)
II C5/1-2	Herold b. Thum	II D1/2-2_1	Zacetecas/Mexico
II C5/1–3	Unterloquitz	II D1/2-3_1	St. Andreasberg/ Harz (Einzel-X)
II C5/1-4_1	Schönbrunn (m. Baryt)	II D1/2-3_2	St. Andreasberg/ Harz (m. Safflorit)
II C5/1–5	Murejul/Türkei		
II C5/1-6_1	Schnellbach (Pent.-dodek.)	II D1/2-2_2	Zacetecas/Mexico
II C5/1-6_2	Schnellbach (Würfel)	**Pyrostilpnit**	
		II D1/3-1	Freiberg
II C5/1-7	Elba		
II C5/1-4_2	Schönbrunn (m. Fluorit)		

Bild 5.25. Musterseite aus dem alphabetischen Mineralregister

Ein alphabetisches Bestandsregister (Bild 5.25) in Form eines Ringbuches (Format A6 dürfte ausreichen) kann für das Mitnehmen auf Tauschbörsen angelegt werden. Wird das Register der »Mineralogischen Tabellen« von STRUNZ als Mineralindex verwendet, kann auf ein gesondertes alphabetisches Verzeichnis verzichtet werden, weil alle Minerale, die man bereits besitzt, durch die entsprechende Numerierung im Register gekennzeichnet werden können. Im STRUNZ-Register sind die Minerale der Systematik fett gedruckt. Hinter ihnen ist ausreichend Platz, die entsprechende System-Nummer einzutragen. Bei einem Neuzugang wird hinter dem entsprechenden Mineral im Register die System-Nummer eingetragen. Alle derartig gekennzeichneten Minerale sind bereits in der Sammlung. Zur Kennzeichnung, von welchem Fundpunkt das Mineral stammt, kann man bestimmte zusätzliche Symbole oder Farbpunkte im Register verwenden.
Manchmal möchte man mit dem Tauschpartner oder Finder nachträglich in Kontakt treten, um vielleicht eine zusätzliche Angabe oder weiteres Material für vergleichende Studien zu erbitten. Es kann deshalb empfohlen werden, eine alphabetische Adressenliste seiner Tauschpartner zu führen, in die gegebenenfalls Bemerkungen über die speziellen Sammelinteressen des Partners vermerkt werden können.

Sammlungskatalog mit Karteikarten

Mit Karteikarten läßt sich das Maximum an Informationen über die Sammlungsobjekte zweckmäßig erfassen. Der Aussagewert und die Bedeutung einer Sammlung lassen sich durch eine gut geführte Kartei in Verbindung mit exakten Aufzeichnungen im Exkursionsheft beträchtlich steigern.
Auf der Karteikarte sollten folgende Angaben erfaßt werden (Bild 5.26):

Katalog-Nr.

Eingangs-Nr.
Sie ist auch besonders geeignet, wenn man die

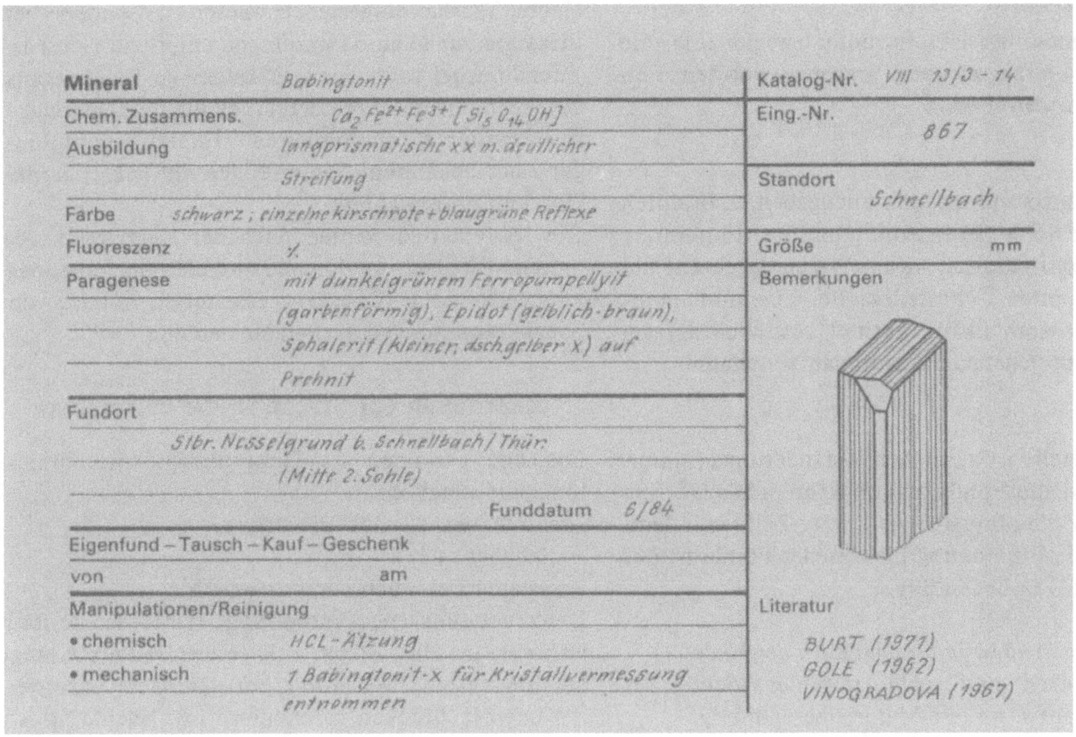

Mineral Babingtonit

Katalog-Nr. VIII 13/3 - 14

Chem. Zusammens. $Ca_2Fe^{2+}Fe^{3+}[Si_5O_{14}OH]$

Eing.-Nr. 867

Ausbildung langprismatische xx m. deutlicher Streifung

Standort Schnellbach

Farbe schwarz; einzelne kirschrote + blaugrüne Reflexe

Fluoreszenz ./.

Größe mm

Paragenese mit dunkelgrünem Ferropumpellyit (garbenförmig), Epidot (gelblich-braun), Sphalerit (kleiner, dsch.gelber X) auf Prehnit

Bemerkungen

Fundort Stbr. Nesselgrund b. Schnellbach/Thür. (Mitte 2. Sohle)

Funddatum 6/84

Eigenfund – Tausch – Kauf – Geschenk

von am

Manipulationen/Reinigung

• chemisch HCL-Ätzung

• mechanisch 1 Babingtonit-x für Kristallvermessung entnommen

Literatur

BURT (1971)
GOLE (1962)
VINOGRADOVA (1967)

Bild 5.26. Karteikarte für das Mineral Babingtonit (R. SCHMIDT)

Sammlung mit einem Microcomputer verwalten will.

Standort

Mit dieser Kennzeichnung läßt sich die Zuordnung zu Spezialsammlungen oder die Einordnung in bestimmte Sammlungsbehältnisse kennzeichnen.

Größe

Diese Spalte kann ausgefüllt werden, wenn beispielsweise Micromounts, Miniatures und Normalstufen parallel gesammelt werden.

Mineralart

Hier wird die Mineralart genannt, nach der das Stück in die Sammlung eingearbeitet wird. Dabei ist es durchaus möglich, daß diese Mineralart von Paragenesemineralen auf dem Stück von der Größe und der optischen Attraktivität übertroffen wird.

Chemische Zusammensetzung

In der Regel wird die chemische Formel angegeben. Eine vereinfachte verbale Beschreibung ist ebenfalls möglich, z. B. für Erythrin statt $Co_3(AsO_4)_2 \cdot 8\ H_2O$ »wasserhaltiges Co-Arsenat«.

Ausbildung

Je nach den charakteristischen Merkmalen des Stückes wird diese Spalte variabel ausgefüllt (Habitus, Aggregatform u. ä.).

Farbe

Neben der Farbe werden hier auch Bemerkungen zu Glanz, zu Anlauffarben u. a. eingefügt.

Fluoreszenz

Paragenese
Bei Micromounts ist es mitunter zweckmäßig, die manchmal umfangreichere Paragenese vor dem Formatisieren anzugeben.

Fundort
Er ist so genau wie möglich anzugeben, z. B. durch Angabe der Sohle bei einem Steinbruch, Entfernung mit Himmelsrichtung vom nächstgelegenen Ort bei wenig bekannten Fundstellen. Bei Eigenfunden ist ein Verweis zum Exkursionsheft bezüglich der genauen Fundortcharakterisierung aufzunehmen.

Funddatum
Jede Fundstelle ist zeitlichen Veränderungen unterworfen, und die Fundsituation kann sich (z. B. besonders bei Steinbrüchen) in kurzer Zeit verändern. Auch für die Einordnung historischer Funde ist das Funddatum von Bedeutung.

Tauschpartner und wenn bekannt auch der Finder
Diese Angaben sind später mitunter wichtig für Rückfragen bzw. weitere Materialbeschaffung.

Manipulationen
Hier werden Bemerkungen zur Reinigung, chemische Ätzung und mechanische Operationen (z. B. freigeschabt, geklebt u. a.) an den Stücken aufgenommen.

Bemerkungen
Diese Spalte kann vielfältig genutzt werden. Zweckmäßig ist der Vermerk spezieller Methoden, mit denen das Mineral bestimmt wurde, z. B. Röntgenanalyse, Mikrosonde. Die Angabe spezieller Literatur bei Seltenheiten bzw. von historisch bemerkenswerten Funden kann sinnvoll sein. Außerdem läßt sich die Zeichnung einer besonders charakteristischen Kristallform hier unterbringen. Gegebenenfalls kann man auch die Rückseite der Karte zu weiteren Vermerken (z. B. Fundortskizze) nutzen. Originaletiketten zum Stück sollten auf der Rückseite der Karteikarte aufgeklebt werden oder in eine dort aufgeklebte Tasche eingesteckt werden. Besonders bei Etiketten aus alten Sammlungen empfiehlt sich das. Zum Beispiel sollte man Etiketten zu Stücken aus der ehemaligen »Freiberger Mineralienniederlage« sowie anderen renommierten Mineraliensammlungen oder bekannten Sammlungen als Beleg für die Herkunft aufbewahren.
Die Karteikarten werden nach der Katalog-Nr. geordnet. Werden sie doppelt ausgefertigt, kann das zweite Exemplar für einen gesonderten Katalog von Spezialsammlungen verwendet werden.

Einordnung der Stücke in die Sammlung

Folgende Varianten zur Einordnung in die Sammlung sind möglich:
- chronologisch nach Eingang
- alphabetisch
- systematisch nach der Katalog-Nr.

Die chronologische Einordnung ist bei der Aufbewahrung in Plast-Boxen mit fester Facheinteilung am günstigsten, da dadurch ein ständiges Umsortieren und Nachrücken vermieden wird. Nachteilig ist die völlig wahllose Aufeinanderfolge, bei der nicht die verwandten und nicht einmal die gleichen Minerale beieinander liegen. Die Einordnung ist jedoch zweckmäßig, wenn die Verwaltung der Sammlung einmal mit einem Microcomputer erfolgen soll.
Bei der alphabetischen Einordnung besteht lediglich der Vorteil, daß Stücke der gleichen Materialart nebeneinander liegen. Sie ist nicht empfehlenswert, zumal meist ein alphabetisches Mineralregister (Index) verwendet wird, mit dem die Ablage eines Minerals auch nach alphabetischer Suche ermittelt werden kann.
Der geringe Nachteil, der sich beim Nachrücken der Stücke durch Neuzugänge bei der systematischen Einordnung nach der Katalog-Nr. ergibt, wird durch die Vorteile aufgewogen. Ständig liegen alle gleichen und kristallchemisch verwandten Mineralarten beieinander. Vergleichende Studien, z. B. zu Problemen wie Isomorphie, Diadochie, sind dadurch gut möglich. Man kann an den eigenen Mineralen lernen

und nicht nur aus Lehrbüchern. Bei diesem Ordnungssystem beschäftigt man sich intensiver mit den Mineralen und behandelt sie nicht als bloße Nummern.

Die Paletten oder Behältnisse, in denen die Minerale liegen, müssen mit Klebeetiketten gut sichtbar gekennzeichnet sein, und diese Kennzeichnung muß auf dem aktuellen Stand gehalten werden (z. B. I A1/1–1 bis II B 14/3–72). Man sollte auf den Paletten von vornherein etwas Platz lassen, um nicht immer bei Neueingängen viele Minerale nachrücken zu müssen. Die Kennzeichnung mit gut sichtbarer Katalog-Nr. auf der Oberseite der Dosen erleichtert das schnelle Auffinden des gesuchten Minerals.

Bei Spezialsammlungen werden natürlich zusätzlich andere Ordnungskriterien und Einordnungsmöglichkeiten angewendet, wie beispielsweise regionale oder genetische und paragenetische Einordnung oder nach Gesichtspunkten wie Fluoreszenz, Kristallform u. a.

Arbeit mit Mineralregister und Katalog

Bei Tauschbörsen dient das Mineralregister zur schnellen Information darüber, ob man ein angebotenes Mineral bereits in der Sammlung hat. Hat man die Fundorte bzw. -gebiete im Register gekennzeichnet, ist das natürlich nützlich beim Tausch. Neu erworbene Minerale werden im Eingangsbuch mit der laufenden Nummer erfaßt. Nach der Tauschbörse oder der Sammelexkursion, nach Reinigung, Formatisierung und Montage sind folgende Arbeiten zu erledigen:

- Katalog-Nr. bilden und im Register (Index) eintragen
- Etikett schreiben und auf den Dosenboden aufkleben
- Katalog-Nr. auf Streifen schreiben und sichtbar auf Oberteil der Dose aufkleben
- Karteikarte ausfüllen
- Einordnen des Minerals nach Katalog- oder Eingangs-Nr. an seinen Standort
- Einordnen der Karteikarte nach entsprechender Nummer in den Katalog.

Will man alle Minerale einer Art aus der Sammlung zu Vergleichszwecken heranziehen, so entnimmt man die Nummer dem alphabetischen Mineralregister, zieht im Katalog die entsprechenden Karteikarten und erfährt dort alle Angaben und die Standorte.

Nutzung der Mikrorechentechnik zur Organisation und Verwaltung der Mineralsammlung

Die Fortschritte der Mikroelektronik haben die Computertechnik auch für den Heim- und Hobbybereich zugänglich gemacht. Der Mineralsammler wird diese Möglichkeiten früher oder später für sein Hobby nutzen wollen.

Alle Merkmale der Sammlungsobjekte, die auf der Karteikarte erfaßt sind, lassen sich bei ausreichender Speicherkapazität auch im Computer erfassen. Die Begriffe Eingeben, Ergänzen, Speichern, Sortieren nach speziellen Merkmalen, Anzeigen und Ausdrukken umreißen die Funktionen beim Arbeiten mit dem Microcomputer.

Die Verfügbarkeit der erforderlichen Geräte (Rechner, Speicher, Bildschirm, Drucker) allein reicht jedoch nicht aus. Die sogenannte »Software«, die Systemunterlagen, die Rechnerprogramme, sind die Voraussetzung für die Nutzung des Heimcomputers und der peripheren Geräte für die Organisation und Verwaltung der Mineralsammlung. Bei der Erstellung der speziellen Programme wird man möglichst auf die Hilfe eines in der Rechentechnik erfahrenen Sammlers zurückgreifen, wenn man sich nicht selbst in die Materie einarbeiten will. Zweckmäßig ist es, auf ein fertiges Datenbanksystem zurückzugreifen. Solche Datenbanksysteme sind speziell für die Verwaltung umfangreicher Datenmengen entwickelt worden. Solche Datenbanksysteme (z. B. REDABAS, dBASE II) bieten dem Laien direkten Zugriff zum Rechner. Mit den entsprechenden Datenbanksprachen ist die direkte Dialogbenutzung des entsprechenden Datenbanksystems möglich [5.21], [5.24], [5.27], [5.28].

Für einen Microcomputer zur Organisation und Verwaltung einer Mineralsammlung bietet sich folgende Konfiguration an:

- Rechner
- Eingabetastatur
- Bildschirmanzeige
- ein (besser jedoch zwei) externer Floppy-Disk-Speicher bzw. Kassettenmagnetbandspeicher
- Drucker (z. B. Thermodrucker) oder elektronische Schreibmaschine zum Ausdrucken von Bestandslisten, Suchlisten, Karteikarten, Fundortetiketten

Der Microcomputer ermöglicht aufgrund der eingespeicherten Merkmale (z. B. spezielle Fundorte, Fluoreszenz u. a.) sehr schnell die Zusammenstellung von Spezialsammlungen. Die entsprechenden Minerale, durch die Eingangs-Nr. gekennzeichnet, werden durch den Rechner ausgewählt, auf dem Bildschirm angezeigt und bei Bedarf schließlich ausgedruckt.

Dem Sammler werden dadurch neue Dimensionen erschlossen, da er durch die Vorgabe von Auswahlkriterien aus dem Mineralbestand beliebige Spezialsammlungen in ganz kurzer Zeit zusammenstellen kann.

Mit Hilfe des Computers lassen sich vielfältige Fragestellungen beantworten, beispielsweise:

- Wie viele Minerale einer bestimmten Klasse befinden sich in der Sammlung?
- Welche Minerale eines speziellen Fundortes besitzt man?
- Von welchen Fundorten besitzt man bestimmte Minerale, z. B. Fluorite, Pyrite usw.?

Sicher wird es manchen Sammler geben, der die Vorteile der Mikrorechentechnik für seine Sammlung nutzen möchte. Dazu ist ein Einarbeiten in diese Technik mit Hilfe der Spezialliteratur [5.21] bis [5.24] notwendig und vor allem die praktische Beschäftigung mit dem Computer. Dem Mineralsammler erschließt sich ein weiteres interessantes Hobby mit großem Wert für eine rationelle zeitsparende Organisation. Seine Sammlung wird durch die perfekte Aussagemöglichkeit transparenter, vielseitig nutzbarer und wissenschaftlich wertvoller.

1 Gediegen Silber Ag
Niederschlema/Erzgebirge
Größe des Objekts 4 mm; Sammlung 3
Das kubisch kristallisierende Silber tritt nur selten in Würfeln oder Oktaedern auf. Häufig sind dagegen derbe, dendritische sowie lockenförmig gekrümmte Bildungen.

Silberminerale

2 Gediegen Silber auf Baryt Ag
Schneeberg/Erzgebirge
Ausschnitt 10 mm; Sammlung 5

3 Argentit Ag_2S
Freiberg/Sachsen
Größe der Kristalle 2 mm; Sammlung 5

4 Miargyrit $AgSbS_2$
Bräunsdorf/Sachsen
Größe der Kristalle 7 mm; Sammlung 1

2 | 3
4 |

5 *Proustit auf gediegen Arsen* Ag_3AsS_3
Schneeberg/Erzgebirge
Länge der Kristalle 3 mm; Sammlung 2

6 *Proustit* Ag_3AsS_3
Schneeberg/Erzgebirge
Größe der Stufe 12 mm; Sammlung 2

7 *Xanthokon* Ag_3AsS_3
Kleinvoigtsberg/bei Freiberg
Größe der Kristalle 1 mm; Sammlung 1

Die Tafel bringt einige Beispiele silberhaltiger Minerale aus sächsischen Fundpunkten (vgl. auch Tabelle 3.4). Das Mineral Proustit (nach dem französischen Chemiker J. L. PROÛST) wurde durch die Bergleute auch »lichtes Rotgültigerz« genannt. Diese Bezeichnung und die Namen der anderen Silberminerale (z. B. argyros, Silber) weisen auf den Gehalt an diesem edlen Metall hin.

5 | 6 | 7

8 Proustit Ag_3AsS_3
Schlema/Erzgebirge
größter Kristall 18 mm; Sammlung 5

Der im trigonalen System kristallisierende Proustit zeigt hexagonale Prismen und Pyramiden als Hauptformen. Häufig ist auch der dem Calcit ähnliche skalenoedrische Habitus. Man bewahrt den Proustit möglichst im Dunkeln auf, da er durch Lichteinwirkung an der Oberfläche eine feine Silberschicht bildet und dadurch dunkler wird. Neben den Vorkommen von Chanercillo/Chile gehören die »lichten Rotgültigerze« von den verschiedenen sächsischen Fundpunkten sicher zu den begehrtesten.

9 Millerit in Calcit NiS
Johanngeorgenstadt/Erzgebirge
Größe der Stufe 15 mm; Sammlung 4
Die stets nadelig-strahlig oder haarförmig auftretenden Kristalle waren Ursache für die Bezeichnung Haarkies, die WERNER 1789 einführte. Das relativ seltene Mineral entsteht in der Regel durch Verwitterung aus anderen Nickelerzen. Die Milleritnadeln wurden durch Ätzen in HCl freigelegt.

Spießglanze

10 Emplektit $CuBiS_2$
Schwarzenberg/Erzgebirge (Tannbaum-Stolln)
Länge der Kristalle 5 mm; Sammlung 1

11 Betechtinit $Pb_2(CuFe)_{21}S_{15}$
Mansfeld
Länge der Kristalle 2 bis 4 mm; Sammlung 1

12 Bournonit $CuPbSbS_3$
Neudorf/Harz
Kantenlänge etwa 4 mm; Sammlung 3

10	11
12	

13 Berthierit $FeSb_2S_4$
Bräunsdorf bei Freiberg/Sachsen
Länge der Nadeln etwa 1 mm; Sammlung 2

14 Tetraedrit mit Siderit $Cu_{12}Sb_4S_{13}$
Harzgerode
Größe der Kristalle etwa 2 mm; Sammlung 2

15 Chalkopyrit auf Siderit $CuFeS_2$
Schlema/Erzgebirge
größter Kristall 4 mm; Sammlung 2

Namensgebend für die umfangreiche Gruppe der Spießglanze ist deren langgestreckte (spitze, »spießige«) Kristallform, die jedoch nicht bei allen Vertretern dominiert. Während der Kupferspießglanz Emplektit stets nadelförmig auftritt, bildet der Bleikupferspießglanz Bournonit flächenreiche dicktafelige Kristalle. Bierthierit stellt den einzigen Spießglanz dar, in dem Eisen vorherrscht. Der Betechtinit ist gleichfalls wie Berthierit recht selten und wurde erst 1955 im Mansfelder Rücken durch SCHÜLLER entdeckt.

13 | 14
15

16 Plagionit $Pb_5Sb_8S_{17}$
Wolfsberg/Harz
Größe des Kristalls etwa 2 mm; Sammlung 2
Plagionit ist ein Vertreter der Bleiantimonspießglanze, zu denen u. a. Zinckenit, Jamesonit, Semseyit, Boulangerit und Meneghinit gehören. Die meisten dieser komplexen Sulfide sind in ausgezeichneter Qualität von der ehemaligen Antimonitgrube Jost-Christian-Zeche bei Wolfsberg im Harz bekannt. Die selten gut ausgebildeten Kristalle sind dicktafelig, sehr flächenreich und zeigen meist eine charakteristische Streifung. Der noch seltenere Semseyit ist dem Plagionit sehr ähnlich.

17 Kermesit Sb_2S_2O
Bräunsdorf bei Freiberg/Sachsen
Länge der Büschel 3 bis 5 mm; Sammlung 3
Der Kermesit, auch Rotspießglanz genannt, tritt vorwiegend in büschligen bis strahligen Aggregaten auf. Die kirschrote Farbe mit einem violetten Stich war für das seltene Mineral namensgebend. Am bekanntesten ist Kermesit vom klassischen Fundpunkt Bräunsdorf in Sachsen. Hier kommt er in der Regel gemeinsam mit Antimonit vor, aus dem er durch Teiloxydation hervorgegangen ist. Ähnlich berühmt für schöne Kermesitstufen ist das Vorkommen von Pezinok in der ČSSR.

18 Galenit auf Quarz PbS
Halsbrücke bei Freiberg/Sachsen
Größter Kristall 4 mm; Sammlung 2
Galenit (Synonym Bleiglanz) ist weit verbreitet und tritt sehr häufig in würfelig oder oktaedrisch ausgebildeten Kristallen auf. Als Seltenheit kommen am Fundpunkt Halsbrücke plattig verzerrte Kristalle vor.

19 *Arsenopyrit* FeAsS
Langenau bei Freiberg/Sachsen
Größe der Kristalle 4 mm; Sammlung 5

Arsenopyrit (Synonym Arsenkies) kommt häufig auf hydrothermalen Erzgängen gemeinsam mit Pyrit, Sphalerit, Galenit und Chalkopyrit vor. Die morphologisch zum rhombischen System gehörenden Kristallformen (röntgenographisch jedoch monoklin) sind oft flach-oktaedrisch ausgebildet, treten jedoch auch nach verschiedenen Richtungen säulig auf. Typisch ist außerdem eine Streifung parallel zur *a*-Achse.

20
21

20 Antimonit auf Quarz Sb_2S_3
Neumühle/Thüringen
Länge der Kristalle etwa 5 mm; Sammlung 2
Für Antimonit gibt es Synonyma, die vor allem aus seiner Verwendung als Erz für die Antimongewinnung herrühren: Antimonglanz, Grauspießglanz.

Die meist gut ausgebildeten rhombischen Kristalle sind sehr flächenreich und stets nach einer Achse gestreckt. Auf diese Weise entstehen spießige bis nadelige Kristalle.

Antimonit kommt als hydrothermale Bildung z. T. auf selbständigen Antimonit-Quarzgängen vor. Ein klassisches Beispiel dafür ist die bereits erwähnte Jost-Christian-Zeche bei Wolfsberg im Harz, wo Antimonit mit anderen seltenen Sb-Mineralen, wie Zinckenit, Plagionit, Wolfsbergit, vorkommt.

21 Chloanthit $(Ni, Co) As_3$
Annaberg/Erzgebirge (Grube Gottes Segen)
Größe der Kristalle 2 mm; Sammlung 3
Chloanthit (auch Nickelskutterudit $(Ni, Co) As_3$) und Skutterudit (auch Smaltin, Speiskobalt $(Co, Ni) As_3$) sind unbegrenzt miteinander mischbar, d. h., es können Übergangsglieder zwischen reinem $CoAs_3$ und reinem $NiAs_3$ auftreten. Beim Chloanthit herrscht der würflige Habitus vor, in Kombinationen mit Oktaeder und Rhombendodekaeder. Typisch sind die bauchig gekrümmten Kristallflächen.

Besonders gut ausgebildete Kristalle sind von den erzgebirgischen Fundpunkten Schneeberg und Annaberg bekannt geworden. Vom letzteren Fundort stammen Chloanthite gemeinsam mit Annabergit (Syn. Nickelblüte), der als grüner Beschlag auftritt. Weitere bekannte Fundpunkte sind Wittichen im Schwarzwald sowie Bou Azzer in Marokko und Kremnica/ČSSR.

22 *Antimonit* Sb_2S_3
Kremnica/ČSSR
längster Kristall 5 mm; Sammlung 2

23 Fluorit auf Dolomit CaF_2
Caaschwitz bei Gera/Thüringen
Kantenlänge 5 mm; Sammlung 3
Die häufigste Kristallform beim Fluorit ist der Würfel, seltener treten Oktaeder auf, nach dem der Fluorit ausgezeichnet spaltet (Flußspat). Fluorit tritt in fast allen Färbungen auf; die Violettfärbung verschwindet beim Erhitzen und tritt durch Röntgenbestrahlung erneut auf.
Fluorit ist als sehr häufiges Mineral in allen genetischen Typen vertreten. An erster Stelle stehen jedoch die hydrothermalen Bildungen: Fluorit bildet dabei oft selbständige Gänge (z. B. die Vorkommen von Freiberg/Sachsen).

24 Galenit und Siderit PbS
Neudorf/Harz
längste Kristallkante 6 mm; Sammlung 3
In den verschiedenen Gangzügen des Harzes spielt das Vorkommen von Galenit (Synonym Bleiglanz) eine besondere Rolle, und aus vielen auf diesen Erzgängen bauenden Gruben wurde er bergmännisch gewonnen.
Morphologisch typisch für das Vorkommen des Bleiglanzes von Neudorf/Harz ist das Vorherrschen eines oktaedrischen Habitus. Dazu treten das Rhombendodekaeder, der Würfel und untergeordnet einige komplizierte Formen. Als Besonderheit treten hier auch nach der Würfelfläche plattig verzerrte Kristalle auf, wie das abgebildete Beispiel zeigt.

25 Realgar auf Calcit As_4S_4
Culmitzsch/Thüringen
Länge des Kristallaggregates 8 mm; Sammlung 4
In dieser langprismatischen Form kommt Realgar in Drusen des Zechsteinkalkes vor. Häufiger sind tiefhydrothermale Bildungen (oft gemeinsam mit Auripigment, dem gelben Arsensulfid As_2S_3, Antimonit und anderen Erzen), z. B. von Baia Sprie/Rumänien oder Schneeberg/Erzgebirge. Von den ähnlichen Mineralen Krokoit, Zinnober oder Proustit unterscheiden Realgar der orangegelbe Strich und das Verhalten vor dem Lötrohr (s. Tabelle 4.6).

24	25
	26

26 Atacamit $Cu_2(OH)_3Cl$
Copiapó/Chile
Größe der Kristalle etwa 2 mm; Sammlung 6

27 | 28
29 |

27 *Prosopit* $CaAl_2(F, OH)_8$
Altenberg/Sachsen
Kantenlänge des Kristalls 7 mm; Sammlung 1
Der Prosopit ist bisher nur von zwei Fundpunkten bekannt geworden: Im vorigen Jahrhundert fand man ihn auf kleinen Gängen gemeinsam mit Hämatit, Fluorit und Siderit in Altenberg. Dabei waren die meisten Kristalle bereits in Kaolin umgewandelt. Seither ist von dieser Lagerstätte kein Fund mehr mitgeteilt worden. Erst später wurde Prosopit auch in der Pikes Peak-Region Arizona/USA gefunden.

28 *Fluorit* CaF_2
Ehrenfriedersdorf/Erzgebirge
Kantenlänge des Kristalls 3 mm; Sammlung 3

29 *Hausmannit* Mn_3O_4
Öhrenstock/Thüringen
Größe der Kristalle 2 mm; Sammlung 3
Der tetragonale Hausmannit tritt meist in pyramidalen oktaederähnlichen Kristallen auf. Der eisenschwarze Metallglanz führt oft zu Verwechslungen mit Magnetit oder Braunit. Sehr häufig tritt Hausmannit auch pseudomorph nach Manganit auf (z. B. von Ilfeld im Harz).

30 Magnetit Fe_3O_4
Callenberg/Sachsen
Größe der Oktaeder 2 mm; Sammlung 3
Neben Hausmannit ist Magnetit ein weiterer Vertreter der Spinell-Gruppe; häufigste Kristallform in dieser Gruppe ist das Oktaeder. Ein typisches Erkennungsmerkmal ist das magnetische Verhalten des Magnetits. Beim Erhitzen über 585 °C verschwindet der Magnetismus; nach Abkühlung unter diese Temperatur (den sogenannten CURIE-Punkt) erhält der Magnetit seine magnetischen Eigenschaften zurück. Da fast alle Gesteine in geringen Mengen und kleinsten Aggregaten (oft kleiner als 10 Mikrometer) Magnetit enthalten, ist dieser auch für das unterschiedliche magnetische Verhalten der Gesteine verantwortlich.

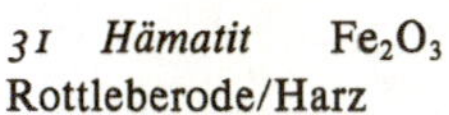

31 Hämatit Fe_2O_3
Rottleberode/Harz
Größe der Kristalle etwa 1 mm; Sammlung 3
Die Ausbildungsformen beim Hämatit sind sehr mannigfaltig, was bereits durch die verschiedenen Synonyma zum Ausdruck kommt: Roteisenstein, Blutstein, Eisenglimmer, Rötel; die besonders schön kristallisierten Exemplare bezeichnet man mit Eisenglanz oder Specularit. Dabei überwiegen die tafeligen bis blättrigen Ausbildungsformen. Radialfaserige Massen mit glatter Oberfläche (nierenförmig) bezeichnet man als roten Glaskopf (von »Glatzkopf«).

30	31
	32

32 Lepidokrokit FeOOH
Schlema/Erzgebirge
Durchmesser der »Kugeln« etwa 2 mm; Sammlung 6
Der dünntafelige Lepidokrokit ist die weitaus seltenere Modifikation des FeOOH; häufiger ist der meist nadelig auftretende Goethit (Synonym Nadeleisenerz).

33 Hämatit mit Rutil Fe_2O_3
Cavradi-Schlucht, Val Curnera/Schweiz
größter Rutilkristall etwa 1 mm; Sammlung 2
Hämatit in ausgezeichneten Kristallen ist neben dem klassischen Fundpunkt auf der Insel Elba besonders als alpine Bildung bekannt. Speziell die Cavradi-Schlucht ist berühmt geworden durch das Auftreten orientierter Verwachsungen von Hämatit und Rutil.

34 Amethyst SiO_2
Guanajuato/Mexiko
größter Kristall 8 mm; Sammlung 2
Das Sammeln der mannigfaltigen Quarzvarietäten, die kristallisiert auftreten, ist für »Normalstufen« wie für Micromounts gleichermaßen reizvoll. Die Kristalle des Quarzes besitzen dabei je nach Bildungsbedingungen und Herkunftsort sehr unterschiedlichen Habitus. Es lassen sich anhand der Morphologie auch beim Quarz die Fundpunkte sehr häufig bestimmen (z. B. Dauphinè, Carrara, Botropp).

Varietäten des Quarzes SiO_2

35 Rauchquarz
Bad Brambach/Vogtland
Länge des Kristalls 4 mm; Sammlung 2

36 *Bergkristall*
Schneeberg/Erzgebirge
längster Kristall 4 mm; Sammlung 2

37 *Rauchquarz*
Strzegom/Polen
Länge des Kristalls etwa 2 mm; Sammlung 2

38 *Amethyst*
Brotterode/Thüringen
Länge der Kristalle etwa 2 mm; Sammlung 3

Die hier dargestellten gut kristallisierten Quarzvarietäten besitzen neben anderen Vertretern der Quarzgruppe (z. B. Chrysopras, Onyx) Edelsteincharakter. Dabei bestimmen Klarheit und Farbe der Kristalle maßgeblich die Wertschätzung mit.

36	37
	38

39 Manganit MnOOH
Ilfeld/Harz
längster Kristall 8 mm; Sammlung 3
Obwohl oxidische Manganminerale weit verbreitet sind, kann man die nordwestlich von Ilfeld/Südharz gelegenen Manganerzgänge mit großer Berechtigung als die Typlokalität des Minerals Manganit bezeichnen. Aus der Vielzahl der Kristallformen beim Manganit sind von Ilfeld besonders eisenschwarze, prismatische Kristalle mit stark gestreiften Prismen typisch. Sehr häufig ist der Manganit in Pyrolusit umgewandelt; dann erkennt man ihn am schwarzen Strich (Manganit besitzt einen braunschwarzen Strich).

40 Psilomelan $(Ba, H_2O)Mn_5O_{10}$
Langenstriegis/Sachsen
Größe der Aggregate 4 mm; Sammlung 6
Unter dem Sammelbegriff Psilomelan (nach KLOCKMANN besser und umfassender Manganomelan) faßt man äußerlich amorph erscheinende, traubig-nierige Manganoxid-Minerale zusammen. Die bekanntesten darunter sind Kryptomelan, Hollandit und Coronadit. Auch Psilomelan als eigenständige seltene Komponente ist bekannt; das Originalmaterial stammt von Schneeberg/Erzgebirge.

41 | 42
43

Karbonate

41 Calcit auf Natrolith $CaCO_3$
Hammerunterwiesenthal/Erzgebirge
Größe des Kristalls 3 mm; Sammlung 2

42 Aragonit mit Malachit und Azurit $CaCO_3$
Kamsdorf/Thüringen
Länge der Kristalle 2 mm; Sammlung 3

43 Strontianit auf Baryt $SrCO_3$
Könitz/Thüringen
Höhe des Aggregates 5 mm; Sammlung 4

44 Witherit mit Pyrit $BaCO_3$
Hartenstein/Erzgebirge
Länge des Kristalls 4 mm; Sammlung 5

45 Azurit auf Dolomit $Cu_3[OH/CO_3]_2$
Altenmittlau/Hessen
Höhe des Bildausschnittes 5 mm; Sammlung 2

46 Malachit $Cu_2[(OH)_2/CO_3]$
Trusetal/Thüringen
Größe der Aggregate 2 bis 3 mm; Sammlung 2

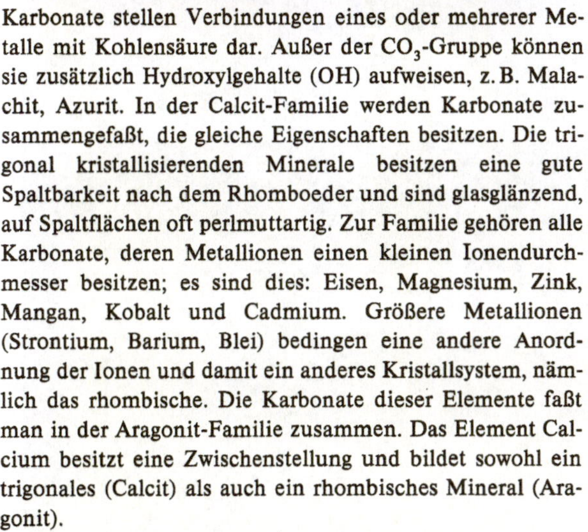

Karbonate stellen Verbindungen eines oder mehrerer Metalle mit Kohlensäure dar. Außer der CO_3-Gruppe können sie zusätzlich Hydroxylgehalte (OH) aufweisen, z. B. Malachit, Azurit. In der Calcit-Familie werden Karbonate zusammengefaßt, die gleiche Eigenschaften besitzen. Die trigonal kristallisierenden Minerale besitzen eine gute Spaltbarkeit nach dem Rhomboeder und sind glasglänzend, auf Spaltflächen oft perlmuttartig. Zur Familie gehören alle Karbonate, deren Metallionen einen kleinen Ionendurchmesser besitzen; es sind dies: Eisen, Magnesium, Zink, Mangan, Kobalt und Cadmium. Größere Metallionen (Strontium, Barium, Blei) bedingen eine andere Anordnung der Ionen und damit ein anderes Kristallsystem, nämlich das rhombische. Die Karbonate dieser Elemente faßt man in der Aragonit-Familie zusammen. Das Element Calcium besitzt eine Zwischenstellung und bildet sowohl ein trigonales (Calcit) als auch ein rhombisches Mineral (Aragonit).

Folgende Minerale gehören zu beiden Familien:

Calcit	Ca	trigonal	Dolomit	Ca/Mg	trigonal
Magnesit	Mg	trigonal	Ankerit	Ca/Fe	trigonal
Rhodochrosit	Mn	trigonal	Aragonit	Ca	rhombisch
Siderit	Fe	trigonal	Strontianit	Sr	rhombisch
Smithsonit	Zn	trigonal	Witherit	Ba	rhombisch
Sphärocobaltit	Co	trigonal	Cerussit	Pb	rhombisch
Otavit	Cd	trigonal			

44 | 45
46

47 Malachit $Cu_2[(OH)_2/CO_3]$
Bergen/Vogtland
Länge der Kristalle etwa 2 mm; Sammlung 2
Neben den nierigen bzw. knolligen Bildungen mit schaligem bzw. radialfaserigem Aufbau kommt Malachit vor allem in faserigen bis büschelartigen Formen vor. Die monoklinen Kristalle sind dabei nur selten als solche zu erkennen.
Malachit kommt wie der häufig gleichzeitig anwesende Azurit in der Oxydationszone von Kupferlagerstätten vor. Er ist insgesamt sehr verbreitet, nicht selten auch aus Azurit umgewandelt.

48 Aragonit $CaCO_3$
Kamsdorf/Thüringen
Länge der Nadeln etwa 5 mm; Sammlung 3
Die Bergbaugeschichte des Saalfeld-Kamsdorfer Erzreviers ist sehr interessant und reicht vom Kupferbergbau der Bronzezeit, über den Silberbau zwischen dem 11. und 17. Jahrhundert, den anschließenden Buntmetallbau (besonders Kobalt) bis zum Eisen- und Schwerspatbau der Gegenwart. Das Kamsdorfer Revier ist eine unerschöpfliche Fundgrube für Micromount-Sammler. Neben den erzbringenden Mineralen wurde eine Reihe seltener Minerale beschrieben, z. B. Brochantit und Posnjakit.

49 Baryt $BaSO_4$
Pöhla/Erzgebirge
Länge des Kristalls 11 mm; Sammlung 5
Baryte sind für den Mineralsammler, der nach morphologischen Gesichtspunkten sammelt, ein reizvolles Objekt: Von den in Tracht und Habitus sehr stark wechselnden Kristallen sind über 200 verschiedene Formen beschrieben worden. Während der tafelige Habitus in vielen Varianten überwiegt, sind prismatisch langgestreckte Formen seltener.

50 *Boracit* $Mg_3[Cl/B_7O_{13}]$
Sondershausen
Größe des Kristalls 4 mm; Sammlung 2
Die Borate sind größtenteils in ihrem Vorkommen an Salzlagerstätten gebunden. Boracit gehört zu den bekanntesten Vertretern und kommt sehr häufig in gut ausgebildeten Würfeln in Kombination mit Tetraederflächen vor. In der abgebildeten Form kommt Boracit in vielen Gruben der Carnallitregion des Zechsteinkalkes um Bernburg vor (besonders im Flöz Staßfurt – Synonym Staßfurtit).

51 *Baryt* $BaSO_4$
Halsbrücke bei Freiberg/Sachsen
Größe des Kristalls 2 mm; Sammlung 5
Besonders schöne Exemplare dieser Ausbildungsform sind von der Fundstelle St. Lorenz Gegentrum Halsbrücke bekannt geworden.

52 *Devillin* $CaCu_4[(OH)_3/SO_4]_2 \cdot 3\,H_2O$
Banská Bystrica/ČSSR
Größe der Kristalle 1 mm; Sammlung 1
Im heutigen Grenzgebiet zwischen der Tschechoslowakei und Ungarn ging bereits im Mittelalter ein Bergbau auf Kupfer um, der mit den alten Bergbaustädten Herrengrund und Neusohl verbunden ist.
Aus dieser Gegend stammt eine Vielzahl seltener Minerale (besonders interessant für den Mikromineralsammler), wie z. B. Posnjakit, Lirokonit, Chalkophyllit und Jarosit. Das früher mit »Herrengrundit« bezeichnete Mineral ist mit Devillin identisch.

50	51
	52

53	54
55

53 Uranopilit ca. $6UO_3 \cdot SO_4 \cdot 6H_2O$
Jáchymov/ČSSR
Bildbreite 2 mm; Sammlung 1
Der auch als Uranocker bezeichnete Uranopilit kam meist in samtartigen Krusten oder Anflügen auf verschiedenen erzgebirgischen Lagerstätten vor.
Am Uranocker der Grube Georg Wagsfort zu Johanngeorgenstadt entdeckte M. H. Klaproth 1789 in Berlin das Element Uran.

54 Jarosit $KFe_3[(OH)_6/(SO_4)_2]$
Barranco Jaroso/Spanien
Größe der Kristalle 1 mm; Sammlung 1

55 Stolzit $PbWO_4$
Zinnwald/Erzgebirge
Größe der Kristalle etwa 1 mm; Sammlung 1
Stolzit (Synonym Scheelbleierz) tritt nur in sehr kleinen Kristallen auf. Diese oder kugelförmige Aggregate entstehen in der Oxydationszone von Wolframitlagerstätten bei gleichzeitiger Anwesenheit von Blei; schöne Stufen sind auch von Broken Hill/Neusüdwales bekannt.

56 Scheelit $CaWO_4$
Ehrenfriedersdorf/Sachsen
Größe der Kristalle etwa 2 mm; Sammlung 6
Der Name des Minerals erinnert an den schwedischen Chemiker SCHEELE, der in dem Tungstein benannten Mineral 1781 WO_3 nachwies. Für den tetragonalen Scheelit sind dipyramidale, pseudooktaedrische Kristallbildungen charakteristisch. Er ist von vielen Fundpunkten bekannt, besonders typisch ist er für Zinnerzvorkommen. So tritt er im Revier von Ehrenfriedersdorf gemeinsam mit Kassiterit sowie auch Fluorit, Apatit und Arsenopyrit auf.

57 *Wulfenit* $PbMoO_4$
Bleiberg/Österreich
Größe der Kristalle etwa 3 mm; Sammlung 2
Wulfenit ist in teilweise ausgezeichneten Stufen von vielen Fundpunkten bekannt. Die Vorkommen Bleiberg in Kärnten sowie Tecomah in Utah/USA führen gelbe dünntafelige Kristalle; rote Varietäten stammen vor allem von Mindouli/Zaïre.
HAIDINGER benannte 1845 das Gelbbleierz nach dem österreichischen Professor FREIHERR VON WULFEN, der sich intensiv mit dem Bleiberger Vorkommen des Gelbbleierzes beschäftigt hatte.

58 Krokoit mit Pyromorphit $PbCrO_4$
Dundas/Tasmanien
längster Kristall 3 mm; Sammlung 4
Krokoit wurde erstmals im 18. Jahrhundert aus dem Ural durch M. W. LOMONOSSOW als »rotes Bleierz von Berosowsk« bekannt. VAUQUELIN isolierte 1797 aus dem Rotbleierz das bis dahin unbekannte Element Chrom. Inzwischen ist es ein beliebtes Sammelobjekt und von vielen Fundstellen beschrieben worden; jüngst auch zusammen mit Vauquelinit vom Nickeltagebau in Callenberg/Sachsen.

59	60
61	

Phosphate, Arsenate, Vanadate

Die Minerale dieser Klasse sind in ihren strukturellen Eigenschaften und in ihrem chemischen Verhalten untereinander sehr ähnlich. So sind die Elemente Phosphor, Arsen und Vanadium gegenseitig ersetzbar. Damit ist die Bildung einer Vielzahl von Mineralen von gleichem Strukturtyp und ähnlichen Kristallformen möglich. Die meisten Minerale dieser Klasse sind intensiv gefärbt und sehr selten.

59 ***Pucherit*** $BiVO_4$
Schneeberg/Erzgebirge (Pucherschacht)
Länge der Kristalle etwa 1 mm; Sammlung 2
Das rhombische Mineral tritt in tafelig ausgebildeten Kristallen sowie seltener in Prismen (mit gekrümmten Flächen) auf (vgl. auch Bild 3.3 e). Pucherit wurde 1871 erstmals durch den Freiberger Mineralogen A. WEISBACH beschrieben, nachdem das Mineral drei Jahre zuvor auf dem neu eröffneten Pucher-Richtschacht der Grube Wolfgang Maaßen gefunden wurde. Mit Pucherit wurde bislang das einzige Vanadium-Mineral im Schneeberger Revier gefunden.

60 ***Pucherit*** $BiVO_4$
Schneeberg/Erzgebirge (Pucherschacht)
größter Kristall 1 mm; Sammlung 1

61 Descloizit $Pb(Zn, Cu)[OH/VO_4]$
Hochobir/Kärnten
Kristalle etwa 1 mm; Sammlung 1
Zwischen Cu und Zn besteht eine unbegrenzte Austauschbarkeit; die kupferreiche Varietät hat den Namen Mottramit und ist von grüner bis schwarzgrüner Farbe.

62 Lazulith mit Siderit $(Mg, Fe)Al_2[OH/PO_4]_2$
Ross River/Kanada
größter Kristall 4 mm; Sammlung 1
Gut ausgebildete Kristalle treten beim Lazulith sehr selten auf. Der auch als Blauspat bekannte Lazulith kristallisiert monoklin.

63 Veszelyt $(Cu,Zn)_3[(OH)_3/PO_4]$
Katanga/Zaïre (Prinz Leopold Mine)
Größe der Kristalle 2 mm; Sammlung 1

64 Cornetit $Cu_3[(OH)_3PO_4]$
Lubumbashi/Katanga/Zaïre (Mine d'Etoile)
Größe der Rosetten 1 mm; Sammlung 1
Die Rosetten werden durch außerordentlich winzige rhombische Kriställchen gebildet. Dieses seltene Verwitterungsprodukt ist nur von wenigen Kupfererzlagerstätten in Katanga und Zaïre bekannt.

62	63
	64

65 Olivenit $Cu_2[OH/AsO_4]$
Oberwolfach/Schwarzwald (Grube Clara)
längster Kristall 2 mm; Sammlung 5
Olivenit ist ein charakteristisches Mineral der Oxydationszonen arsenreicher Kupferlagerstätten. In der Grube Clara bei Oberwolfach im Schwarzwald ist Olivenit das häufigste sekundäre Arsenmineral und in mannigfaltigen Ausbildungsformen vertreten. Besonders schöne Olivenitkristalle stammen aus Tsumeb/Namibia und Lavrion/Griechenland.

66 Konichalcit $CaCu[OH/AsO_4]$
Ojuela/Mexiko
Größe der Aggregate etwa 1 mm; Sammlung 1
Neben dem Vorkommen von Ojuela sind Fundorte im Schwarzwald sowie die Higgins-Mine bei Bisbee (als Synonym ist Higginsit üblich) bekannt.

Die sehr kleinen Kristalle sind häufig schwer von ähnlichen Mineralen (Malachit, Pseudomalachit, Cornwallit) zu unterscheiden. Außer einer exakten Röntgenphasenanalyse ist der mikrochemische Nachweis von Calcium ein Beweis für Konichalcit.

67 | 68
69 |

67 Apatit $Ca_5[(F,OH)/(PO_4)_3]$
Ehrenfriedersdorf/Sachsen
Länge des Kristalls 3 mm; Sammlung 2
Apatit kommt in sehr mannigfaltigen hexagonalen (besonders lang- und kurzprismatisch) Ausbildungsformen vor. Desgleichen ist er in den unterschiedlichen Farben anzutreffen.

68 Atelestit $Bi_2[O/OH/AsO_4]$
Schneeberg/Erzgebirge
Durchmesser der Kristallaggregate etwa 1 mm; Sammlung 2
Atelestit kommt in der Regel in schwefelgelben bis dunkelbraunen tafeligen Kristallen vor, die häufig zu kugelförmigen oder zapfenartigen Aggregaten zusammengefügt sind. Er zählt zu den »Schneeberger Originalen« und wurde erstmals durch Breithaupt 1832 von der Grube Neuhilfe in Neustädtel bei Schneeberg beschrieben.
Die abgebildete Stufe stellt als Seltenheit einen schwarzen Atelestit dar, der auf dem Daniel-Spat des Ludwig-Schachtes von Neustädtel 1885 gefunden wurde.

69 Erythrin $Co_3[AsO_4]_2 \cdot 8H_2O$
Schneeberg/Erzgebirge
Durchmesser der Rosette 0,7 mm; Sammlung 2

70 Erythrin
Kamsdorf/Thüringen
Durchmesser der Aggregate etwa 2 mm; Sammlung 3
Das himbeerrote bis pfirsichblütenrote Mineral gehört zweifellos zu den schönsten Vertretern und ist bei jedem Sammler begehrt. Erythrin ist ein typisches Mineral der Oxydationszone kobaltarsenidhaltiger Erze und außer von den genannten klassischen Fundpunkten in besonders schönen Exemplaren von Bou Azzer in Marokko bekannt.

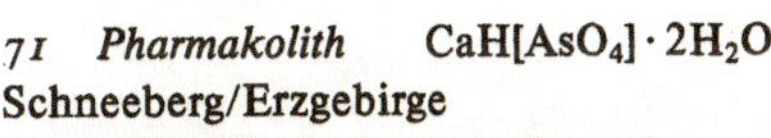

71 Pharmakolith $CaH[AsO_4] \cdot 2H_2O$
Schneeberg/Erzgebirge
Länge der Büschel 7 mm; Sammlung 1
In haarförmigen Kristallen oder als Büschel findet man Pharmakolith in der Oxydationszone arsenidischer Lagerstätten der Bi-Co-Ni-Formation. Als Fundorte für dieses seltene Mineral kommen Gruben bei Wittichen im Schwarzwald sowie von Jachymov und Schneeberg in Frage.

72 Roselith $Ca_2(Co,Mg)[AsO_4]_2 \cdot 2H_2O$
Schneeberg/Erzgebirge
Durchmesser der Aggregate 2 mm; Sammlung 1

70	71
	72

73 ***Roselith*** $Ca_2(Co,Mg)[AsO_4]_2 \cdot 2H_2O$
Schneeberg/Erzgebirge (Grube Daniel)
Größe der Kristalle etwa 3 mm; Sammlung 1
Auch Roselith gehört zu den begehrten klassischen Mineralen, die von Schneeberg geschrieben wurden. Die erste Nachricht darüber stammt aus dem Jahr 1824. Die schönsten Stufen stammen aus dem Adam Heber Flachen der Grube Daniel. 1873 wurden dort durch Schichtmeister Tröger (Trögerit) ausgezeichnete Stufen geborgen, die A. Weisbach in Freiberg nach Winklers chemischer Analyse als Roselith identifizierte.

74 *Apatit auf Quarz* $Ca_5[F(OH)/(PO_4)_3]$
Ehrenfriedersdorf/Sachsen
Breite der Stufe 10 mm; Sammlung 2
Die reichhaltige Mineralisation des Zinnerzvorkommens von Ehrenfriedersdorf/Sachsen ist ein willkommenes Sammelgebiet für die Mikromineralsammler. Von den über 100 beschriebenen Mineralen sind Kassiterit und Apatit besonders häufig und vielgestaltig anzutreffen. An seltenen Mineralen sind vor allem Proustit, gediegen Silber, Stephanit, Wittichenit, Herderit, Childrenit, Skorodit, Jarosit und Beryll zu erwähnen.

75 *Pyromorphit* $Pb_5[Cl/(PO_4)_3]$
Zschopau/Sachsen
Länge der Kristalle etwa 2 mm; Sammlung 2
Pyromorphit kristallisiert wie Apatit hexagonal; die Kristalle besitzen säuligen, nadeligen bzw. dick-tonnenförmigen Habitus. Grün- (Grünbleierz) oder Braunfärbungen (Braunbleierz) herrschen beim Pyromorphit vor. Das in der Oxydationszone von Bleierzlagerstätten gebildete Mineral ist besonders von der Grube Friedrichssegen bei Bad Ems im Rheinland in charakteristischen tönnchenförmigen Kristallen bekannt geworden.

76 *Symplesit* $Fe_3[AsO_4]_2 \cdot 8H_2O$
Saubachbruch/Vogtland
Länge der Kristalle etwa 5 mm; Sammlung 5
Symplesit tritt stets nadelförmig und zu igelartigen Büscheln gruppiert auf. Er bildet sich bei der Verwitterung von Arsenopyrit. Fundpunkte sind Muldenberg (hier in einem Quarzporphyrgang des Saubachrisses), Lobenstein/Thüringen und Baia Sprie/Rumänien.

77 *Endlichit* $Pb_5[Cl/(VO_4/AsO_4)_3]$
Hillsboro/New-Mexiko
Größe des Kristalls 5 mm; Sammlung 2
Das Vanadium kann im Vanadinit durch andere Elemente teilweise ersetzt werden (z. B. durch Phosphor oder Arsen).

Beim Endlichit (Synonym Arsenvanadinit) sind Vanadium und Arsen ungefähr im gleichen Verhältnis vertreten.

78 Strunzit $MnFe_2[OH/PO_4]_2 \cdot 6H_2O$
Hagendorf-Süd/Bayern
Größe der Kristalle etwa 2 mm; Sammlung 5
Das Mineral gehört zu den vielen sekundären Phosphatmineralen, die durch Verwitterung aus Primärphosphaten entstehen. 1941 wurde das Mineral erstmals (durch FRONDEL) beschrieben und später durch ihn zu Ehren von Professor HUGO STRUNZ benannt.

79 *Walpurgin* $[(BiO)_4/UO_2/(AsO_4)] \cdot 3H_2O$
Schneeberg/Erzgebirge
Größe der Kristalle etwa 3 mm; Sammlung 1
1871 wurde auf dem Walpurgis Flachen Gang der Grube Weißer Hirsch von Neustädtel vom Schichtmeister TRÖGER ein sensationeller Fund gemacht, der beim ersten Betrachten bereits eine Vielzahl farbenprächtiger Minerale erkennen ließ. Die Untersuchungen durch A. WEISBACH in Freiberg ergaben dann nicht weniger als fünf neue Minerale. Eines davon war Walpurgin, außerdem wurden Zeunerit, Uranospinit, Uranosphärit und Uranophan entdeckt.

Uran-Glimmer

In dieser Gruppe faßt man Phosphate und Arsenate des Uranoxids (UO_2) und einer Reihe von Metallen (Ca, Ba, Cu, Mg, Fe u. a.) zusammen. Die Glieder besitzen dabei eine Reihe gemeinsamer Eigenschaften. Neben dem gleichen Gitteraufbau (Schichtgitter) kristallisieren sie alle tetragonal (bzw. pseudotetragonal), besitzen eine vorzügliche Spaltbarkeit und ähnliche Kristallformen. Inzwischen wurden über 30 Vertreter dieser Gruppe entdeckt.

80 Uranocircit $Ba[UO_2/PO_4]_2 \cdot 8H_2O$
Bergen/Vogtland
Größe des Kristalls 3 mm; Sammlung 2

81 Trögerit $H_2[UO_2/AsO_4]_2 \cdot 8H_2O$
Schneeberg/Erzgebirge (Grube Weißer Hirsch)
Größe der Kristalle etwa 1 mm; Sammlung 1

82 Torbernit und Uranocircit $Cu[UO_2/PO_4]_2 \cdot 8\text{-}12H_2O$
Bergen/Vogtland
Länge der Büschel 12 mm; Sammlung 1

80	81
	82

83 Uranophan $CaH_2[UO_2/SiO_4]_2 \cdot 5H_2O$
Bergen/Vogtland
Länge der Nadeln etwa 3 mm; Sammlung 2
Uranophan gehört zu den wenigen Silikaten unter den Uranmineralen. Im »Jahrhundertfund« von Schneeberg im Jahre 1871 wurden sie durch WEISBACH als »eigelbe haarförmige Kristalle« beschrieben. Seitdem wurde Uranophan, dessen Identität mit Uranotil inzwischen nachgewiesen ist, von vielen anderen Fundpunkten (auch in größeren Mengen) bekannt.

84 Kasolit $Pb_2[UO_2/SiO_4]_2 \cdot 2H_2O$
Bergen/Vogtland
Durchmesser der Kügelchen etwa 2 mm; Sammlung 2
Obwohl Kasolit inzwischen von einer Reihe von Fundpunkten bekannt wurde, ist es – auch durch röntgenographische Methoden – nicht einfach zu identifizieren. Beispielsweise ergeben Sklododwskit (Magnesium-Uranylsilikat) und Boltwoodit (Kalium-Uranylsilikat) sehr ähnliche Röntgendiagramme.

85	86
87	

85 *Wavellit* $Al_3[(OH)_3/(PO_4)_2 \cdot 5H_2O$
Altmannsgrün/Vogtland
Größe der Aggregate etwa 4 mm; Sammlung 2
Der rhombische Wavellit (der englische Arzt WAVELL entdeckte um 1800 dieses Mineral) tritt nur in dünn-nadeligen Kristallen bzw. radialstrahligen Büscheln auf, die zu kugeligen Aggregaten zusammenwachsen können. Er kommt in allen Farbtönen (auch farblos) zwischen gelb und blau vor und entsteht aus primären Phosphormineralen (z. B. Apatit).

86 *Variscit* $Al[PO_4] \cdot 2H_2O$
Ronneburg/Thüringen
Bildausschnitt 15 mm; Sammlung 2
Kristalle sind äußerst selten und dann sehr klein. Typisch sind nierige Krusten und Knollen. Dadurch ist hin und wieder eine Verwechslung mit Wavellit möglich.

87 *Mixit* $(Bi,CaH)\,Cu_6[OH)_6/(AsO_4)_3] \cdot 3H_2O$
Jáchymov/ČSSR
Büschel 6 mm; Sammlung 1
Der als Verwitterungsprodukt von wismuthaltigen Erzen auftretende Mixit kann leicht mit Malachit verwechselt werden.

88 Topazolith $Ca_3Fe_2(SiO_4)_3$
Alatal, Piemont/Italien
Größe der Kristalle etwa 3 mm; Sammlung 1
In der Granat-Gruppe sind Silikate vom gleichen Strukturtyp mit der allgemeinen chemischen Formel zusammengefaßt: $X_3Y_2(Z_3O_{12})$:X – Mg, Fe^{2+}, Mn, Ca; Y – Al, Fe^{3+},Cr.

Topazolith ist eine Varietät des Ca-Fe-Granats Andradit und wird in schönen Exemplaren besonders von Kluftbildungen beschrieben.
Die typische Kristallform der kubischen Granate ist das Rhombendodekaeder (Granatoeder), z. T. in Kombination mit anderen kubischen Kristallformen.

Silikate

Die Silikate unter den Mineralen spielen beim Aufbau der äußeren Kruste unserer Erde eine entscheidende Rolle. Weit über 90% der Erdkruste sind aus Silikaten (einschließlich Quarz) aufgebaut. Dementsprechend häufig sind auch silikatische Minerale: Fast die Hälfte der häufigen (meist gesteinsbildenden) und rund ein Viertel aller bekannten Minerale sind Silikate. Um die Vielzahl der Silikate einigermaßen ordnen zu können, verwendet man eine strukturelle Systematik, die auf der Grundeinheit aller Silikate aufbaut, dem SiO_4-Tetraeder. Je nachdem wie diese Grundeinheit zu Baugruppen zusammengefügt ist, unterscheidet man Insel-, Ring-, Ketten- oder Schichtsilikate. Die unterschiedlichen Strukturen äußern sich dann häufig auch in einer entsprechenden Morphologie: Kettensilikate sind in der Regel stengelig, nadelig oder faserig und besitzen eine gute Spaltbarkeit (z.B. Pyroxene). Beryll z.B. zeigt stets hexagonale Prismen; er ist ein aus Sechserringen aufgebautes Ringsilikat.

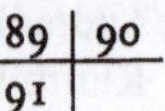

89 Granat $Ca_3Fe_2(SiO_4)_3$
Ehrenberg, Ilmenau/Thüringen
Größe der Kristalle etwa 1 mm; Sammlung 3

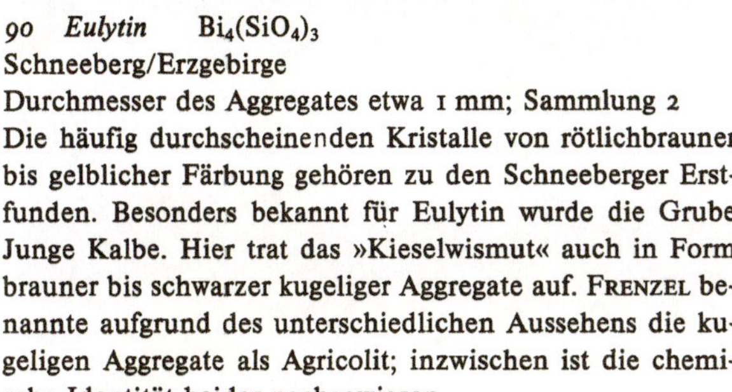

90 Eulytin $Bi_4(SiO_4)_3$
Schneeberg/Erzgebirge
Durchmesser des Aggregates etwa 1 mm; Sammlung 2
Die häufig durchscheinenden Kristalle von rötlichbrauner bis gelblicher Färbung gehören zu den Schneeberger Erstfunden. Besonders bekannt für Eulytin wurde die Grube Junge Kalbe. Hier trat das »Kieselwismut« auch in Form brauner bis schwarzer kugeliger Aggregate auf. FRENZEL benannte aufgrund des unterschiedlichen Aussehens die kugeligen Aggregate als Agricolit; inzwischen ist die chemische Identität beider nachgewiesen.

91 Epidot auf Albit $Ca_2(Fe,Al)Al_2[O/OH/SiO_4/Si_2O_7]$
Strzegom/Polen
Größe der Kristalle etwa 4 mm; Sammlung 2

92 Benitoit $BaTi[Si_3O_9]$
San Benito/Kalifornien
Größe der Kristalle etwa 5 mm; Sammlung 1

93 Pumpellyit $Ca_2MgAl_2[(OH)_2/SiO_4/Si_2O_7]$
Schnellbach/Thüringen
Durchmesser der Aggregate etwa 2 mm; Sammlung 4

92 | 93
94

94 Babingtonit auf Prehnit $Ca_2Fe^{2+}Fe^{3+}[Si_5O_{14}OH]$
Schnellbach/Thüringen
Größe des Kristalls etwa 2 mm; Sammlung 4

95 Topas $Al_2F_2[SiO_4]$
Schneckenstein/Vogtland
Größe des Kristalls 2 mm; Sammlung 3
Das Vorkommen des Schneckensteins im Vogtland ist eine Fundgrube für den weingelben Topas, häufig zusammen mit »nadelförmigen« Bergkristallen. Der Topas tritt hier in einer Quarz-Turmalin-Schiefer-Brekzie auf und ist am Fuße des unter Naturschutz stehenden Felsens in kleinen Kristallen immer wieder zu finden. Im Dresdener Grünen Gewölbe sind geschliffene Exemplare vom Schneckenstein aus dem Abbau im 17. Jahrhundert zu bewundern.

96, 97, 98 Hemimorphit $Zn_4[(OH)_2/Si_2O_7] \cdot H_2O$
Altenberg bei Aachen/BRD
Größe der Kristalle etwa 4 mm; Sammlung 1
Kristalle sind sehr selten; insgesamt ist das Mineral recht häufig und gemeinsam mit Smithionit auch wichtiges Zinkerz (Synonym Kieselzinkerz).

An diesen Bildern wird deutlich, daß bei der Farbfotografie von Mikromineralen das Licht nicht schlechthin nur die Aufgabe hat, das Objekt zu beleuchten. Durch eine geeignete und gezielte Lichtführung können die Besonderheiten in der Struktur gut herausgearbeitet und der Eindruck der Dreidimensionalität erzielt werden.

So lassen sich beispielsweise transparente Minerale beim Überwiegen von Gegenlicht (Durchlicht) infolge Trennung der verschiedenen Tiefenzonen besonders schön darstellen (*96*), während bei Betonung des Auflichtes (Vorderlicht) eine Verflachung eintritt (*97*). Die häufig zur Anwendung kommenden Mischlichtvarianten (*98*) sind akzeptabel, wenn die Strukturen der Objekte hinreichend erkannt werden können.

96 | 97
98

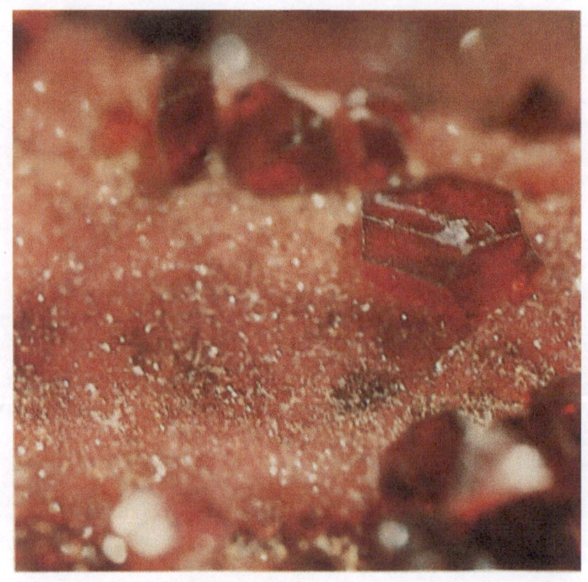

99	100
101	

99 Kämmererit $(Mg, Cr)_{<3}[(OH)_2/AlSi_3O_{10}]Mg_3(OH)_6$
Ocagi/Türkei
Größe des Kristalls etwa 2 mm; Sammlung 2
Die Farbe des zur Gruppe der Chlorite gehörenden Schichtsilikates wird durch etwa 5 % Cr_2O_3 verursacht, indem das Chrom z. T. das Aluminium ersetzt.

100 Beryll (Smaragd) $Al_2Be_3[Si_6O_{18}]$
Habachtal/Tirol
Größe der Kristalle etwa 10 mm; Sammlung 5
Das Habachtal ist neben anderen Mineralen besonders durch die Funde von Smaragd bekannt geworden. Auch heute noch hat der Sammler kleinster Exemplare eine Fundchance.

101 Analcim $Na[AlSi_2O_6] \cdot H_2O$
Oberwiesenthal/Erzgebirge
Größe der Kristalle etwa 1 mm; Sammlung 2
Sehr häufig sind Bildungen in Drusen von Phonolith und Basalt; nicht selten treten Pseudomorphosen nach Leucit auf.

102 *Dioptas* $Cu_6[Si_6O_{18}] \cdot 6H_2O$
Tsumeb
Größe des Kristalls 4 mm; Sammlung 2
Dioptas ist als Sekundärbildung aus Kupferlagerstätten bekannt. Besonders schöne Kristalle stammen aus afrikanischen Vorkommen, z.B. von Guchab/Namibia, Tsumeb sowie Reneville/Kongo. Größere Exemplare besitzen nicht selten Edelsteinqualität.

103 Helvin $(Mn,Fe,Zn)_8[S_2(BeSiO_4)_6]$
Schwarzenberg/Erzgebirge
Größe des Kristalls 3 mm; Sammlung 1
In ein- oder aufgewachsenen gelben Tetraedern ist Helvin in teilweise sehr gut ausgebildeten Kristallen von den Skarnlagerstätten um Schwarzenberg bekannt geworden. Schöne Stufen stammen auch von Yxsjö/Schweden.

Organische Minerale

Zu dieser Gruppe gehören (nach RAMDOHR) organische Verbindungen verschiedenen Typs:
- Salze organischer Säuren
- ausgewählte Kohlenwasserstoffe
- einige Harze

Bei der ersten Gruppe handelt es sich vor allem um Salze der Oxalsäure und der Mellitsäure. Der bekannteste Vertreter ist zweifellos Whewellit, was in schönen weißen bis farblosen monoklinen Kristallen bzw. herzförmigen Zwillingen besonders an Steinkohlenvorkommen gebunden ist (z. B. von Burgk bei Dresden und Zwickau). In jüngster Zeit sind auch aus Hartenstein im Erzgebirge gute Funde bekannt geworden. Gemeinsam mit einem anderen Salz der Oxalsäure (Weddellit) ist Whewellit auch ein Hauptbestandteil der Nierensteine.

104 *Whewellit* $Ca(C_2O_4) \cdot H_2O$
Burgk/Dresden
Größe des Zwillings 8 mm; Sammlung 4

105 *Whewellit* $Ca(C_2O_4) \cdot H_2O$
Burgk/Dresden
größter Kristall 1 mm; Sammlung 1

104
105

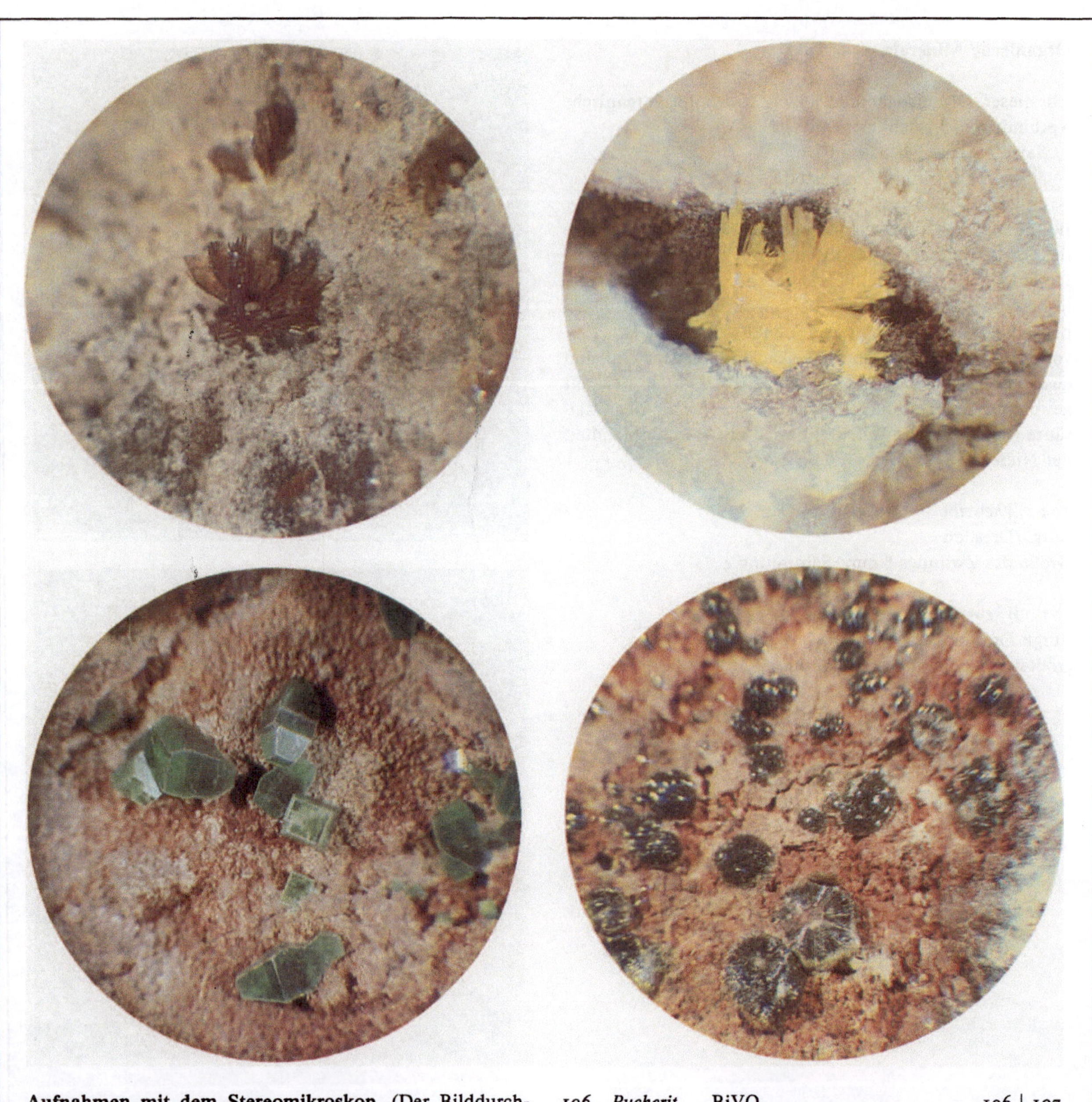

Aufnahmen mit dem Stereomikroskop. (Der Bilddurchmesser beträgt etwa 5 mm).
Bei den Abbildungen handelt es sich um typische Schneeberger Mikrominerale:

106 *Pucherit* $BiVO_4$
107 *Uranophan* $CaH_2[UO_2/SiO_4] \cdot 5H_2O$
108 *Zeunerit* $Cu(UO_2/AsO_4)_2$in $\cdot$ 8-12H_2O
109 *»Agricolith« (Eulytin)* $Bi_4[SiO_4]_3$

106	107
108	109

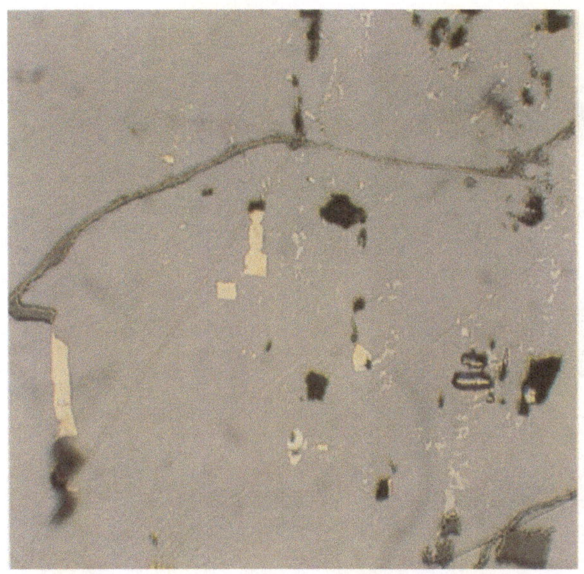

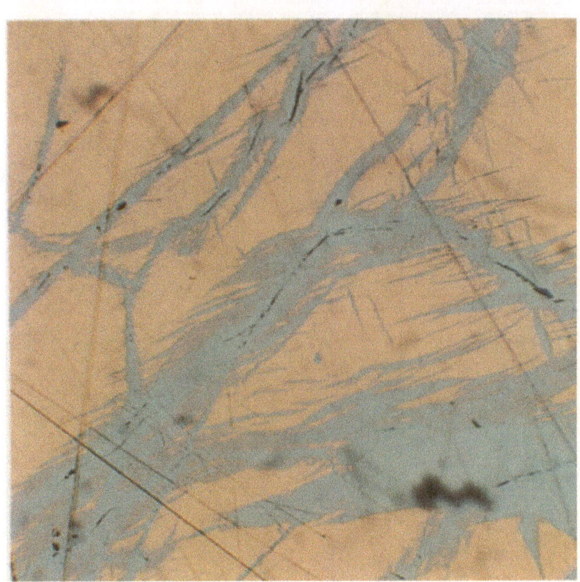

Mikroskopische Erzanschliffe

110	111
112	113

110 *Cubanitlamellen in Chalkopyrit* Sudbury/Kanada
Die etwa 10 µm großen Lamellen sind nur durch die Betrachtung des Anschliffes im Polarisationsmikroskop zu erkennen.

111 *Osmiridium in Platin* Norilsk/UdSSR, Breite der Lamellen etwa 30 µm

112 *Bornit* (Cu_5FeS_4), teilweise oxydiert, *im Chalkosin* (Cu_2S), Butte/Montana (1 cm ≙ 20 µm)

113 *Chloanthit* (weiß), *Nickelin* (rot), *ged. Wismut* (rötlich) Schlema/Erzgebirge (1 cm ≙ 100 µm)

Dünnschliffaufnahmen

114	115
116	117

114, 115 Mond-Basalt
der durch die Luna-16-Mission auf die Erde gebracht wurde. In der oberen Aufnahme kann man unterscheiden Feldspat (graublaue Leisten), Pyroxen (gelb) und Ilmentit (schwarz). Betrachtet man dieselbe Probe mit gekreuzten Polarisationsfiltern, erhält man das nebenstehende Bild.
Bildbreite 0,7 mm

116 Pyroxen (gelb), in dem *Granat* (rot) entmischt ist
Reinsdorf bei Waldheim/Sachsen
Bildbreite 2,5 mm

117 Vermiculit
Kiefernberg bei Hohenstein-Ernstthal/Sachsen
Bildbreite 2,5 mm
Mit Hilfe derartiger Dünnschliffaufnahmen gelingt es häufig erst, komplizierte Entstehungsbedingungen zu erkennen und zu interpretieren.

118 Basaltoide Brekzie
Hinterhermsdorf/Sachsen
Bildbreite 0,7 mm
Pyroxen (stenglige Aggregate) und Olivin (übrige Körner) sind bei gekreuzten Polarisationsfiltern deutlich zu unterscheiden. (Aufnahmen 114 bis 118: Prof. BAUTSCH, Berlin)

119 Binokular-Mikroskop der Firma Ross
Dieses Mikroskop wurde etwa um 1850 gebaut, es ist eines der ersten in England gefertigten Stereomikroskope und befindet sich im Besitz des Optischen Museums Jena. (Aufnahme mit freundlicher Genehmigung der Carl Zeiss-Stiftung Jena)

Sammlungen

1 Mineralogisches Museum des Naturkundemuseums der Humboldt-Universität zu Berlin
2 Prof. Dr. sc. H. Vollstädt, Seddin
3 Dr.-Ing. G. Voigt, Erfurt
4 R. Schmidt, Suhl
5 H. Kommer, Zella-Mehlis
6 F. Leschke, Erfurt

6. KAPITEL

Optische Hilfsmittel für den Kleinmineralsammler

Mineralstufen mit kleinen Kristallen erschließen sich dem Betrachter erst unter Lupe oder Stereomikroskop. Sie sind seine wichtigsten Arbeitsinstrumente und werden deshalb ausführlicher behandelt.

6.1. Lupen

Lupen sind Sammellinsen kleiner Brennweite. Sie stellen dem Auge ein virtuelles, d. h. scheinbares Bild des Gegenstandes unter einem erweiterten Sehwinkel dar, wodurch der Gegenstand vergrößert erscheint. Die Vergrößerung einer Lupe ergibt sich aus dem Verhältnis der deutlichen Sehweite des normalen Auges (etwa 250 mm) und der Brennweite der Linse.

$$\text{Lupenvergrößerung} = \frac{250\ \text{mm}}{\text{Brennweite der Linse in mm}}$$

Mit zunehmendem Alter vergrößert sich die deutliche Sehweite des Menschen. Daraus ergibt sich, daß die Lupenvergrößerung mit dem Lebensalter des Betrachters wächst. Bei abnehmender Brennweite, d. h. zunehmendem Krümmungsradius der Linse, verkleinert sich auch der Durchmesser. Damit verringert sich mit zunehmender Lupenvergrößerung das Sehfeld. Gleichzeitig nimmt die Schärfentiefe ab.
Einfache Linsen weisen die bekannten optischen Abbildungsfehler auf, die sich bei hohen Vergrößerungen zunehmend störend auf die Qualität des Bildes auswirken. Hochwertige Lupen sind deshalb optisch korrigiert. Am häufigsten werden aplanatische Lupen verwendet, bei denen durch den Aufbau aus zwei oder drei sphärischen Linsen vor allem der Öffnungsfehler, mitunter auch der Farbfehler, korrigiert ist. Aus diesen optischen Gesichtspunkten ergeben sich praktische Kriterien für die Auswahl der Lupen zum Betrachten von Kleinmineralen.
Lupen aus einfachen Linsen sind nur für geringe Vergrößerungen (etwa 2- bis 4mal) verwendbar. Zweckmäßig und empfehlenswert sind die Einschlaglupen des Kombinat VEB Carl Zeiss JENA mit Vergrößerungen von 6×, 8×, 10× (Bild 6.1). Bevorzugt werden sollte jedoch die Doppeleinschlaglupe 3×, 6×, 9×. Sie hat sich im praktischen Gebrauch im Feld, auf Tauschveranstaltungen und beim Durchmustern am Arbeitsplatz bei vielen Sammlern bewährt. Der Einschlagbehälter schützt vor Verschmutzungen.
Bei ungünstigen Lichtverhältnissen, z. B. bei der oft schlechten Beleuchtung auf Tauschveranstaltungen, sind Lupen mit eingebauter Lichtquelle zweckmäßig. Sie weisen aber leider meist nur eine geringe Vergrößerung auf.
Die binokulare Kopflupe (Bild 6.1) vom VEB Carl Zeiss JENA ermöglicht ein beidäugiges plastisches Betrachten. Allerdings ist die Vergrößerung mit 2,25× sehr begrenzt. Bei einem Betrachtungsab-

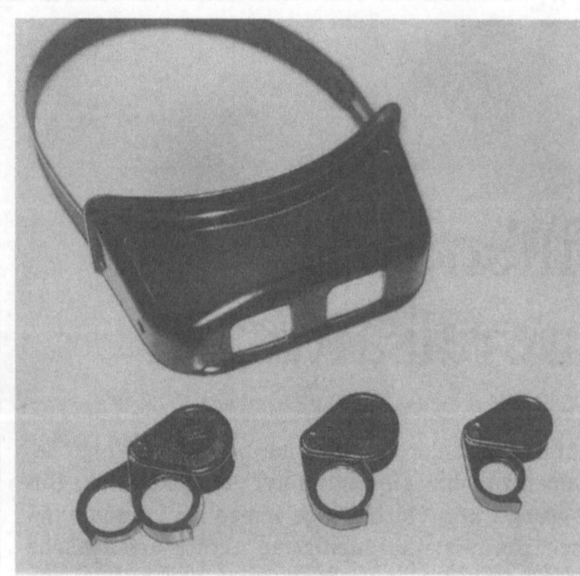

Bild 6.1. Einschlaglupen und binokulare Kopflupe

stand von 110 mm beträgt das Sehfeld 130 × 110 mm. Bei ihrer Benutzung hat man beide Hände frei zum Arbeiten, ein besonderer Vorteil beim Präparieren und Formatisieren.

6.2. Fernrohrlupe

Setzt man vor das Objektiv eines Fernrohres (Prismenfeldstecher oder GALILEI-Fernrohr) eine Sammellinse, so erhält man eine sogenannte Fernrohrlupe (Bild 6.2). Die Gesamtvergrößerung ergibt sich aus dem Produkt der Vergrößerung des Fernrohres und der Vergrößerung der Vorsatzlinse. Der Betrachtungsabstand entspricht der Brennweite der Vorsatzlinse. Damit besteht der Vorteil der Fernrohrlupe im großen Betrachtungsabstand bei relativ hoher Gesamtvergrößerung.

Für den Sammler, der nicht im Besitz eines Stereomikroskops ist, kann die Fernrohrlupe einen brauchbaren Behelf darstellen.

Für das monokulare Prismenglas Zeiss-Turmon 8 × 21 liefert das Kombinat VEB Carl Zeiss JENA Vorsatzlinsen und einen entsprechenden Ständer (Bild 6.3). Auch für die Zeiss-Prismengläser 6 × 30 und 8 × 30 sind Vorsatzlinsen erhältlich.

Ausführlich berichtet BRANDT [6.1] über die Fernrohrlupe.

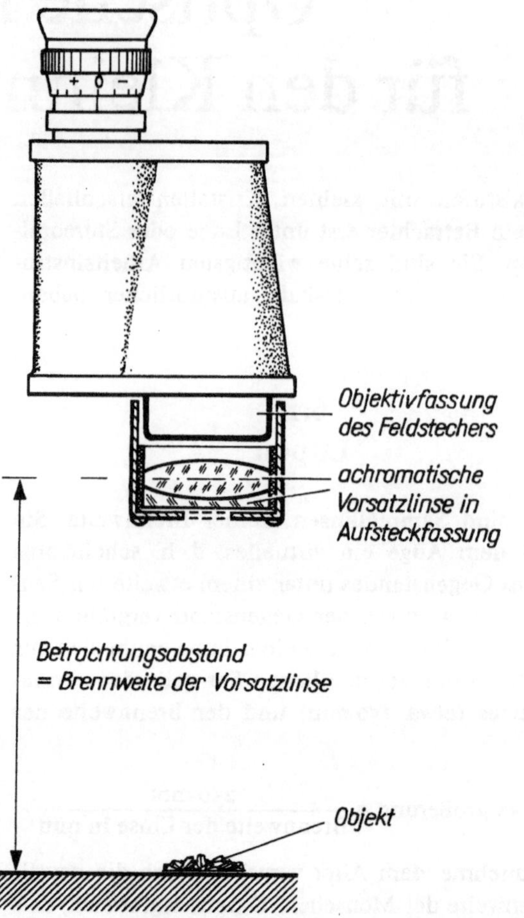

Bild 6.2. Prinzip der Fernrohrlupe

Bild 6.3. Zeiss-Turmon mit Vorsatzlinse als Fernrohrlupe

6.3. Stereomikroskope

Die Faszination der Form und Farbe kleiner Kristalle kann der Liebhaber in vollem Maße nur unter dem Stereomikroskop erleben. Mit einem Stereomikroskop kann man – im Gegensatz zu üblichen Durch- und Auflichtmikroskopen – die Objekte räumlich und auch höhen- und seitenrichtig sehen.

Stereoskopisches Sehen erfordert die Betrachtung mit beiden Augen. Durch den Augenabstand (durchschnittlich 64 mm) wird das Objekt von den beiden Augen des Betrachters jeweils unter einem anderen Winkel erfaßt. Damit entstehen zwei voneinander abweichende Netzhautbilder (Bild 6.4). Die Verarbeitung dieser unterschiedlichen Bilder im Gehirn führt zu einem Gesamtbild und zur räumlichen, tiefenrichtigen Erfassung.

Das Stereomikroskop besitzt deshalb für jedes Auge einen gesonderten Strahlengang. Die räumliche Erfassung kleiner Gegenstände unter dem Stereomikroskop ist nur innerhalb der Schärfentiefe möglich. Deshalb ist die Stereomikroskopie auf relativ geringe Vergrößerungen beschränkt.

Praktische Versuche zur Realisierung des Stereoeffektes bei Mikroskopen sind etwa 150 Jahre alt. Ein bemerkenswertes Binokular-Mikroskop wurde von der englischen Firma Ross schon um 1850 gebaut (s. S. 156).

Der amerikanische Zoologe Horatio S. Greenough wandte sich 1892 an die optischen Werkstätten von Carl Zeiss in Jena mit Vorschlägen zum Bau eines binokularen Mikroskops [6.2]. Er schlug vor, zwei ge-

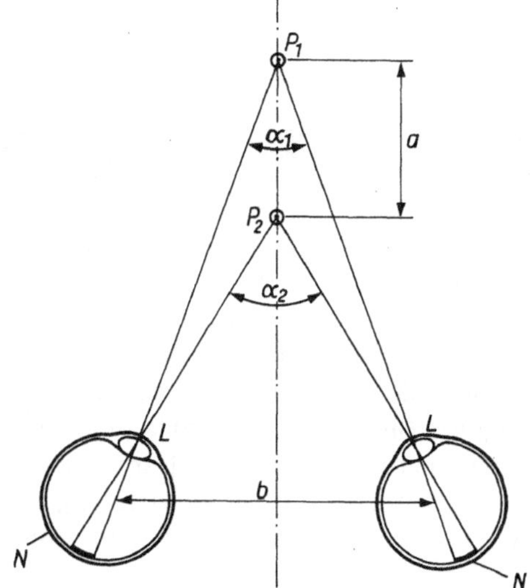

Bild 6.4. Stereoskopisches Sehen
Die Punkte P_1 und P_2, die um den Abstand a tiefenversetzt sind, erscheinen infolge des Augenabstandes b unter den Winkeln α_1 und α_2. Im Gehirn erfolgt die Verarbeitung zum räumlichen Eindruck.
L Linse
N Netzhaut

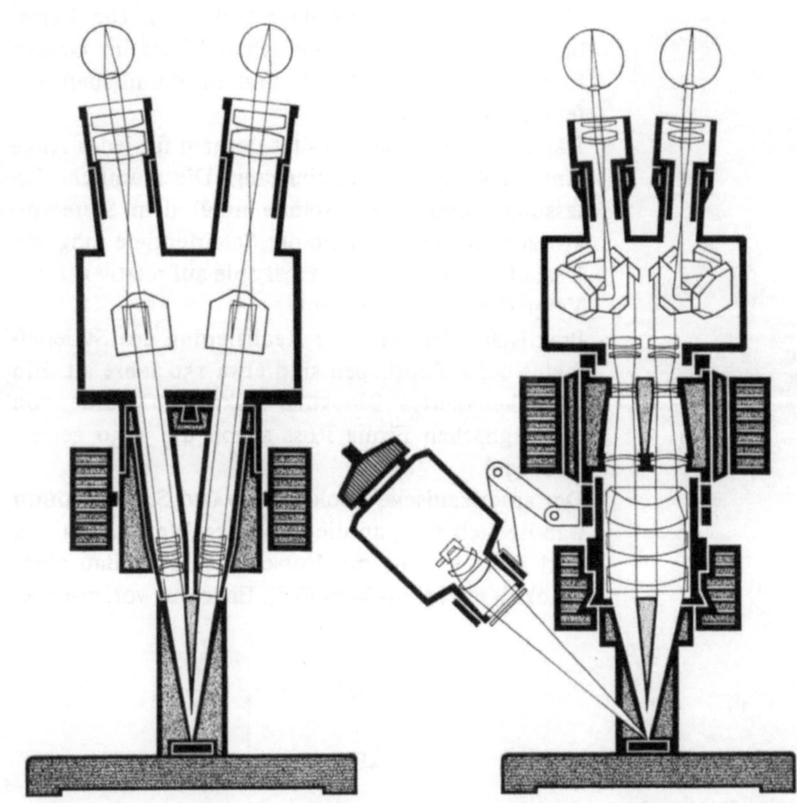

Bild 6.5. Prinzip des Stereomikroskops nach GREENOUGH am Beispiel des Strahlengangs vom Stereomikroskop GSM (Werkbild Zeiss Jena)

Bild 6.6. Prinzip des Stereomikroskops vom Fernrohrtyp am Beispiel Technival 2 (Werkbild Zeiss Jena)

trennte Mikroskoptuben mit Objektiv und Okular, unter einem Winkel von 14 bis 16° (Konvergenzwinkel der Augen für die Sehweite von 250 mm) zueinander geneigt, zu einem stereoskopischen Mikroskop zu vereinen (Bild 6.5). Zur höhen- und seitenrichtigen Darstellung des Bildes sollte ein bildaufrichtendes Porroprisma eingeschaltet werden. Nach diesen Vorstellungen sind etwa 4 Jahre später erstmalig in Jena Stereomikroskope industriell hergestellt worden.

Der Vergrößerungswechsel wird beim Stereomikroskop nach GREENOUGH durch Objektiv- und Okularaustausch vorgenommen. Die Objektive sind dabei meist paarweise auf einem Wechselschlitten montiert. Beim Objektivwechsel ändert sich dabei je nach Brennweite der Arbeitsabstand.

Stereomikroskope vom GREENOUGH-Typ haben eine große Verbreitung gefunden und werden weltweit gefertigt.

Bedeutung haben in den letzten 20 Jahren besonders die Stereomikroskope vom Typ der binokularen Fernrohrlupe (auch Fernrohr- oder GALILEI-Typ genannt) gefunden. Ein derartiges Mikroskop ist unter der Bezeichnung SMXX bereits 1946 vom VEB Carl Zeiss JENA in die Fertigung genommen worden. Kennzeichnendes Merkmal dieses Typs ist ein großes Objektiv, das von zwei Strahlenbündeln schräg durchsetzt wird. Hinter diesem Objektiv sind in einer Schaltwalze GALILEIsche Fernrohre montiert, die auch umgekehrt benutzt werden können. Mit dieser Schaltwalze ist ein schneller, bequemer Vergrößerungswechsel möglich (meist in 5 Stufen). Von besonderem Vorteil ist bei diesem Typ der gleichbleibende Arbeitsabstand von etwa 100 mm beim

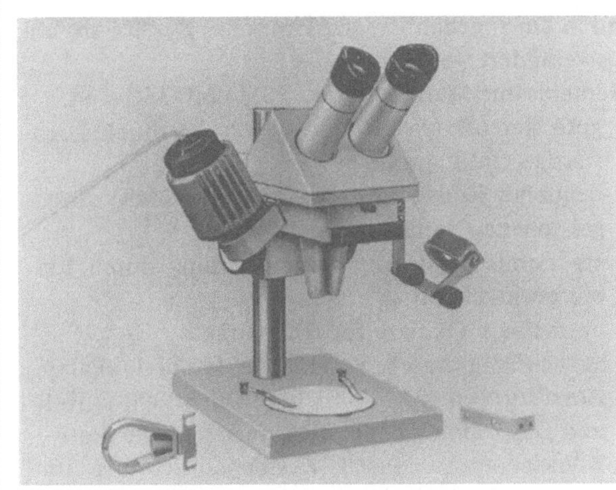

Bild 6.7. Stereomikroskop GSM (Werkbild Zeiss Jena)

Umschalten der Vergrößerung (Bild 6.6). In zunehmendem Umfang werden Stereomikroskope mit stufenloser Vergrößerungsänderung angeboten, sogenannte Stereo-Zoom-Mikroskope. In diese Mikroskope sind optische Systeme eingebaut, bei denen man durch kontinuierliche Verlagerung von Linsen zueinander die Brennweite des Systems verändern kann, ähnlich wie bei den aus Film- und Fototechnik bekannten »Gummilinsen«.

Das Angebot von Stereomikroskopen umfaßt ein breites Spektrum für unterschiedliche Ansprüche. Für den Sammler genügen im allgemeinen Instrumente mit einfacher Ausstattung, allerdings ohne wesentliche Abstriche an optischer Qualität, die preisgünstiger sind als die für den professionellen Gebrauch entwickelten.

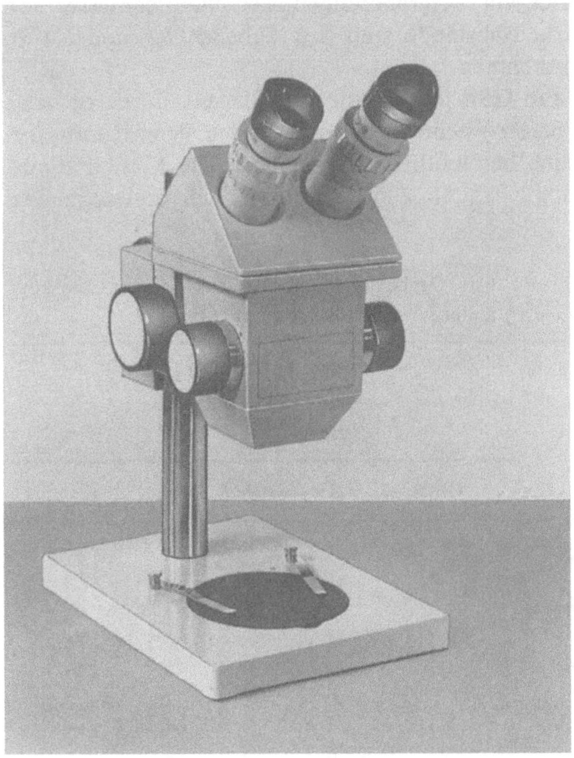

Bild 6.8. Stereomikroskop GSZ (Werkbild Zeiss Jena)

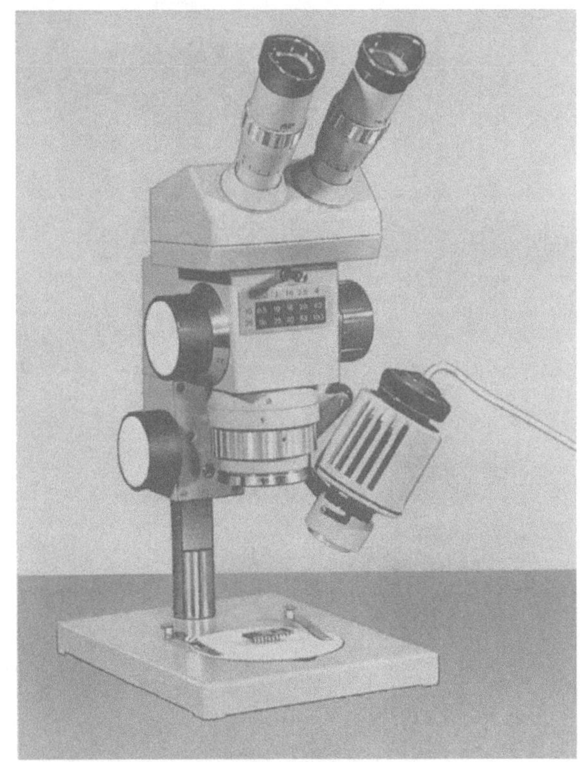

Bild 6.9. Stereomikroskop Technival 2 (Werkbild Zeiss Jena)

Im folgenden wird das breite Programm an Stereomikroskopen des Kombinat VEB Carl Zeiss JENA dargestellt, die im Betrieb VEB Rathenower Optische Werke »Herrmann Duncker« gefertigt werden [6.3], [6.4].

Angeboten werden die Grundgeräte GSM, GSZ, Technival 2 und Citoval 2, die durch umfangreiches Zubehör ergänzt werden können (Bilder 6.7 bis 6.10). GSM und GSZ sind leichte, robuste und kompakte Geräte nach dem GREENOUGH-Prinzip, die insbesondere für die Bedürfnisse des Amateurs konzipiert wurden. Während beim GSM (GREENOUGH-Stereomikroskop) der Vergrößerungswechsel durch Wechselobjektive erfolgt, kann beim GSZ (GREENOUGH-Stereo-Zoom-Mikroskop) die Vergrößerung durch ein sogenanntes pankratisches System stufenlos verändert werden.

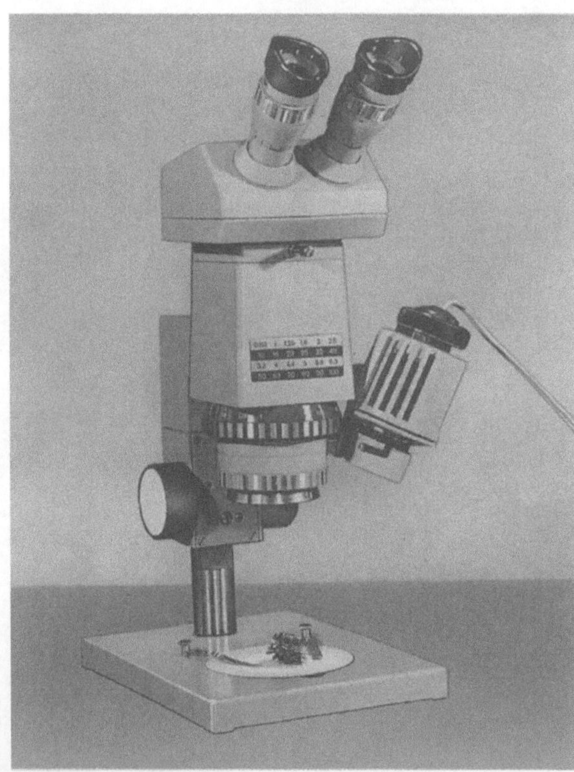

Bild 6.10. Stereomikroskop Citoval 2 (Werkbild Zeiss Jena)

Gemeinsame Merkmale von GSM und GSZ sind:

- gute stereoskopische Bildwiedergabe durch hochwertige Optik, große geebnete Sehfelder
- bequeme Einstellung des Augenabstandes durch gekoppelte Okularstutzen
- ergonomisch günstige Arbeitshaltung durch Einblickswinkel von 45°
- umrüstbare Okulare für Brillenträger
- ausbaufähig durch zusätzliche Großfeldokulare, Ausrüstungen für Auflicht-, Durchlicht-, Hell- und Dunkelfeldbeleuchtung, verschiedene Stative, Bildwiedergabe durch Zeicheneinrichtung und Spiegelreflexkameras

Die Unterschiede zwischen GSM und GSZ im Hinblick auf Vergrößerungen, Sehfelddurchmesser und Arbeitsabstände sind den Tabellen 6.1 und 6.2 zu entnehmen.

Beim GSZ besteht die Möglichkeit, durch optische Vorsatzsysteme 0,5× und 2× den Vergrößerungsbereich beträchtlich zu erweitern. Die Kombinationsmöglichkeiten zum GSM mit dem umfangreichen

Tabelle 6.1. Optische Parameter des Stereomikroskops GSM (Standardausrüstung fettgedruckt)

Okular		Mikroskopvergrößerung Objektfelddurchmesser (mm)			
	Objektiv	0,8×	1,6×	3,2×	6,3×
6,3×		5×	10×	20×	40×
		32	16	8	4
10×		**8×**	**16×**	**32×**	**63×**
		25	12,5	6,3	3,2
16×		12,5×	25×	50×	100×
		20	10	5	2,5
20×		16×	32×	63×	125×
		16	8	4	2
Arbeitsabstand in mm		128	120	74	65

Tabelle 6.2. Optische Parameter des Stereomikroskops GSZ (Standardausrüstung fettgedruckt)

Okular	Mikroskopvergrößerung Objektfelddurchmesser (mm)		
Vorsatzsystem	0,5×	ohne	2×
6,3×	2,5×...2,5×	5× ...25×	10×...50×
	63 ...12,5	32 ...6,3	16 ...3,2
10×	4× ...20×	8× ...40×	16×...80×
	50 ...10	25 ...5	12,5...2,5
12,5×	5× ...25×	**10× ...50×**	20×...100×
	50 ...10	25 ...5	12,5...2,5
16×	6,3×...32×	12,5×...63×	25×...125×
	40 ...8	20 ...4	10 ...2
20×	8× ...40×	16× ...80×	32×...169×
	32 ...6,3	16 ...3,2	8 ...1,6
Arbeitsabstand in mm	132	71	26,5

Zubehör sind Bild 6.11 zu entnehmen. Beim GSZ ergeben sich im Vergleich hierzu nur geringe Unterschiede.

Technival 2 und Citoval 2 sind Geräte vom Fernrohrtyp. Sie sind besonders ausbaufähig und zeichnen sich durch einen konstanten Arbeitsabstand aus. Bedingt durch das kompliziertere optische System ist der Fertigungsaufwand höher als bei den Greenough-Mikroskopen. Beim Technival 2 erfolgt der Wechsel der Vergrößerungen mittels einer fest eingebauten Schaltwalze, die zwei Galilei-Fernrohre enthält und die in beiden Lichtdurchgangsrichtungen benutzt werden können. Die möglichen Vergrößerungen liegen in der Grundausstattung mit den Okularen 10× zwischen 5× und 50× bei Sehfelddurchmessern zwischen 40 und 4 mm bei einem konstanten Arbeitsabstand von etwa 100 mm. Durch weiteres optisches Zubehör (Okulare und Vorsatzsysteme) kann der Vergrößerungsbereich so erweitert werden, daß Werte zwischen 2,5× und 250× erreicht werden.

Das Citoval 2 enthält einen pankratischen Vergrößerungswechsler mit dem Zoom-Faktor 10, mit dem bei Verwendung des Okular 16× Vergrößerungen von 10 bis 100× bei konstantem Arbeitsabstand von 107 mm eingestellt werden. Bei Verwendung der als Zubehör verfügbaren Okulare und Vorsatzsysteme lassen sich Vergrößerungen von 5 bis 320× stufenlos realisieren. Die Sehfelddurchmesser liegen dabei zwischen 40 und 0,63 mm.

Selbstbau einer einfachen Stereolupe

Das Prinzip der Fernrohrlupe wurde bereits dargestellt. Durch Kombination zweier derartiger Fernrohrlupen ist es möglich, ein einfaches Stereomikroskop nach dem Greenough-Typ selbst zu bauen, das bescheidenen Ansprüchen genügt, dafür aber nur etwa 1/5 eines einfachen handelsüblichen Gerätes kostet.

Dazu werden zwei der bereits erwähnten kleinen monokularen Prismengläser Turmon 8 × 21 mit den handelsüblichen Vorsatzlinsen verwendet (Bild 6.12). Die Anordnung der beiden Fernrohrlupen erfolgt unter dem für die Erzielung des stereoskopischen Effektes erforderlichen Konvergenzwinkel 2α. Ausgeführt wurde ein solches Gerät von Werlich für die Gesamtvergrößerungen von 10 bis 24×. Dabei muß der Konvergenzwinkel je nach Vorsatzlinse verstellt werden, was natürlich einen gewissen technischen Aufwand erfordert.

Eine noch einfachere konstruktive Lösung bietet sich an, wenn man nur eine Vergrößerung vorsieht, auf eine höhenverstellbare Objektauflage verzichtet und das Mineral nach der Praxis vieler Micromounter mit den Fingern hält. Dazu wird die mittlere Gesamtvergrößerung von 17,5× empfohlen. Da das Turmon nur ein Einschwenken nach rechts gestattet, muß es für den rechten Einblick so verändert werden, daß ein Schwenken nach links möglich wird. Hierzu sind einige feinmechanisch-optische Fertigkeiten erforderlich. Die Bauanleitung für diese Stereolupe ist in der Zeitschrift »Fundgrube« [6.5] veröffentlicht.

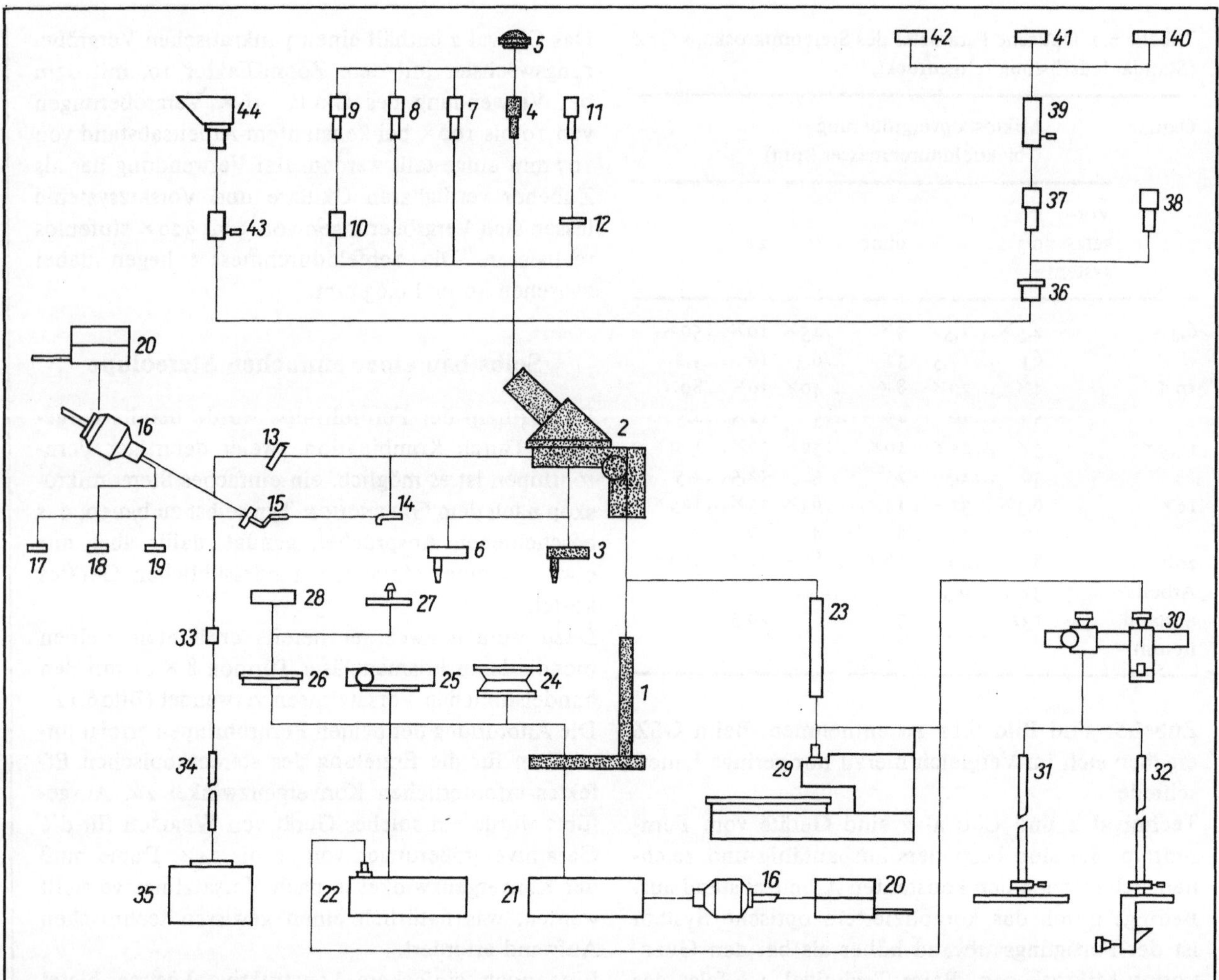

Bild 6.11. Kombinationsmöglichkeiten am Beispiel des Stereomikroskops GSM [6.4]

Standardausrüstungen

1 Fuß mit Säule
2 Mittelteil mit Schrägtubus und Trieb
3 Objektivschlitten mit Objektivpaaren 0,8×/3,3×
4 Brillenträgerokular Pw 10× (20)
5 Augenmuschel

Ergänzungseinrichtungen

6 Objektivschlitten mit Objektivpaaren 1,6 ×/6,3 ×
7 Okular Pw 6,3 × (25)
8 Okular GF-Pw 16 × (16)
9 Okular P 20 × (12,5)
10 Reduzierhülse
11 Okular GF-Pw 16 × (16) stellbar
12 Okularstrichplatten
13 Leuchtenhalter
14 Haltewinkel für Gelenkarm
15 Gelenkarm
16 Leuchte 6 V 25 W mit Blaumattglas
17 Rotfilter R 271
18 Grünfilter V 233
19 Gelbfilter G 248
20 Gehäusetransformator 6 V 25–30 W
21 Durchlichtuntersatz 2 mit Handauflage
22 Fuß für Durch- und Auflicht mit Handauflage
23 Säule
24 Kugeltisch
25 Kreuztisch 80 × 80
26 Einlegeplatte für Objekthalter
27 Objektführer 22 × 44 mit Teilung
28 ELTINOR 4
29 Fuß mit Kreuztisch 150
30 Ausleger für Säulenstative
31 Fuß mit Säule
32 Tischklemme mit Säule
33 Halter für Lichtleitbündel
34 Lichtleitbündel
35 Lichtprojektor
36 Projektivhülse
37 Projektiv 5:1
38 Projektiv 3,2:1
39 Fotoanpassung
40 T 2-Fassung für Exakta/Exa
41 T 2-Fassung für Praktika L
42 T 2-Fassung für Praktika B
43 Anpassung für Zeichenokular
44 Zeichenokular

Ergänzungsausrüstungen:

Säulenstativ mit Fuß: Positionen *30*, *31*
Säulenstativ mit Tischklemme: Positionen *30*, *32*

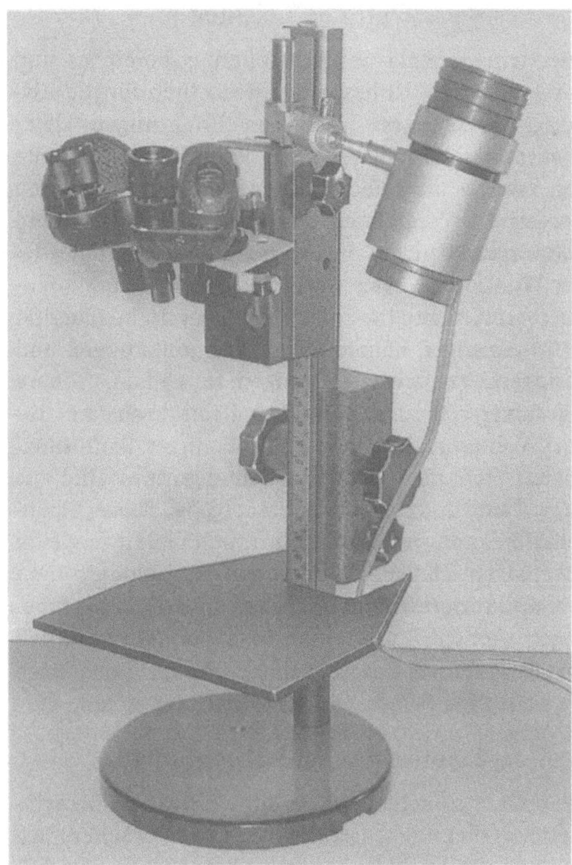

Bild 6.12. Einfaches Eigenbau-Stereomikroskop (ausgeführt von R. Werlich)

Auswahlkriterien für die Anschaffung eines Stereomikroskops

Die Anschaffung des wichtigsten und teuersten Arbeitsinstruments des Kleinmineralsammlers erfordert eine Reihe von gründlichen Überlegungen, um die richtige Entscheidung nicht nur für die augenblicklichen Bedürfnisse, sondern auch für die kommenden Jahre der Sammeltätigkeit zu treffen. Deshalb werden einige Kriterien genannt, die bei der Auswahl eines Stereomikroskops beachtet werden sollten.

Optische Leistung

Die richtige Wahl des Vergrößerungsbereiches und dessen Stufung ist besonders wesentlich für die Eignung des Gerätes. Nach den Erfahrungen vieler Kleinmineralsammler ist ein Vergrößerungsbereich von etwa 5- bis 40fach ausreichend. Am häufigsten werden die Vergrößerungen von 10 bis 25 mit dem Schwerpunkt um 15 bis 20 benötigt. Das sollte bei der Wahl des Gerätes sowie der Objektive und Okulare berücksichtigt werden. Für die optische Qualität ist es günstiger, höhere Objektivvergrößerungen und geringere Okularvergrößerungen zu wählen. Höhere Okularvergrößerungen ergeben lichtschwächere Bilder. Weiterhin sind wichtig: Bildkontrast, Auflösung, ebenes, scharfes und verzeichnungsarmes Bild bis zum Rand und farbtreue Wiedergabe. Diese Eigenschaften kann der Käufer nur durch Gerätevergleich abschätzen. Dabei sollten neben Micromounts auch feinstrukturierte ebene Vorlagen in den Test einbezogen werden. Zu beachten ist dabei natürlich, daß im allgemeinen Geräte höherer Preisgruppen auch eine deutlich bessere optische Leistung bieten.

Stabiler mechanischer Aufbau

Besonders zu achten ist auf eine robuste Höhenverstellung, da erfahrungsgemäß bei zu schwacher Ausführung des Triebmechanismus hier die meisten Störungen auftreten.

Ergonomisch günstige Gestaltung

In erster Linie ist ein Schrägeinblick wichtig. Wer längere Zeit an einem Mikroskop mit senkrechtem Okulareinblick gearbeitet hat, kann die Bedeutung dieser Forderung ermessen.

Nachrüstbarkeit und Zubehörangebot

Der Aufbau im Baukastensystem und ein reichhaltiges Zubehörangebot sind die Voraussetzung für die spätere Nachrüstung, z.B. mit einer Fotoeinrichtung, einer Zeicheneinrichtung oder einer Polarisationseinrichtung. Mitunter ändern sich jedoch bei den Firmen durch Generationswechsel der Geräte die Anschlußbedingungen für das Zubehör. Da Zubehör und Ersatzteile nicht über unbegrenzte Zeiträume geliefert werden, darf man gegebenenfalls den Zeitpunkt für einen Zubehörkauf nicht verpassen.

Service

Nach jahrelangem Gebrauch oder auch durch ein Mißgeschick kann sich eine Instandsetzung erforderlich machen. Deshalb muß man sich schon beim Kauf vergewissern, daß ein solider Service garantiert ist.

Ein Stereomikroskop ist meist eine einmalige Anschaffung. Ausgesprochen billige Geräte mit niedrigem Qualitätsniveau sollten nicht zu vorschnellem Kaufentschluß führen. Lieber sollte man sich noch einige Zeit mit einfachen Hilfsmitteln, wie Lupen und Fernrohrlupe, behelfen.
Beim Kauf aus zweiter Hand sollte unbedingt eine Person zur Beurteilung des Gerätes hinzugezogen werden, die den entsprechenden Typ genau kennt und die einwandfreie Funktion überprüfen kann, damit man nicht böse Überraschungen erlebt.

Hinweise zur Behandlung des Mikroskops

Stereomikroskope renommierter Hersteller sind wegen der vielfältigen Einsatzgebiete und -bedingungen im allgemeinen robust konstruiert und mit Sorgfalt gefertigt. Sie arbeiten über einen langen Zeitraum wartungsfrei. Der Sammler möchte sein wertvolles Gerät viele Jahre nutzen und wird es schonend behandeln und pflegen. Schutz vor Staub und Gesteinsmehl sowie vor mechanischer Beschädigung sind dabei besonders wichtig. Niemals sollte das Gerät nach Gebrauch ohne Staubschutzhülle stehenbleiben. Gesteinsbrösel, die sich auf dem Tisch des Mikroskops angesammelt haben, müssen mit einem Pinsel entfernt werden. Das Gerät sollte dazu nicht auf den Kopf gestellt werden. Auch Wegblasen ist nicht zweckmäßig, weil dabei leicht Schmutz ins Innere dringt, der sich auf den optischen Elementen absetzen kann.

Okulare sollte man beim Wechseln stets auf eine saubere Unterlage stellen, damit nicht beim erneuten Einschieben in den Tubus Staub eingeschleppt wird. Linsenflächen und Spiegel sollen nicht mit den Fingern berührt werden, um Fett und schädigenden Schweiß fernzuhalten.

Müssen Linsenflächen gereinigt werden, so sind sie zunächst mit einem Optikpinsel abzustauben. Er muß fettfrei sein, staubfrei aufbewahrt werden und vor jedem Benutzen durch Klopfen gegen harte, saubere Gegenstände entstaubt werden. Genügt die Reinigung mit dem Pinsel nicht, wird die Fläche mit einem reinen weichen Leinentuch abgewischt, das evtl. mit destilliertem Wasser angefeuchtet ist. Reicht auch das nicht aus, wird als Lösungsmittel zur Reinigung Xylol verwendet. Alkohol ist nicht geeignet. Ist in ein Okular Staub eingedrungen, muß es zur Reinigung auseinandergenommen werden. Auf einen lagerichtigen Zusammenbau der optischen Glieder ist streng zu achten.

Nach längerem Gebrauch kann es notwendig werden, die Gängigkeit des Triebes nachzustellen. Je nach konstruktiver Ausführung müssen entweder die Triebknöpfe gegeneinander verdreht oder spezielle Schrauben angezogen werden. Ist der Trieb nachzuschmieren, so ist säurefreie technische Vaseline zu benutzen.

Vor eigenen Reparaturversuchen sei nachdrücklich gewarnt. Nur das Herstellerwerk oder die Vertragswerkstätten können für eine sachgerechte und letztlich »preiswerte« Reparatur garantieren.

Beim Wechseln der Lampen in der Beleuchtungseinrichtung sollte der Kolben nicht mit den blanken Fingern berührt werden. Besonders bei Halogenlampen werden dadurch Lichtleistung und Lebensdauer bedeutend verringert.

7. KAPITEL

Bildliche Darstellung von Kleinmineralen

7.1. Fotografie von Kleinmineralen

Der vielleicht einzige Nachteil von Kleinmineralen ist, daß man Einzelheiten ohne optische Hilfsmittel mit bloßem Auge nicht erkennen kann und daß man die Stücke nicht mehreren Personen gleichzeitig zeigen kann, wenn man von der im Amateurbereich selten verfügbaren Möglichkeit von Zweitbeobachtertuben bei einigen Stereomikroskopen absieht. Dieser Nachteil läßt sich in bestimmtem Maße durch die Fotografie überwinden. Durch das Foto kann man schöne und seltene Stücke anderen zugänglich machen. Man sollte auch erwägen, die eigene Sammlung durch Fotos seltener, unerreichbarer Minerale zu ergänzen. Gegenüber Normalstufen ist die Ausbildung der Kristalle bei Kleinmineralen weniger fehlerhaft, die Farben sind von größerer Sättigung und Klarheit, äußere Beschädigungen seltener. Deshalb sind Kleinminerale in der Regel bessere Fotoobjekte als große Stufen. Beim Durchblättern neuerer Bildbände über Minerale wird man davon überzeugt, daß zunehmend kleinere Minerale als Objekte verwendet werden. Die reizvolle Verbindung zweier anspruchsvoller Freizeitbeschäftigungen, das Sammeln von Mineralen mit der Fotografie, findet zunehmend Interesse.

Die Aufnahme von Kleinmineralen ist in der Regel Makrofotografie, in einigen Fällen auch Mikrofotografie, wenn die Objekte so klein sind, daß die zweistufige Vergrößerung über das Stereomikroskop genutzt wird. Methoden und Ausrüstungen dieses Spezialgebietes stehen deshalb im Mittelpunkt der weiteren Betrachtungen. Für eine erfolgreiche Arbeit bietet der Farbumkehrfilm für Kunstlicht im Klein- und Mittelformat die besten Voraussetzungen. Deshalb konzentrieren sich die folgenden Ausführungen darauf.

Anforderungen an das Mineralfoto und das Objekt

Ein Mineralfoto soll das Objekt so naturgetreu wie möglich wiedergeben, dabei jedoch das Typische des jeweiligen Minerals betonen. Neben den Anforderungen, die an ein dokumentarisches Foto gestellt werden, soll es zugleich auch eine hohe ästhetische Wirkung ausüben. Daraus ergibt sich, daß neben den rein technischen Problemen auch gestalterische Aspekte eine wichtige Rolle spielen. Folgende Grundforderungen werden an ein Mineralfoto gestellt:

Maximale Schärfe der bildwichtigen Teile

Sie ist in erster Linie von der Qualität der eingesetzten Optik abhängig. Es ist zu berücksichtigen, daß Objektive eine sogenannte »förderliche Blende« besitzen. Wird über diesen Wert abgeblendet, nimmt die Schärfe ab.

Ausreichende Schärfentiefe

Sie ist das eigentliche Problem bei der Fotografie von Kleinmineralen. Wegen der oft großen Abbildungsmaßstäbe ist sie sehr klein. Durch Abblenden des Objektivs auf kleine Werte kann sie vergrößert werden. Jedoch ist bei Überschreiten der förderlichen Blende die Abnahme der Schärfe zu beachten.

Farbtreue, exakte Wiedergabe der Oberflächenstruktur und des Glanzes

Hierzu sind qualitativ hochwertiges Aufnahmematerial, eine genaue Anpassung der Farbtemperatur von Beleuchtung und Aufnahmematerial und eine ausgefeilte Beleuchtungstechnik erforderlich.

Räumliche Wiedergabe

Eine Mineralstufe und die auf ihr sitzenden Kristalle sind räumliche Gebilde. Den räumlichen Eindruck im zweidimensionalen Foto zum Ausdruck zu bringen erfordert, Beleuchtung und andere gestalterische Mittel bewußt einzusetzen.

Forderungen an das Objekt

Voraussetzung für ein gutes Mineralfoto ist eine als Fotoobjekt brauchbare Mineralstufe. Nicht jedes gute Sammlungsstück ist gleichzeitig ein gutes Fotoobjekt. Beim Betrachten wird das Mineral räumlich erfaßt. Durch Bewegen in der Hand kann man das Stück von verschiedenen Seiten betrachten, charakteristische Merkmale der Kristalle, Ausbildung der Flächen und Winkel, Oberflächenstruktur und Farbe aus verschiedenen Positionen nacheinander erschließen. Gleichzeitig dringt beim Betrachten nur das ins Bewußtsein, auf das sich der Betrachter konzentriert. Unwichtige Details werden subjektiv unterdrückt, sie werden nicht bewußt wahrgenommen. Beim Fotografieren ist die Situation anders. Den optischen Gesetzmäßigkeiten entsprechend erfolgt eine objektive zweidimensionale Abbildung. Die dokumentarische Aussage und ästhetische Wirkung des Mineralfotos hängt also entscheidend von der Eignung des Fotoobjektes, dem bewußten Einsatz der optischen Gesetze und der Gestaltungsmittel, wie Beleuchtung und Ausschnittswahl, ab.

Es ist ein unbestreitbarer Vorteil, daß bei Kleinstufen meist eine größere Zahl von Stücken des gleichen Minerals zur Auswahl für die Aufnahme zur Verfügung steht.

Folgende Merkmale charakterisieren ein gutes Fotoobjekt:

- Wenige, gut ausgebildete und mit angemessenem Zwischenraum angeordnete Kristalle oder einzelne Kristalle auf der Matrix bieten bessere Voraussetzungen für ein gutes Foto als ein dichter Kristallrasen.
- Die Anordnung der Kristalle sollte eine gute Ausleuchtung zulassen. In Höhlungen sitzende Kristalle sind als Fotoobjekte deswegen meist ungeeignet.
- Die Kristalle sollten unbeschädigt und makellos sauber sein, denn durch die Beleuchtung werden Staubkörner und Fasern stark hervorgehoben.

Optische Grundlagen der Makrofotografie

Für eine erfolgreiche Makrofotografie ist die Kenntnis einiger fotooptischer Gesetzmäßigkeiten notwendig, um die gegebenen Möglichkeiten auszuschöpfen. Andererseits müssen die Grenzen bekannt sein, deren Überschreitung den Mißerfolg provoziert.

Die wichtigste Kenngröße in der Makrofotografie ist der Abbildungsmaßstab β. Er ist das Verhältnis der Bildgröße y' auf der Negativebene zur Objektgröße y und auch gleichzeitig das Verhältnis von Bildweite a' zu Gegenstandsweite a (Bild 7.1):

$$\text{Abbildungsmaßstab } \beta = \frac{\text{Bildgröße } y'}{\text{Objektgröße } y} = \frac{\text{Bildweite } a'}{\text{Gegenstandsweite } a}$$

Aus dieser Formel ergibt sich, daß mit der Vergrößerung der Bildweite a' durch auszugsverlängerndes

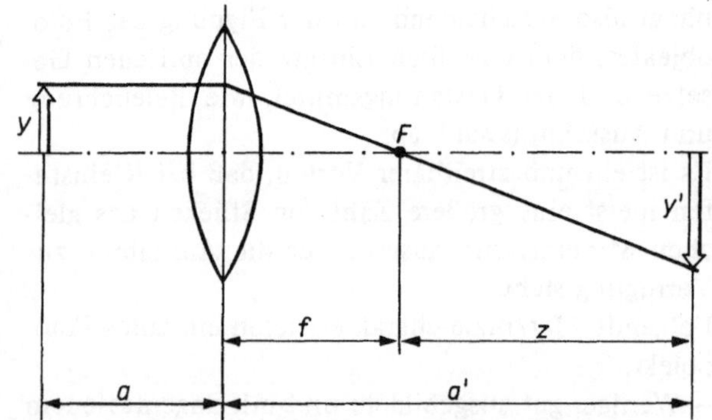

Bild 7.1. Optisches Verhältnis der Makrofotografie
y Objektgröße
y' Bildgröße
a Gegenstandsweite
a' Bildweite
f Brennweite
z Auszugsverlängerung
F Brennpunkt

Zubehör (Zwischenringe, Balgennacheinstellgerät) der Abbildungsmaßstab vergrößert wird.

Die Brennweite des verwendeten Objektivs ist ebenfalls von wesentlichem Einfluß auf den Abbildungsmaßstab

$$\beta = \frac{\text{Auszugsverlängerung } z}{\text{Brennweite des Objektivs } f}$$

Daraus folgt, daß zur Realisierung eines bestimmten Abbildungsmaßstabes die Auszugsverlängerung um so größer werden muß, je länger die Brennweite des Objektivs ist (s. Tabelle 7.1). Um beispielsweise einen Abbildungsmaßstab von 5:1 zu erreichen, ist beim Kleinbildformat bei 50 mm Brennweite eine Auszugsverlängerung von 250 mm, bei einer Brennweite von 100 mm dagegen bereits ein Auszug von 500 mm erforderlich. Daraus ergibt sich, daß bei gro-

Tabelle 7.1. Auszugsverlängerung *z* in mm und Gegenstandsweite *a* in mm bei verschiedenen Objektivbrennweiten

Abbildungsmaßstab			Objektivbrennweite *f* in mm							
			20		35		50		100	
	Maßstab	β	*z*	*a*	*z*	*a*	*z*	*a*	*z*	*a*
verkleinerte Abbildung	1:20	0,05	1	420	1,8	735	2,5	1050	5	2100
	1:10	0,1	2	220	3,5	385	5	550	10	1100
	1: 5	0,2	4	120	7	210	10	300	20	600
	1: 4	0,25	5	100	8,8	175	12,5	250	25	500
	1: 3	0,3	6,6	80	11,6	140	16,5	200	33	400
	1: 2	0,5	10	60	17,5	105	25	150	50	300
	1: 1	1	20	40	35	70	50	100	100	200
vergrößerte Abbildung	2: 1	2	40	30	70	53	100	75	200	150
	3: 1	3	60	27	105	47	150	67	300	133
	4: 1	4	80	25	140	44	200	63	400	125
	5: 1	5	100	24	175	42	250	60	500	120
	6: 1	6	120	23	210	41	300	59	600	117
	8: 1	8	160	23	280	39	400	56	800	113
	10: 1	10	200	22	350	39	500	55	1000	110
	15: 1	15	300	21	525	37	750	54	1500	107
	20: 1	20	400	21	700	37	1000	53	2000	105

ßen Abbildungsmaßstäben, wie sie bei der Fotografie von Kleinstufen häufig erforderlich sind, Objektive mit kleinen Brennweiten bevorzugt werden, besonders auch die speziellen Lupenobjektive mit Brennweiten von 20 bis 30 mm. Mit zunehmendem Abbildungsmaßstab, d. h. mit zunehmender Auszugsverlängerung, nimmt die Bildhelligkeit nach einer quadratischen Funktion ab, so daß die Belichtungszeit entsprechend verlängert werden muß (s. Tabelle 7.2). Der Verlängerungsfaktor v der Belichtungszeit gegenüber der Belichtungszeit ohne Auszug bei Stellung des Objektivs auf ∞ ist:

$$v = \left(\frac{a'}{f}\right)^2 \quad \text{oder} \quad v = (\beta + 1)^2$$

Bei der Verwendung von Spiegelreflexkameras mit Innenlichtmessung wird diese Belichtungszeitverlängerung automatisch berücksichtigt, soweit der Meßbereich nicht unterschritten wird. Im Gegensatz zur Fotografie bewegter kleiner Objekte würde die erhebliche Verlängerung der Belichtungszeit bei großen Abbildungsmaßstäben nicht stören, wenn es dadurch bei Farbaufnahmen nicht zu Farbverschiebungen kommen würde. Die Schärfentiefe nimmt ebenfalls mit zunehmendem Abbildungsmaßstab drastisch ab. Damit ist das zentrale Problem bei der Fotografie von Kleinmineralen angesprochen. Zunächst muß definiert werden, was unter Schärfe zu verstehen ist. Der Übergang von maximaler Schärfe zur Unschärfe ist kontinuierlich. Deshalb ist unter Berücksichtigung des Auflösungsvermögens des menschlichen Auges bei normalem Betrachtungsabstand der Durchmesser eines Kreises – des sogenannten Zerstreuungskreises (Bild 7.2) – festgelegt, der sich auf dem Negativ bei der Abbildung eines Objektpunktes ergeben darf. Da die verschiedenen Filmformate unterschiedlich nachvergrößert werden, ist der Zerstreuungskreisdurchmesser für die verschiedenen Filmformate auf verschiedene Werte festgelegt (TGL 8011).

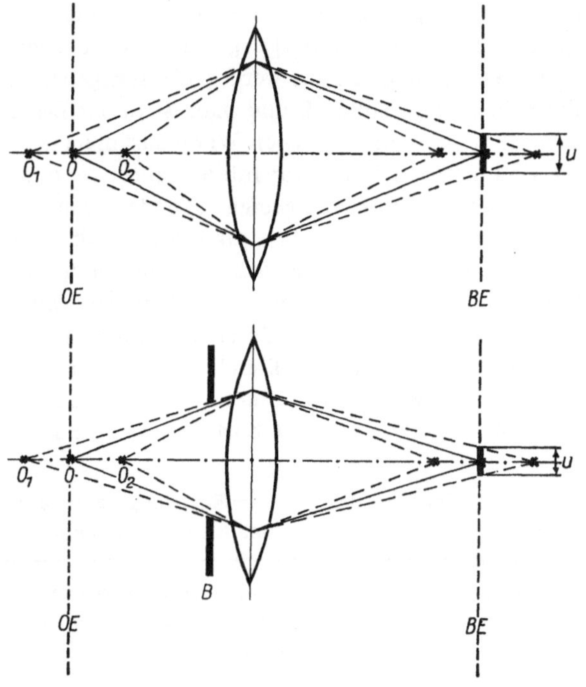

Bild 7.2. Zerstreuungskreise – Entstehung und Beeinflussung durch Einschalten einer Blende
OE Objektebene — *B* Blende
O, O_1, O_2 Objektpunkte — *u* Zerstreuungskreis
BE Bildebene

Negativformat	zulässiger Zerstreuungskreisdurchmesser
Kleinbild 24 × 36 mm	0,05 mm
Mittelformat 6 × 6 mm	0,075 mm

Durch Schließen der Blende des Objektivs kann die Schärfentiefe vergrößert werden. Die Schärfentiefe t läßt sich nach der Formel

$$t = 2u \cdot k \frac{1 + \beta}{\beta^2}$$

berechnen. Dabei ist k der jeweils eingestellte Blendenwert. Eine genaue Berechnung der Schärfentiefe erfordert die Berücksichtigung des sogenannten Pupillenabbildungsmaßstabes. Hierzu sei auf die entsprechende Spezialliteratur [7.1], [7.2] verwiesen. Mit Hilfe des Taschenrechners werden die angegebenen Formeln sehr praktikabel, und man ist in der Lage, sich schnell die erforderlichen Werte auszurechnen. Sie sind damit nicht nur zur Interpretation der optischen Gesetzmäßigkeiten geeignet, sondern von unmittelbarem Nutzen für die praktische Arbeit. Leider steht der Erhöhung der Schärfentiefe durch das Einstellen beliebig kleiner Blendenwerte eine Grenze entgegen, die sich durch Beugungserscheinungen des Lichts an der Blende ergeben und die um so größer werden, je kleiner die Blende und je größer der Abbildungsmaßstab ist. Durch diese Beugungserscheinungen werden die Lichtstrahlen abgelenkt, wodurch sich keine punktscharfe Abbildung ergibt, die allgemeine Bildschärfe geht also zurück. Dieses Abnehmen der Bildschärfe ist besonders bei Abbildungsmaßstäben über 1:1 kritisch, also bei Lupenaufnahmen. Solange die Größe der Beugungsscheibchen die Größe der Zerstreuungskreisdurchmesser nicht überschreitet, wird kein Abnehmen der Bildqualität bemerkt. Der Blendenwert, bei dem die Größe der Beugungsscheibchen und der Zerstreuungskreise gleich ist, wird optimale oder förderliche Blende genannt. Aus der Tabelle 7.2 ist ersichtlich, daß die förderliche Blende die Schärfentiefe sehr stark begrenzt. In der Praxis der Fotografie von

Tabelle 7.2. Gegenstandsformat, Verlängerungsfaktor der Belichtungszeit, Schärfentiefe und förderliche Blende in Abhängigkeit von Abbildungsmaßstab und Blende für das Format 24 × 36 bei einem Zerstreuungskreisdurchmesser von 0,05 mm

Abbildungsmaßstab[1)]			Abgebildetes Gegenstandsformat in mm	Verlängerungsfaktor der Belichtungszeit v	Schärfentiefe in mm bei Blende							Förderliche Blende
	Maßstab	β			2,8	4	5,6	8	11	16	22	
verkleinerte Abbildung	1:20	0,05	480 × 720	1,1	118	168	235	336	462	672	924	
	1:10	0,1	240 × 360	1,2	31	44	62	88	121	176	242	
	1: 5	0,2	120 × 180	1,4	8,4	12	17	24	33	48	66	
	1: 4	0,25	95 × 145	1,6	5,6	8	11	16	22	32	44	
	1: 3	0,3	72 × 112	2,0	3,4	4,9	6,8	9,8	12,2	19,5	26,8	
	1: 2	0,5	48 × 72	2,3	1,7	2,6	3,4	4,8	13,5	9,6	13,2	
	1: 1	1	24 × 36	4	0,6	0,8	1,1	1,6	2,2	3,2	4,4	>22
vergrößerte Abbildung	2: 1	2	12 × 18	9	0,21	0,3	0,42	0,6	0,82	1,2	1,65	16
	3: 1	3	8 × 12	16	0,12	0,18	0,25	0,35	0,49	0,71	0,98	11...16
	4: 1	4	6 × 9	25	0,09	0,13	0,18	0,25	0,34	0,5	0,69	11
	5: 1	5	4,8 × 7,2	36	0,07	0,1	0,13	0,19	0,26	0,38	0,53	8
	6: 1	6	4 × 6	49	0,05	0,08	0,11	0,16	0,21	0,31	0,43	5,6...8
	8: 1	8	3 × 4,5	81	0,04	0,06	0,08	0,11	0,16	0,23	0,31	5,6
	10: 1	10	2,4 × 3,6	121	0,03	0,04	0,06	0,09	0,12	0,18	0,24	4
	15: 1	15	1,6 × 2,4	256	0,02	0,03	0,04	0,06	0,08	0,11	0,15	2,8...4
	20: 1	20	1,2 × 1,8	441	0,01	0,02	0,03	0,04	0,06	0,08	0,12	2,8

1) Die angegebenen Werte sind, gleichen Abbildungsmaßstab vorausgesetzt, unabhängig von der Objektivbrennweite.

Kleinstufen ist es jedoch oft unumgänglich, zugunsten einer größeren Schärfentiefe die förderliche Blende zu überschreiten und eine schlechtere Bildqualität in Kauf zu nehmen.

Die dargestellten Zusammenhänge zeigen deutlich, daß mit zunehmendem Abbildungsmaßstab qualitativ gute und ästhetisch befriedigende Ergebnisse immer schwieriger erreicht werden können. Selbstverständlich spielt die Ausbildung des Objektes dabei eine beträchtliche Rolle, denn es ist durchaus möglich, von flachen Objekten (aufliegenden Kristallen, Einschlüssen in flachen Anschliffen) auch über den Abbildungsmaßstab von 10:1 hinaus brauchbare Ergebnisse zu erzielen.

Eine Möglichkeit, die Probleme der Schärfentiefe bei der Fotografie von Kleinmineralen zu mindern, liegt in der Anwendung der sogenannten Scheimpflugbedingung. Dabei wird durch Schrägstellen des Objektivs – dazu ist eine verstellbare Standarte am Balgennaheinstellgerät erforderlich – die Schärfenebene so verlagert, daß weitere Bereiche des Objektes scharf abgebildet werden. Näheres dazu ist der Spezialliteratur zu entnehmen [7.1].

Ausrüstung zur Mineralfotografie

Kameras

Für eine erfolgreiche Mineralfotografie im Makrobereich bieten nur einäugige Spiegelreflexkameras im Klein- und Mittelformat (Bild 7.3) die erforderlichen Voraussetzungen, wenn man von den nur für den professionellen Bereich bedeutsamen Großbildkameras (Studiokameras) absieht.

Ihre wesentlichen Merkmale sind:

- Als Systemkameras können sie durch auszugsverlängerndes Zubehör, durch Wechselobjektive und durch auswechselbare Suchersysteme bzw. Okularzubehör der jeweiligen Aufnahmesituation optimal angepaßt werden.
- Unabhängig von der Auszugsverlängerung und dem eingesetzten Objektiv können infolge des Spiegelreflexprinzips auf der Mattscheibe des Suchers Bildausschnitt und Schärfe exakt kontrolliert werden und stimmen mit der Aufnahme genau überein.

Bild 7.3. Kleinbildspiegelreflexkamera mit Lupeneinsatz, Balgennaheinstellgerät und Objektiv in Retrostellung zur Mineralfotografie (Foto R. Dymarzcyk)

Moderne Spiegelreflexkameras sind zunehmend mit Innenlichtmessung ausgestattet. Die erforderliche Belichtungszeitverlängerung durch die Auszugsverlängerung bei Makroaufnahmen wird dabei automatisch berücksichtigt. Dadurch wird die Arbeit beträchtlich erleichtert.

Bei Kameras mit auswechselbaren Suchersystemen (z. B. Pentaconsix) steht zur Innenlichtmessung ein einsetzbares sogenanntes TTL-Prisma zur Verfügung.

Für die Mineralfotografie eignen sich jedoch auch einfache preiswerte Spiegelreflexkameras ohne Innenlichtmessung (z. B. Exa), da man bei der Mineralfotografie die Aufnahmebedingungen reproduzierbar gestalten kann und durch entsprechende Einarbeitung (Belichtungsreihen!) beständig gute Ergebnisse erreicht. Der hohe Automatisierungsgrad moderner Spiegelreflexkameras ist für die Mineralfotografie unnötig.

Besonders vorteilhaft sind Kameras mit auswechselbaren Suchersystemen, bei denen Lichtschacht und Prisma wahlweise benutzt und unterschiedliche Bildfeldlinsen eingesetzt werden können. Zum Scharfeinstellen bei Makroaufnahmen sind Bildfeldlinsen besonders günstig, die in der Mattfläche einen zentralen Klarfleck mit Fadenkreuz aufweisen, oder auch klare Linsen ohne Mattfläche zum Einstellen nach dem Luftbild. Diese müssen dann jedoch ein Fadenkreuz besitzen.

Eine Alternative zum auswechselbaren Suchersystem ist der auf Kameras mit fest eingebautem Prisma aufsteckbare Winkelsucher. Allerdings ist bei ihnen der Wechsel der Bildfeldlinse nicht möglich.

Auszugsverlängerungen

Für die Makrofotografie wird zwischen Objektiv und Kameragehäuse eine entsprechende Auszugsverlängerung in Form von Zwischenringen oder Balgennaheinstellgerät eingesetzt und dadurch eine Vergrößerung der Bildweite erreicht. Zwischenringe stehen in verschiedenen Längen zur Verfügung, die entweder einzeln oder kombiniert verwendet werden können.

Für die Mineralfotografie sind besonders Balgennaheinstellgeräte empfehlenswert, mit denen sich in der Regel beim Kleinbildformat bei Verwendung eines Objektivs mit 50 mm Brennweite Abbildungsmaßstäbe bis zu 2 oder 3:1 stufenlos einstellen lassen (s. Tabelle 7.1). Darüber hinaus bietet der sogenannte Einstellschlitten die Möglichkeit, das gesamte Kamerasystem feinfühlig zu verstellen. Kleinere Abbildungsmaßstäbe lassen sich beim Balgengerät erreichen, wenn Objektive mit versenkter Fassung verwendet werden (z. B. Tessar 2.8./50 mm mit versenkter Fassung, s. Bild 7.4.).

Stative

Ein stabiler, schwingungsarmer Aufbau der Fotoeinrichtung ist Voraussetzung für scharfe Aufnahmen. Je größer der Abbildungsmaßstab, desto stärker wirken sich Schwingungen des Aufnahmesystems auf die Bildschärfe aus. Übliche Dreibeinstative, selbst wenn es sich um robuste Universalstative handelt, können höchstens Notbehelfe sein. Zweckmäßig ist eine stabile waagerechte Anordnung des Aufnahmesystems, ähnlich wie bei einer optischen Bank. Derartige Einrichtungen muß man selbst anfertigen. Eine senkrechte Kameraanordnung, die besonders

Bild 7.4. Tessar 2.8/50 mit versenkter Fassung

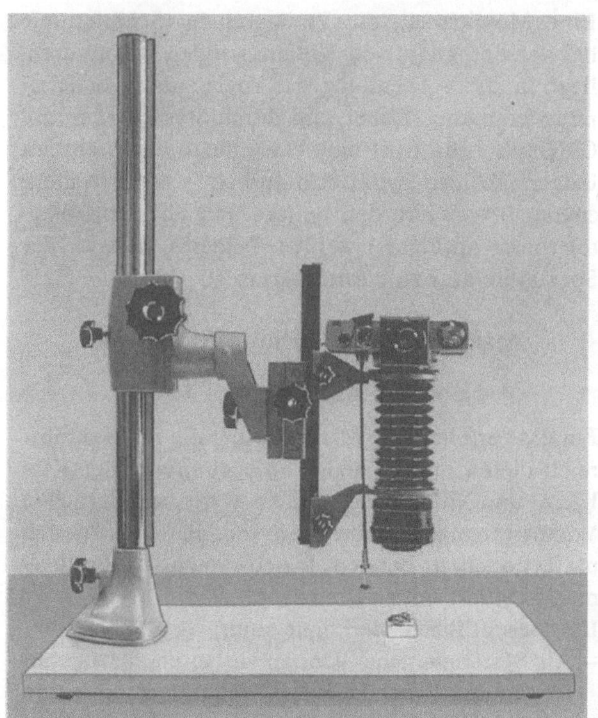

Bild 7.5. Senkrechte Kameraanordnung unter Verwendung eines Reprogestells (Fotos R. DYMARZCYK)

bei größeren Auszugsverlängerungen zweckmäßig ist, läßt sich mit handelsüblichen Reprogestellen realisieren (Bild 7.5). Die senkrechte Anordnung ist im Hinblick auf Schwingungsarmut besonders günstig. Eventuell auftretende Schwingungen in Richtung der optischen Achsen wirken sich weniger aus. Die Erschütterungen, die der Schlitzverschluß der Kamera verursacht, können durch Einschalten der Beleuchtung bei geöffnetem Verschluß für die Dauer der Belichtungszeit ausgeschaltet werden, wenn man in einem dunklen Raum arbeitet. In diesem Zusammenhang sei darauf hingewiesen, daß Zentralverschlüsse nur geringe Erschütterungen verursachen. In Kombination mit geeigneten Objektiven (z. B. Lupenobjektiven) kann damit erfolgreich gearbeitet werden. Die entsprechenden Anordnungen können im Eigenbau aus Zentralverschlüssen älterer Balgenkameras erstellt werden.

Zur Vermeidung von Verwacklungen muß zum Auslösen des Kameraverschlusses ein ausreichend langer Drahtauslöser verwendet werden.

Objektive

Neben der Qualität des verwendeten Filmmaterials ist die Güte des Objektivs entscheidend für die Bildqualität. Bis zu einem Abbildungsmaßstab von 1:1 sind die Normalobjektive der Spiegelreflexkameras erfolgreich verwendbar. Wegen der besseren Schärfeleistung sollten jedoch möglichst weniger lichtstarke Objektive eingesetzt werden. Zu empfehlen sind wegen ihrer Schärfeleistung die Tessare.

Normalobjektive sind für den Fernbereich korrigiert, d.h. für eine große Gegenstandsweite und eine kurze Bildweite. In der Makrofotografie liegen die Verhältnisse genau umgekehrt, d. h., eine Korrektion für eine kleine Gegenstandsweite und eine relativ große Bildweite wäre erforderlich. Dieser Umstand macht sich zunehmend bei Abbildungsmaßstäben über 1:1 in einer abnehmenden Schärfeleistung bemerkbar, und zwar um so stärker, je lichtstärker das verwendete Objektiv ist. Verwendet man das Objektiv umgekehrt, in sogenannter Retrostellung (s. Bild 7.3), dann sind die richtigen Korrektionsverhältnisse und damit die hohe Schärfeleistung wieder hergestellt. Dazu gibt es spezielle Umkehrringe, mit denen das Objektiv im Filtergewinde aufgenommen wird.

In den letzten Jahren sind spezielle Makroobjektive auf den Markt gekommen, die mit dem Schneckenantrieb Abbildungsmaßstäbe bis maximal 1:1 erlauben. Vergewissern muß man sich jedoch, ob diese Makroobjektive speziell für den Nahbereich korrigiert sind oder ob es sich nur um Normalobjektive mit verlängertem Auszug handelt. Ist letzteres der Fall, dann müßte das Objektiv ab 1:1 in Retrostellung genutzt werden. Der erhöhte Aufwand für ein solches Pseudo-Makroobjektiv wäre nicht gerechtfertigt. Speziell für die Makrofotografie bei Abbildungsmaßstäben über 1:1 haben Mikroskophersteller sogenannte Lupenobjektive mit Brennweiten von 10 bis 165 mm entwickelt, die höchste Abbildungsgüte gewährleisten. Sie sind z. B. unter den Namen Mikrotare oder M-Objektive (VEB Carl Zeiss JENA) oder Photare (Leitz, Wetzlar) bekannt geworden. Diese Objektive haben in der Regel das standardisierte Gewinde der Mikroskopobjektive und sind mit Irisblende ausgestattet, einen Schneckengang besitzen sie nicht. Für die Fotografie von Kleinmineralen sind sie optimal.

Fotografie durch Stereomikroskope

Für die meisten hochwertigen Stereomikroskope gibt es spezielle Fotoanpassungen, mit denen eine Kamera mit dem Mikroskop verbunden werden kann. Die Abbildung erfolgt über das zweistufige optische System des Stereomikroskops, so daß man von Mikrofotografie sprechen muß (Bild 7.6). Das Okular wird dabei gegen ein sogenanntes Projektiv ausgetauscht. Entscheidend für die Brauchbarkeit ist eine Blende in der Fotoanpassung, damit die erforderliche Schärfentiefe erreicht werden kann. Fehlt sie, so sind keine befriedigenden Ergebnisse zu erzielen.

Das Objektiv des Stereomikroskops ist nicht für die speziellen Anforderungen der Fotografie berechnet. Die mit Hilfe von Stereomikroskopen fotografierten Bilder sind deshalb bei gleichem Abbildungsmaß-

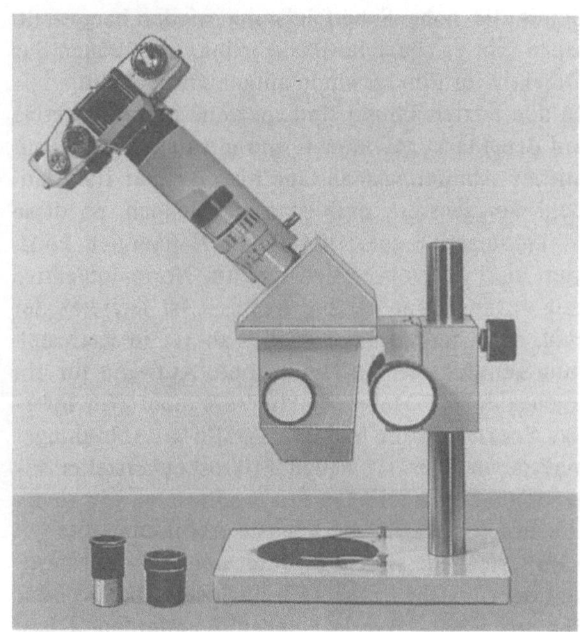

Bild 7.6. Fotografie durch das Stereomikroskop (Werksfoto Zeiss Jena)

stab von geringerer Qualität als einstufige Makroaufnahmen. Trotzdem sind insbesondere bei großen Abbildungsmaßstäben mit qualitativ hochwertigen Stereomikroskopen und mit einer Irisblende im Strahlengang gute Ergebnisse zu erzielen, wie LIEBER [7.4] zeigt.

Spezielle Makrofotogeräte

Die unzureichende Korrektion der Stereomikroskope im Hinblick auf die Anforderungen der Fotografie hat zur Entwicklung spezieller Fotomikroskope geführt. Sie zeichnen sich durch den großen Arbeitsabstand aus, der für die Ausleuchtung räumlicher Objekte erforderlich ist. Mit ihnen ist bei großen Abbildungsmaßstäben ein bequemes Arbeiten möglich. Ein Beispiel dafür ist das Wild-Makroskop (Bild 7.7). Da derartige Geräte kostspielig sind, kommt ihr Einsatz für den Sammler sicher nur in Ausnahmefällen in Betracht.

Lichtquellen und Beleuchtungseinrichtungen

Die farbrichtige Wiedergabe von Mineralen ist abhängig von der Übereinstimmung der Farbtemperatur des Lichtes und dem Farbtemperaturwert, auf den der Film abgestimmt ist. Konstanz der Farbtemperatur der Lichtquelle ist deshalb entscheidend für den Erfolg. Das natürliche Tageslicht scheidet wegen der Schwankungen im Tagesverlauf aus. Blitzlicht wäre von der Konstanz (Elektronenblitz ist auf Tageslichtfilm abgestimmt) geeignet, mit ihm läßt sich

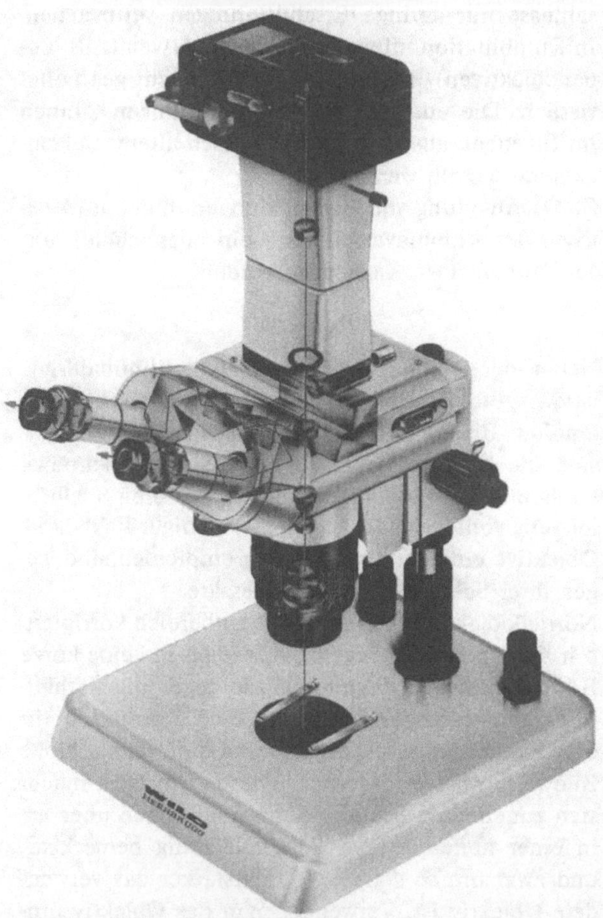

Bild 7.7. Spezielles Fotomikroskop – Wild-Makroskop (Werkbild Wild – Heerbrugg/Schweiz)

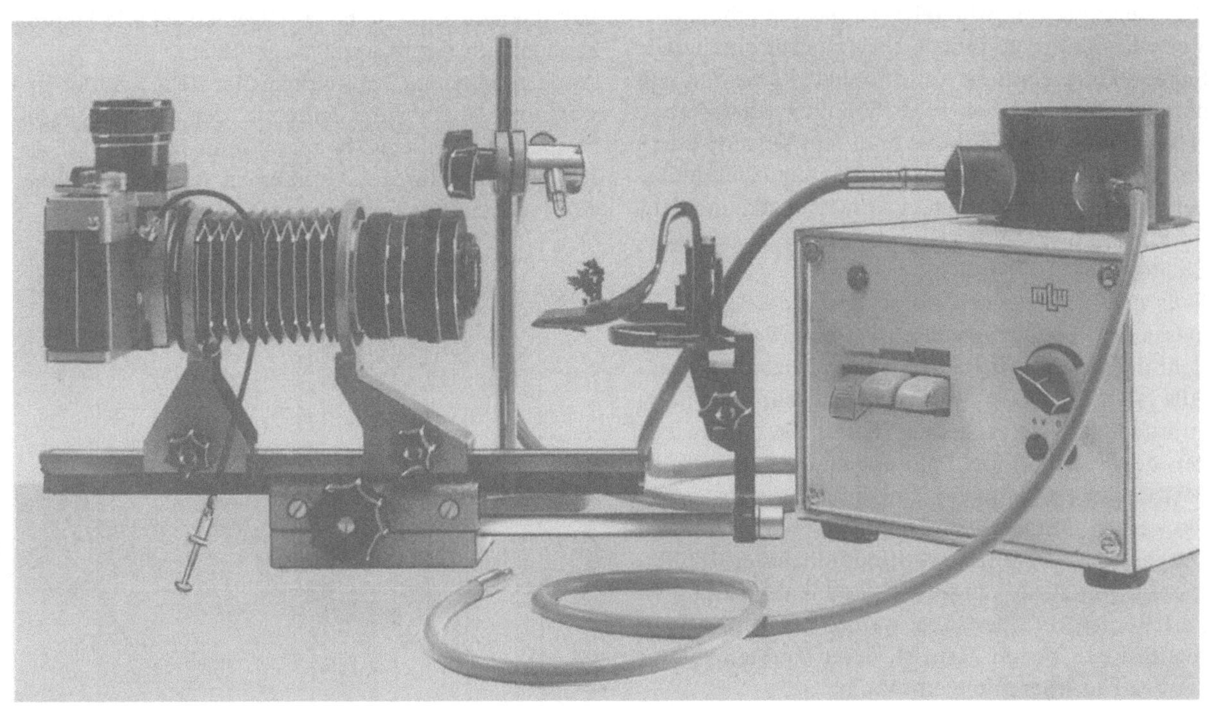

Bild 7.8. Lichtprojektor zur Beleuchtung mit Lichtleitkabeln (Foto R. Dymarzcyk)

jedoch die präzise Ausleuchtung vor der Aufnahme nicht ausprobieren. Mit Blitzlicht sind höchstens Zufallserfolge zu erreichen. Für ernsthafte Bemühungen um qualitativ gute Mineralfotos ist Blitzlicht nicht geeignet. Hierfür kommt nur das gut dosierbare Kunstlicht in Frage. Kunstlichtfilm ist im allgemeinen auf eine Farbtemperatur von 3200 K abgestimmt. Diese Farbtemperatur besitzen auch Halogenlampen, die deshalb besonders geeignet für die Mineralfotografie sind. Insbesondere kommen dabei Niedervolt-Halogenstrahler in Frage, wie sie beispielsweise in Form kleiner schwenkbarer Kugelstrahler existieren. Gut geeignet sind Mikroskopierleuchten, wobei aufgrund der Lichtleistung und der Farbtemperatur solche mit Halogenlampen zu bevorzugen sind. Die Niedervolt-Halogenleuchte 6 V, 25 W für Stereomikroskope eignet sich für die Mineralfotografie ausgezeichnet. Von Vorteil ist, daß der zugehörige Transformator von 6 V auf die lampenschonende Spannung von 5 V umgeschaltet werden kann. Das ist günstig für die langwierigen Einstellarbeiten zur optimalen Ausleuchtung. Halogenlampen erzeugen eine beträchtliche Wärmemenge. Es gibt jedoch Kaltlichtspiegel für Halogenlampen und auch Lampen, die gleich mit einem derartigen Spiegel versehen sind. Sie lassen einen erheblichen Anteil der wärmeerzeugenden Infrarotstrahlen passieren und konzentrieren nur den sichtbaren Teil des Lichtspektrums. Bei Mikroskopierleuchten mit Glühlampen kann unter Umständen wegen zu niedriger Farbtemperatur ein Korrekturfilter erforderlich werden. Ideale Lichtquellen für die Fotografie von Kleinmineralen, bei der oft kleinste Bereiche und Höhlungen ausgeleuchtet werden müssen, sind Glasfaserlichtleitkabel mit den zugehörigen Lichtprojektoren. Sie strahlen relativ kaltes Licht ab und werden deshalb auch als Kaltlichtquellen bezeichnet. Für die

Ausleuchtung von Mineralen ist das ein erheblicher Vorteil, weil durch übliche Lichtquellen eine erhebliche Wärmebelastung auftritt. Eine Reihe von Mineralen neigen dabei zu Rißbildung und Zerbrechen, andere, z.B. Schwefel und Cerussit, sind durch ihren geringen Schmelzpunkt gefährdet. Lichtleitkabel werden in verschiedenen Abmessungen und Ausführungsformen hergestellt, ebenso die zugehörigen Lichtquellen (Bild 7.8).

Falls die Lichtleitkabel als sogenannte »Schwanenhälse« zur Verfügung stehen, ist eine flexible Ausrichtung durch Biegen bequem möglich. Anderenfalls sind spezielle Vorrichtungen zur Fixierung erforderlich. Entsprechende Stative, die an den Enden der Lichtleitkabel befestigt und in die richtige Position gebracht werden, können leicht selbst gefertigt werden. Mit weichem Draht von etwa 1 bis 2 mm Durchmesser aus Eisen, Aluminium oder Kupfer, spiralig gewickelt, kann ein Schwanenhals improvisiert werden. Lichtleitkabel werden im allgemeinen von Halogenlampen gespeist, deren Farbtemperatur der des Kunstlichtfilms entspricht.

Filmmaterial

Für die farbige Mineralfotografie kommt aus bereits genannten Gründen nur der Kunstlicht-Umkehrfilm in Frage. Die wesentlichen Gründe dafür sind:

✦ Vom Farbumkehrfilm entsteht bei richtiger Belichtung ein Bild in annähernd naturgetreuen Farben. Beim Farbnegativfilm hingegen unterliegt die Positivherstellung dem subjektiven Einfluß bei der Farbsteuerung. Das ist besonders deshalb problematisch, weil meist keine Vergleichsmöglichkeit mit dem aufgenommenen Objekt besteht.

✦ Nur mit dem exakt dosierbaren Kunstlicht läßt sich die aus gestalterischen Gründen bei der Mineralfotografie erforderliche diffizile Ausleuchtung durch Einsatz mehrerer Lichtquellen erreichen.

✦ Für den Umkehrfilm spricht außerdem, daß Farbumkehrdias schärfer sind als vom Negativfilm hergestellte Diapositive oder Papierbilder, weil durch den Kopierprozeß zwangsläufig ein Schärfeverlust auftritt. Gerade auf eine hohe Allgemeinschärfe kommt es jedoch in der Mineralfotografie an.

Als ein geeigneter Farbumkehrfilm steht z.B. der Orwochrom UK 17 zur Verfügung, der auf eine Farbtemperatur von 3 200 K abgestimmt ist. Er wird als Kleinbildfilm für 36 Aufnahmen und als Rollfilm 120 (geeignet für Format 6 × 6) geliefert.

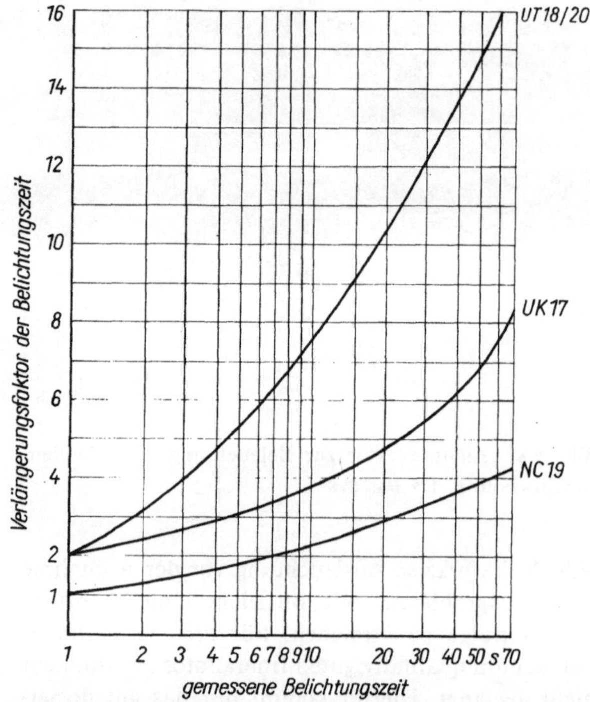

Bild 7.9. Richtwerte für die Verlängerung der Belichtungszeit infolge des Schwarzschild-Effektes (nach Angaben der Filmfabrik Wolfen, ORWO)

Durch die großen Abbildungsmaßstäbe und die wegen ausreichender Schärfentiefe erforderlichen kleinen Blenden sind meist lange Belichtungszeiten nötig. Bei langen Belichtungszeiten ist die Empfindlichkeit der fotografischen Schicht nicht mehr dem Produkt aus Beleuchtungsstärke und Belichtungszeit proportional, d. h., eine mit hoher Intensität kurze

Zeit belichtete Schicht wird stärker geschwärzt als eine Schicht, die geringer Intensität entsprechend längere Zeit belichtet wurde. Dieser Effekt wird Schwarzschildeffekt genannt. Farbumkehrfilme sind auf die Belichtungszeiten der Freihandfotografie optimal abgestimmt. Bei Belichtungszeiten über etwa 2 bis 3 Sekunden ist der Schwarzschildeffekt zu berücksichtigen. Bild 7.9 gibt dazu Anhaltspunkte. Dieser Effekt bewirkt neben der erforderlichen Verlängerung der Belichtungszeit zusätzlich Farbverschiebungen (meist zu blau bis purpur), weil die drei Farbschichten des Films ein unterschiedliches Schwarzschildverhalten besitzen. Während bei Negativmaterial diese Farbverschiebung im Kopierprozeß durch entsprechende Filter korrigiert werden kann, ist beim Umkehrfilm diese Korrektur bei der Aufnahme durchzuführen, wozu eine experimentelle Einarbeitung erforderlich ist. Angaben zu den entsprechenden Filtern sind der Fachliteratur [7.2] und den Unterlagen der Filterhersteller zu entnehmen.

Trotz großer Sorgfalt bei der Filmherstellung treten im Hinblick auf die Farbwiedergabe zwischen den verschiedenen Chargen (Emulsionsnummern auf der Packung) Unterschiede auf. Diese Schwankungen können sich störend auswirken, insbesondere, wenn Diapositive hintereinander projiziert werden, die von verschiedenen Emulsionen stammen. Für hohe Ansprüche ist es deshalb zweckmäßig, die Filme zu testen und den benötigten Vorrat von der gleichen Emulsion für längere Zeit zu kaufen.

Die Lagerung von Farbfilmen soll bei Temperaturen unter 4 °C erfolgen. Auch die Lagerung im Tiefkühlschrank ist möglich und zweckmäßig. Die Verwendbarkeit der Filme kann dadurch verlängert werden. Nach Entnahme aus dem Kühlschrank muß eine mehrstündige Anpassung an die Raumtemperatur erfolgen, bevor die Originalpackung geöffnet wird, da sonst das Material geschädigt werden kann.

Es soll nicht unerwähnt bleiben, daß auch mit Schwarzweiß-Filmen, besonders bei »unbunten« Stücken (farblose durchsichtige Kristalle, wie Bergkristall; schwarze Kristalle, z. B. Manganit) Fotos erzielt werden können, die hohen ästhetischen Ansprüchen genügen. Beispielhaft dafür sind die Fotos in [7.14], [7.15].

Belichtungsmesser

Der Belichtungsspielraum des überwiegend eingesetzten Farbumkehrfilms ist gering. Die möglichst genaue Bestimmung der Belichtungszeit ist deshalb Voraussetzung für den Erfolg. Besonders geeignet sind Kameras mit Innenbelichtungsmessung oder der Einsatz der sogenannten TTL-Prismen bei Mittelformatkameras. Dabei erfolgt die Berücksichtigung der durch Auszugsverlängerung oder Filter bedingten Verlängerung der Belichtungszeit automatisch. Es ist notwendig, daß die Belichtungszeit bei Messung durch das Objektiv bei offener Blende erfolgt, da oft an der Grenze der Anzeigeempfindlichkeit gearbeitet wird.

Die Benutzung von Handbelichtungsmessern bei Nahaufnahmen ist wegen des meist zu großen Meßwinkels problematisch. Eine der Helligkeit angepaßte Fläche hinter dem Fotoobjekt kann grobe Orientierungswerte liefern. Beim Einsatz von Handbelichtungsmessern sind die Belichtungszeitverlängerungen infolge der Auszugsverlängerung zu berücksichtigen. Wegen ihrer hohen Empfindlichkeit und Genauigkeit werden CdS-Belichtungsmesser empfohlen. Der Meßwinkel beträgt bei diesen Geräten im allgemeinen 30°. Um sichere Arbeitsergebnisse zu erzielen, ist eine Einarbeitung mit entsprechenden Testreihen erforderlich. Spezialgeräte, die vereinzelt angeboten werden, erlauben Meßwinkel um 5°. Zum Teil werden sie mit Lichtleitkabeln zur Erfassung einzelner Bilddetails ausgestattet, die im Bedarfsfall mit dem Gerät gekoppelt werden können.

Bei dem günstigen Preis des Kleinbildfilms ist unabhängig von der Art der Belichtungsmessung auf jeden Fall eine Belichtungsreihe mit Sprüngen von einer Blende bzw. einer halben Blende bei besonders hohen Anforderungen günstig. Dabei geht man vom vermutlich richtigen Belichtungswert aus.

Aufnahmetechnik und Bildgestaltung

Die Beherrschung der Fototechnik und eine geeignete Ausrüstung sind zwar notwendige Voraussetzungen für brauchbare Mineralfotos, ästhetisch befriedigende Bilder können jedoch erst durch Beachtung der vielfältigen Elemente »erarbeitet« werden, die man unter dem Begriff Bildgestaltung zusammenfassen kann.

Auch in der Mineralfotografie gelten die grundlegenden fotografischen Gestaltungsgesichtspunkte. Ein gründliches Beschäftigen mit diesen Gestaltungsregeln in der umfangreichen Fotoliteratur [7.1], [7.3] bis [7.6] ist hilfreich bei der Erarbeitung von Fähigkeiten und Erfahrungen in der Bildgestaltung. Zu den speziellen Problemen der Mineralfotografie gibt es eine Reihe von Zeitschriftenartikeln, in denen insbesondere auch die Probleme der Gestaltung behandelt werden [7.7] bis [7.13].

Neben den Erfahrungen aus der eigenen praktischen Fotoarbeit kann man durch bewußtes Betrachten und kritisches Diskutieren von Mineralfotos viel zur ästhetischen Gestaltung von Mineralfotos lernen (Bildaufteilung, Beleuchtung, Hintergrund, Freistellung u.a.). Im folgenden sind einige Aspekte zur Gestaltung von Mineralfotos dargestellt.

Die Wahl des Motivausschnitts ist entscheidend für ein instruktives und ästhetisch befriedigendes Bild. In besonderem Maß gilt es dabei, sich auf wenige charakteristische Kristalle zu beschränken, die das Typische des Minerals ausdrücken. Zweckmäßig ist die Bestimmung des Ausschnittes und der Aufnahmerichtung unter dem Stereomikroskop.

Man muß sich bewußt sein, daß beim visuellen Betrachten unter dem Stereomikroskop oder der Lupe das Mineral von vielen Seiten räumlich betrachtet wird und nacheinander viele Partien beobachtet werden, die zu einem Gesamteindruck verarbeitet werden. Beim Foto ist das nicht der Fall. Hier wird nur eine einzige Position zweidimensional dargestellt, und sie muß das Charakteristische des Minerals zum Ausdruck bringen. Deshalb sind Ausschnitte mit einigen wenigen typischen Kristallen aussagefähiger und ästhetisch befriedigender als beispielsweise ganze Kristallrasen.

Sollen Kristalle in ihren charakteristischen Merkmalen im Foto deutlich erkennbar werden, müssen sie sich aus ihrer Umgebung herausheben, sie müssen freigestellt werden. Man wird deshalb versuchen, die Stufe vor der Kamera so auszurichten, daß Kristalle vor dem Hintergrund freistehen. Ist eine Freistellung der Kristalle durch geeignete Ausrichtung nicht möglich, kann man versuchen, durch geschickte Beleuchtungstechnik die aufnahmewichtigen Partien herauszuheben. Dazu ist in erster Linie dafür zu sorgen, daß der Untergrund bzw. die störende Umgebung gegenüber dem freizustellenden Kristall im Schatten bleibt. Meist ist das durch flache seitliche Beleuchtung zu erreichen. Eine andere, jedoch oft schwer realisierbare Methode besteht darin, die störende Umgebung gegenüber den bildwichtigen Kristallen bewußt unscharf darzustellen. Der damit erreichbare Effekt kann verstärkt werden, wenn gleichzeitig die unscharfen Partien weniger beleuchtet werden bzw. im Schatten bleiben. Oft sorgt auch der Farbkontrast der Kristalle zu ihrer Umgebung für eine gute Freistellung.

Die Ausleuchtung des Motivs erfordert sehr viel Geduld und Mühe. Im allgemeinen werden mindestens zwei Lichtquellen benötigt. Besser ist oft der Einsatz von drei Lichtquellen, um eine plastische Darstellung des Minerals und eine ausgewogene Beleuchtung zu erreichen. Ein dreidimensionaler Eindruck kann durch den gezielten Einsatz von Licht und Schatten erreicht werden. Dabei dürfen sich die Schatten, die beim Einsatz mehrerer Lichtquellen entstehen, nicht gegenseitig durchdringen. Zu unterscheiden ist zwischen direktem und zerstreutem, diffusem Licht. Das direkte Licht ist hart und bewirkt starke Kontraste und scharfe Schatten. Diffuses Licht ist weich, kontrastarm und verursacht schwache, unscharfe Schatten. Direktes, gerichtetes Licht betont die Formen und Oberflächenstruktur der Kristalle und verursacht zum Teil Reflexionen an der Oberfläche. Weiches, diffuses Licht bringt die Farben wirkungsvoller zum Ausdruck. Diffuses Licht kann auch durch Aufhellschirme erzeugt werden, die aus weißem Karton oder aufgeklebter zerknitterter Aluminiumfolie bestehen können.

Schließlich ist die Richtung der Beleuchtung bedeutungsvoll für die Wirkung der Aufnahmen. Vorderlicht stellt Körper flach dar, da keine sichtbaren Schatten geworfen werden. Seitenlicht wirft Schatten, die der plastischen Darstellung am besten entsprechen.

Bei der Ausleuchtung werden die Lampen stets nacheinander optimal ausgerichtet. Ein planloses Experimentieren mit mehreren Lampen gleichzeitig führt kaum zum Erfolg. Wenn das Hauptlicht ausgerichtet ist, werden dann nacheinander weitere Lampen in Position gebracht und die Wirkung der Lichter und Schatten aufeinander abgestimmt.

Allgemeingültige Regeln für die Beleuchtung kann es nicht geben. Die Beachtung einiger Hinweise kann jedoch die Arbeit erleichtern. Metallisch glänzende Minerale erfordern eine diffuse weiche Beleuchtung, weil sonst durch zu starke Lichtreflexe auf den Kristallflächen keine Farbwiedergabe möglich ist. Ein Lichtzelt (Bild 7.10) ist in diesen Fällen günstig. Bei der geringen Größe der Fotoobjekte kann dazu auch eine halbe Eierschale (Bild 7.11) benutzt werden.

Helle klare Kristalle sollten so beleuchtet werden, daß durch innere Reflexe an den Kristallflächen eine plastische Wirkung erreicht wird. Dazu ist meist weiches Durchlicht erforderlich.

Gegenlicht ergibt insbesondere bei durchscheinenden farbigen Kristallen effektvolle Bilder mit großer Leuchtkraft. Bilder von Proustit, Rhodochrosit, Azurit sind typische Beispiele dafür. Damit die Oberflächenstruktur sichtbar bleibt, sind Vorder- und Seitenlicht zweckentsprechend einzusetzen.

Im Zusammenhang mit der Beleuchtung muß der Motivkontrast beachtet werden. Der Farbumkehrfilm ist nur in der Lage, einen Motivkontrast von etwa drei Blendenstufen wiederzugeben. Das bedeutet, daß bei diesem Kontrastumfang eine Durchzeichnung der Schatten und eine natürliche Wiedergabe der Farben erfolgen. Der Objektkontrast bei Mineral-

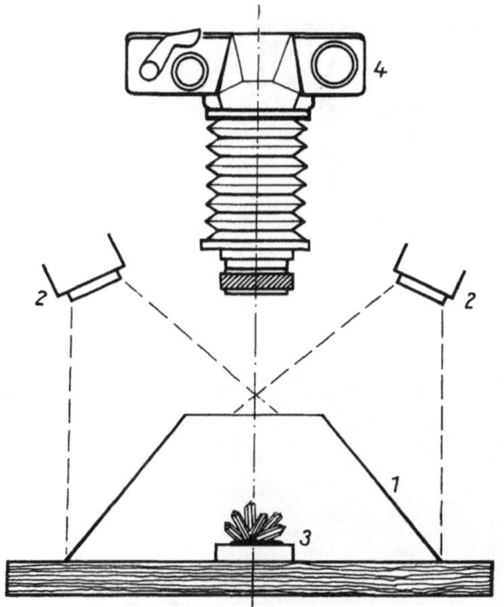

Bild 7.10. Lichtzelt
1 durchscheinender konischer Schirm
2 Lichtquellen
3 Fotoobjekt
4 Kamera

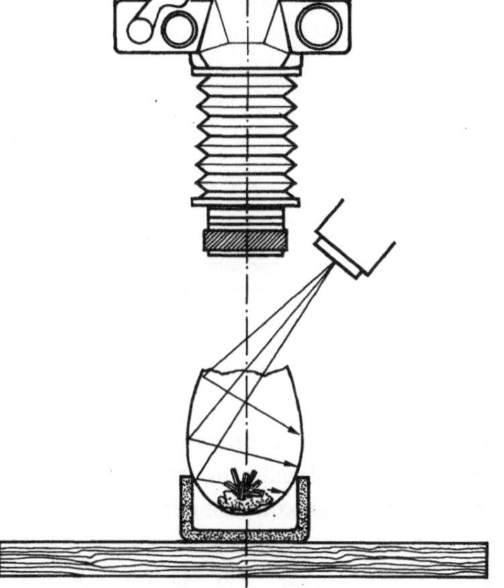

Bild 7.11. Eierschale als Lichtzelt bei sehr kleinen Fotoobjekten

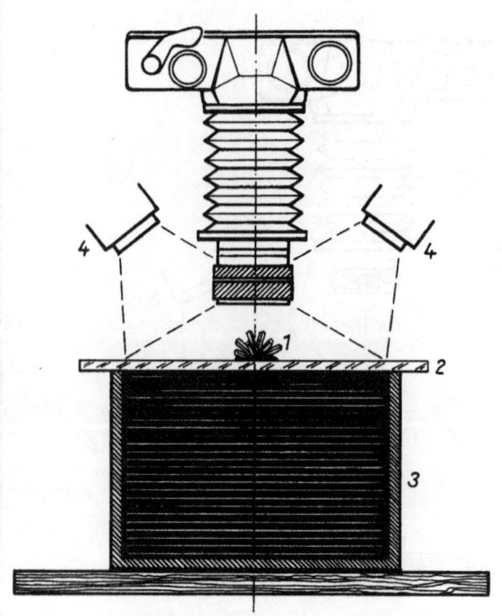

Bild 7.12. Schwarzer Kasten zur Realisierung eines tiefschwarzen Hintergrundes
1 Fotoobjekt
2 Glasplatte
3 Kasten mit mattschwarzer Innenfläche
4 Lichtquellen

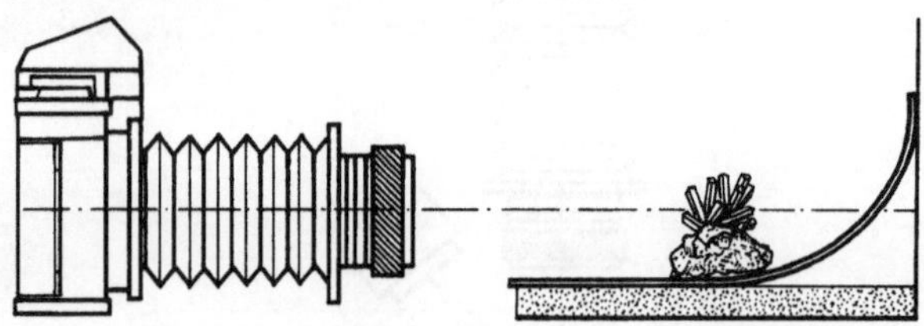

Bild 7.13. Strukturloser Übergang von Untergrund zu Hintergrund durch gewölbte Anordnung

stufen kann außerordentlich unterschiedlich sein. Durch entsprechende Beleuchtung muß dafür gesorgt werden, daß der Motivkontrast den Möglichkeiten des Aufnahmematerials angepaßt wird. Daraus ergibt sich, daß kontrastreiche Objekte mit kontrastmilderndem weichem Licht ausgeleuchtet werden müssen.

Die Hintergrundgestaltung ist für die Wirkung des Mineralfotos ein wesentliches Element. Der Hintergrund sollte stets strukturlos sein, da strukturierte Hintergründe bei Mineralfotos vom Bildinhalt ablenken und störend wirken. Zweckmäßig ist in den meisten Fällen, die Matrix des Minerals als Hintergrund bzw. Untergrund zu verwenden. Dabei ist auf eine geeignete Partie für den Hintergrund bei der Auswahl des Aufnahmeausschnittes und der -richtung mit zu achten. Bei hellen und farbigen Mineralen empfiehlt sich ein schwarzer oder dunkler Hintergrund. Vergleicht man die Vielzahl der in den letzten Jahren gedruckten Mineralfotos, dann stellt man fest, daß die überwiegende Zahl der Stufen vor schwarzem Hintergrund aufgenommen wurde, der auch drucktechnisch günstig ist.
Farbige Hintergründe, die zur Steigerung der ästhetischen Aussage manchmal günstig sein können, erfordern einen sicheren Farbgeschmack und hohen Aufwand, da entsprechend dem Abstand eine richtige Beleuchtung des Hintergrundes erfolgen muß, um die gewünschte Hintergrundfarbe zu erzielen. Für einen tiefschwarzen Hintergrund erfolgt keine Beleuchtung des Hintergrundmaterials. Zweckmäßig bei senkrechter Kameraanordnung und der Forderung nach tiefschwarzem Hintergrund ist die Verwendung eines sogenannten schwarzen Kastens, über den eine Glasplatte gelegt werden kann, falls das Aufnahmeobjekt nicht anders befestigt werden kann (Bild 7.12).
Eine gewölbte Anordnung des Hintergrundmaterials bei waagerechter Kameraanordnung sichert einen strukturlosen Übergang von Untergrund in Hintergrund (Bild 7.13).

7.2. Zeichnerische Darstellung von Mineralen

Die fotografische Technik bietet perfekte Mittel zur Abbildung von Mineralen. Hat das Zeichnen von Mineralen angesichts dieser Möglichkeiten noch Bedeutung? Man betrachte aufmerksam die lithographischen Drucke von hervorragend gezeichneten, sehr oft kolorierten Mineralen in Naturgeschichten des vergangenen Jahrhunderts, z. B. in SCHUBERTS »Naturgeschichten des Mineralreichs« [7.16] oder die neueren Illustrationen von CASPARI [7.17] oder PROS [7.19], um zu erkennen, welche Möglichkeiten die zeichnerische Darstellung von Mineralen bietet. Die Zeichnung soll für den Micromounter nun keinesfalls die Fotografie ersetzen, sondern sie sinnvoll ergänzen.

Folgende Funktionen kann die Zeichnung für den Sammler erfüllen:

✦ Beim Anfertigen eigener Zeichnungen dringt man durch die intensive Beschäftigung mit dem darzustellenden Objekt tiefer in die Formenwelt der Kristalle ein, als das beim bloßen Betrachten der Fall ist.

✦ Mit der Zeichnung hat man die Möglichkeit, das Wesentliche einer Kristallstufe herauszuarbeiten. Man kann weniger Wichtiges unterdrücken, ein Vorteil, den man in der Mineralfotografie nicht in gleicher Weise hat. Die Minerale werden dadurch einprägsamer, man wird sie besser wiedererkennen.

✦ Ein wesentlicher Gesichtspunkt für das Zeichnen ergibt sich daraus, daß sich gerade die kleinsten Kristalle aufgrund der geringen Schärfentiefe bei großen Abbildungsmaßstäben nur sehr schwierig fotografieren lassen.

✦ Bei manchen Stufen liegen die interessierenden Kristalle in Hohlräumen oder Spalten und können nicht ausreichend beleuchtet werden. Auch hier kann die Zeichnung manchmal helfen.

Eine befriedigende zeichnerische Darstellung von Mineralen erfordert viel Übung und etwas Talent. Die Kristallform, die Flächen und Winkel, die Größenverhältnisse müssen exakt dargestellt werden. Man muß sich ein sicheres Gefühl dafür erwerben, was eine Stufe »verschönt« und prägnanter macht und was sie verfälscht.

Mineraldarstellungen sind als Strichzeichnungen und auch als farbige Darstellungen möglich, jedoch

a/b

Bild 7.14. Freie zeichnerische Darstellung unter Verwendung eines Stereomikroskops (Zeichnungen CH. PASCHOLD)
a) Hämatit von Rottleberode
b) Antimonit und Quarz von Neumühle bei Greiz

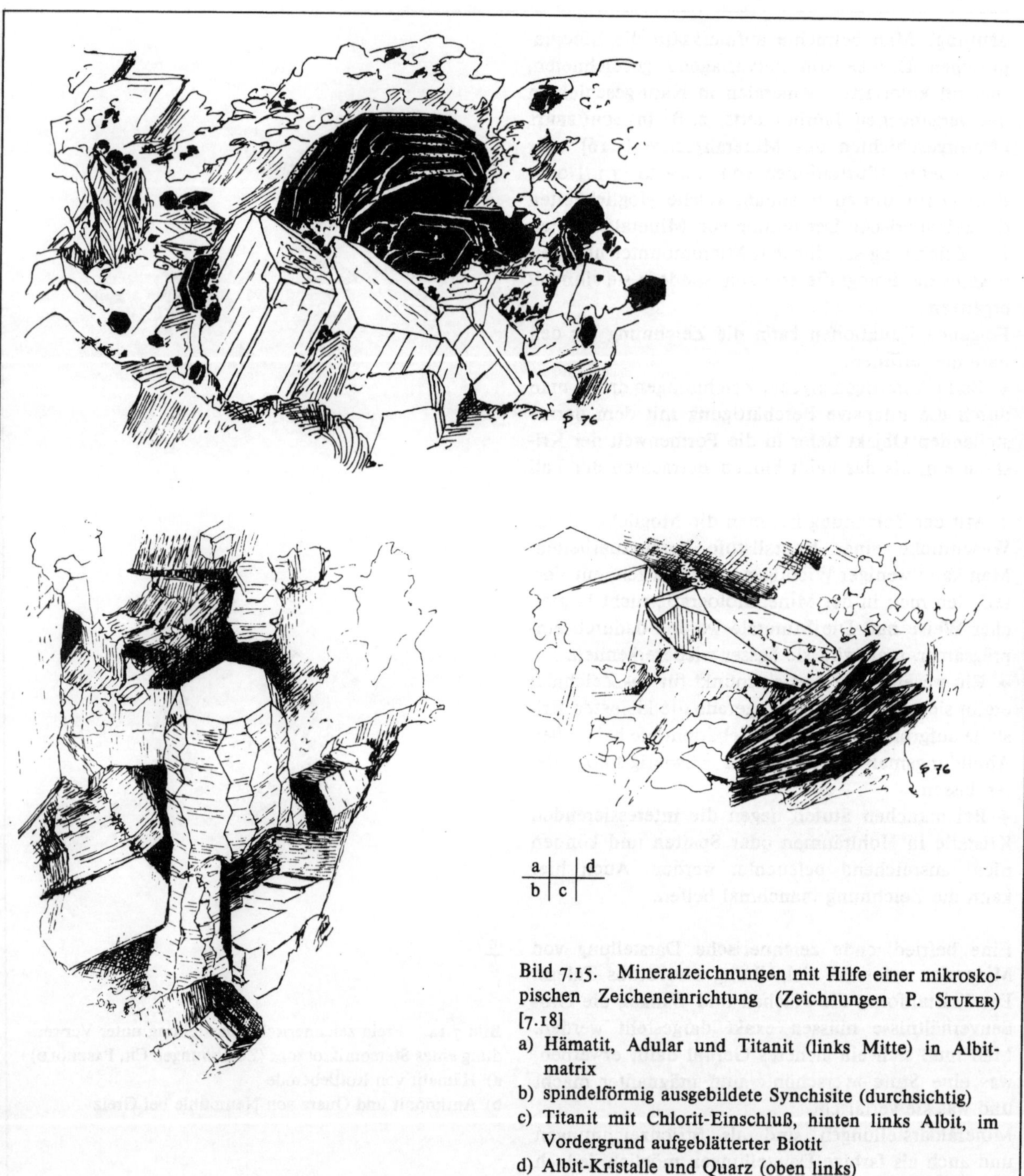

Bild 7.15. Mineralzeichnungen mit Hilfe einer mikroskopischen Zeicheneinrichtung (Zeichnungen P. Stuker) [7.18]

a) Hämatit, Adular und Titanit (links Mitte) in Albitmatrix

b) spindelförmig ausgebildete Synchisite (durchsichtig)

c) Titanit mit Chlorit-Einschluß, hinten links Albit, im Vordergrund aufgeblätterter Biotit

d) Albit-Kristalle und Quarz (oben links)

spielt angesichts der relativ naturgetreuen Wiedergabemöglichkeit der Fotografie die Schwarz-Weiß-Strichdarstellung wohl die größere Rolle. Für das Zeichnen von Kleinmineralen gibt es zwei Methoden:

+ Freie zeichnerische Darstellung. Dabei wird das Mineral durch das Stereomikroskop betrachtet und dann aus dem Gedächtnis zu Papier gebracht (Bild 7.14). Auch die Zeichnungen auf den Vorsatzseiten wurden auf diese Weise angefertigt.

+ Darstellung mit Hilfe einer Zeicheneinrichtung zum Stereomikroskop (Bild 7.15). Mit der Zeicheneinrichtung kann man das vom Mikroskop erzeugte Bild auf einer horizontalen Zeichenfläche nachzeichnen (Bild 7.16). Um das zu ermöglichen, werden durch die Zeicheneinrichtung Objekt und Zeichenfläche in einem Bild vereinigt. Die Helligkeit des mikroskopischen Bildes und der Zeichenfläche kann unabhängig voneinander eingestellt werden. Dadurch können die Spitze des Bleistiftes auf der Zeichenfläche und die Konturen des Objektes gleichzeitig sichtbar gemacht werden, und ein Führen des Stiftes entlang den Kristallkonturen wird möglich. Durch die Verwendung der Zeicheneinrichtung kann man unabhängiger vom zeichnerischen Talent naturnahe Skizzen anfertigen. Trotzdem ist auch hierbei Übung erforderlich. Die detaillierte Ausarbeitung der Zeichnung erfolgt dann individuell und unabhängig vom Zeichengerät.

Bild 7.16. Zeicheneinrichtung zum Stereomikroskop (Werksfoto Zeiss Jena)

Literatur- und Quellenverzeichnis

[2.1] KIPFER, A.: Der Micromounter. Thun: Ott-Verlag 1972

[2.2] LIEBER, W.: Kristalle unter der Lupe. Thun: Ott-Verlag 1974

[2.3] KIPFER, A.: Zeugen aus alter Zeit. Schweizer Strahler (1975) Vol. 3, Nr. 9

[2.4] DESAUTELS, P. E.: Minerale, Kristalle, Steine. Thun: Ott-Verlag 1974

[2.5] SPECKELS, M. L.: The Complete Guide to Micromounts. Mentone, Cal. USA: Gembooks 1965. Landau/Pfalz: R. und D. HAAS

[3.1] STRUNZ, H.: Mineralogische Tabellen, 6. Aufl. Leipzig: Geest & Portig 1977

[3.2] QUELLMALZ, W.: Sächsische Originale unter den Mineralen. Fundgrube 15 (1979) H. 3 u. 4, S. 64–82 und 18 (1982) H. 4, S. 100–105

[3.3] VOLLSTÄDT, H.: Einheimische Minerale, 6. Aufl. Leipzig: VEB Deutscher Verlag für Grundstoffindustrie 1980

[3.4] KELLER, P.: Tsumeb. Lapis 9 (1984) H. 7 u. 8, S. 13–64

[3.5] GOLDSCHMIDT, V.: Atlas der Kristallformen. Tafeln. Heidelberg: Carl Winters Universitätsbuchhandlung 1918

[3.6] LIEBER, W., u. W. RICHARTZ: Runde Einkristalle im Mineralreich. Aufschluß 31 (1980), S. 511–525

[3.7] GÜBELIN, E.: Innenwelt der Edelsteine. Düsseldorf: Reich 1974

[3.8] VOLLSTÄDT, H.: Das Schneeberger Revier. Fundgrube 12 (1976), Heft 1 u. 2. S. 33–36

[3.9] Anordnung über das Sammeln von Mineralen, Fossilien und Gesteinen. Gbl. der DDR, Teil I, Nr. 36 vom 1. Oktober 1982

[3.10] KELLER, S.: Paragraphen – Die rechtlichen Grundlagen des Steinesammelns. Lapis 2 (1977) H. 4, S. 6–9

[3.11] FEHR, T.: Silber-Systematik. Lapis 6 (1981), S. 9–18

[3.12] SCHMIDT, R.: Zur Gangmineralisation im Steinbruch Nesselgrund bei Schnellbach/Thür. Veröff. Naturhist. Mus. Schleusingen 1 (1986) S. 15–40

[4.1] WAPPLER, G., u. G. HOPPE: Neue Minerale. Z. geol. Wiss. Berlin 1975

[4.2] Neue Minerale. Lapis. Weise-Verlag 1978

[4.3] RÖSLER, H. J.: Lehrbuch der Mineralogie, 3. Aufl. Leipzig: VEB Deutscher Verlag für Grundstoffindustrie 1984

[4.4] SCHÜLLER, A.: Die Eigenschaften der Minerale, Bd. I und II. Berlin: Akademie-Verlag 1950 und 1954

[4.5] STRUNZ, H.: Mineralogische Tabellen, 6. Aufl. Leipzig: Geest & Portig 1977

[4.6] BETECHTIN, A. G.: Lehrbuch der speziellen Mineralogie, 7. Aufl. Leipzig: VEB Deutscher Verlag für Grundstoffindustrie 1977

[4.7] KLEBER, W.: Einführung in die Kristallographie, 14. Aufl. Berlin: VEB Verlag Technik 1979

[4.8] VOLLSTÄDT, H.: Einheimische Minerale, 6. Aufl. Leipzig: VEB Deutscher Verlag für Grundstoffindustrie 1980

[4.9] SEIM, R.: Minerale, 3. Aufl. Leipzig-Jena: Urania Verlag 1987

[4.10] RAMDOHR, P., u. H. STRUNZ: Klockmanns Lehrbuch der Mineralogie, 16. Aufl. Stuttgart: Ferd. Enke Verlag 1978

[4.11] LIEBER, W.: Der Mineraliensammler, 7. Aufl. Thun: Ott-Verlag 1978

[4.12] FISCHER, E.: Einführung in die geometrische Kristallographie. Berlin: Akademie-Verlag 1960

[4.13] NAUMANN, C. F.: Elemente der Mineralogie, 13. Aufl. von F. ZIRKEL. Leipzig: Verlag Engelmann 1898

[4.14] STRUBE, W.: Der historische Weg der Chemie, 4. Aufl. Bd. I. Leipzig: VEB Deutscher Verlag für Grundstoffindustrie 1984

[4.15] VON KOBELL, F.: Tafeln zur Bestimmung der Mineralien. München: Verlag Lindauer 1864

[4.16] FUCHS, C. W. C.: Anleitung zum Bestimmen der Mineralien. Gießen: 1890

[4.17] PLATTNER, C., u. F. KOLBECK: Probierkunst mit dem Lötrohr, 8. Aufl. Leipzig: Joh. Ambr. Barth 1927

[4.18] FILIPENKO, P. P., u. P. V. KALININ: Handbuch zur Bestimmung der Minerale mit Hilfe des Lötrohrs (russ.). Moskau: Gosgeologisdat 1947

[4.19] HAUY, R. J.: Lehrbuch der Mineralogie. 4 Bde. Paris und Leipzig: 1804–1810

[4.20] MOHS, F.: Grund-Riß der Mineralogie. 2 Bde. Dresden: 1822–1824

[4.21] LUEDECKE, O.: Die Minerale des Harzes. Berlin: Verlag Gebr. Borntraeger 1896

[4.22] RYCKART, R.: Bergkristall. Thun u. München: Ott-Verlag 1971

[4.23] RYCKART, R.: Mitteilung 1984

[4.24] GRAMACCIOLI, C. M.: Die Mineralien der Alpen. 2 Bde. Stuttgart: Kosmos-Verlag 1978

[4.25] KEUNE, H.: Bilderatlas zur qualitativen anorganischen Mikroanalyse. Leipzig: VEB Deutscher Verlag für Grundstoffindustrie 1967

[4.26] KOSTOW, I.: Kristallographie. Moskau: Verlag Mir 1965

[5.1] KIPFER, A.: Der Micromounter. Thun und München: Ott-Verlag 1972, S. 72–87

[5.2] LIEBER, W.: Der Mineralsammler. 6. Aufl. Thun und München: Ott-Verlag 1974

[5.3] GROSSE, E., u. CH. WEISSMANTEL: Chemie selbst erlebt. Leipzig, Jena, Berlin: Urania Verlag 1982

[5.4] DIETZ, H., u. W. KOWALCZYK: Chemikalienkunde. Leipzig: Fachbuchverlag 1981

[5.5] LEHFELD, W., u. R. SIEVERS: Ultraschall-Reinigung und ihre physikalischen Grundlagen. Metalloberfläche 21 (1967) H. 1, S. 1–6

[5.6] ULSES, F. G.: Mit Säure und Wurzelbürste. Lapis 1 (1976) Nr. 2, S. 26–28, 2 (1977) Nr. 2, S. 34–35, Nr. 4, S. 34–35

[5.7] ERTL, S.: Kristalle zwischen Wasser und Säure. Wie man Minerale reinigt. Mineralien-Magazin 1 (1977) Nr. 4, S. 152–159

[5.8] VOGT, H. H.: Wie entfernt man Rost von Mineralien? Mineralien-Magazin 7 (1983) Nr. 10, S. 470

[5.9] RÖSLER, H. J.: Lehrbuch der Mineralogie. 3. Aufl. Leipzig: VEB Deutscher Verlag für Grundstoffindustrie 1984

[5.10] BETECHTIN, A. G.: Lehrbuch der speziellen Mineralogie. 7. Aufl. Leipzig: VEB Deutscher Verlag für Grundstoffindustrie 1977

[5.11] SEIM, R.: Minerale. 1. Aufl. Leipzig, Radebeul: Neumann-Verlag 1981

[5.12] STRÜBEL, G., H. ZIMMER: Lexikon der Mineralogie. Stuttgart: Ferdinand Enke Verlag 1982, VEB Deutscher Verlag für Grundstoffindustrie 1985

[5.13] Gesetz über den Verkehr mit Giften. Giftgesetz vom 7. 4. 1977. GBl. der DDR, Teil I, Nr. 10 vom 14. 4. 1977

[5.14] 1. Durchführungsbestimmung zum Giftgesetz vom 31. 5. 1977. GBl. der DDR, Teil I, Nr. 21 vom 13. 7. 1977

[5.15] 2. Durchführungsbestimmung zum Giftgesetz (Verzeichnis eingestufter Gifte) vom 31. 5. 1977. GBl. der DDR, Teil I, Nr. 21 vom 13. 7. 1977

[5.16] SCHMIDT, R., u. G. VOIGT: Tips für Micromounter. Zur Formatisierung der Minerale. Fundgrube 18 (1982) H. 4, S. 122–123

[5.17] SCHMIDT, R., u. G. VOIGT: Tips für Micromounter. Hinweise zum Bau einer Exzenterquetsche. Fundgrube 19 (1983) H. 3, S. 84

[5.18] GRUNEWALD, W., u. R. SCHMIDT: Tips für Micromounter. Hinweise zum Bau einer hydraulischen Trenneinrichtung für größere Mineralstufen. Fundgrube 20 (1984) H. 2, S. 56

[5.19] STRUNZ, H.: Mineralogische Tabellen. 8. Aufl. Leipzig: Akademische Verlagsgesellschaft Geest u. Portig K. G. 1982

[5.20] GUTZER, H.: Das kann der Mikrocomputer. Jena/ Leipzig/Berlin: Urania Verlag 1985

[5.21] SACK, K.: Arbeit mit Datenfonds. rechentechnik und datenverarbeitung 23 (1986) 2, S. 12–16

[5.22] BOON, K. L.: Basic für Tischcomputer. München: Richard Pflaum Verlag K. G. 1983

[5.23] HOPFER, R.: Mikrorechentechnik – allgemeinverständlich. Leipzig: Fachbuchverlag 1985

[5.24] EGGERICHS, W.: dBASE II, Bde. 1 u. 2. Berlin: VEB Verlag Technik 1986

[5.25] Persönliche Mitteilung Dr. J. OTTO

[5.26] Persönliche Mitteilung Dr. J. SIEMROTH

[5.27] SIMPSON, A.: Arbeit mit dBASE II. 3. Aufl. Berkeley, Paris, Düsseldorf: Sybex-Verlag 1986

[5.28] HEMPEL, U., u. H. LOLEY: Datenbanken mit Personalcomputern. Berlin: Verlag Die Wirtschaft 1987

[6.1] BRANDT, R.: Die Fernrohrlupe. Wissenschaft und Fortschritt 21 (1971) H. 8, S. 373–375

[6.2] ROHR, M. V.: Die binokularen Instrumente. Berlin 1920

[6.3] GIEBEL, M., u. W. ZABEL: Die Stereomikroskope GSM und GSZ – Neuentwicklungen aus Rathenow. Jenaer Rundschau 30 (1985) H. 1, S. 30–32

[6.4] Firmenschriften über Stereomikroskope. Kombinat VEB Carl Zeiss JENA, Betrieb VEB Optische Werke »Herrmann Duncker« Rathenow

[6.5] WERLICH, R.: Selbstbau einer Stereolupe. Fundgrube 22 (1986) 3, S. 86

[7.1] TEICHER, G.: Handbuch der Fototechnik. 8. Aufl. Leipzig: VEB Fotokinoverlag 1983

[7.2] WUNDERLICH, W.: Tabellenbuch Fotografie. 2. Aufl. Leipzig: VEB Fotokinoverlag 1985

[7.3] TÖLKE, A., u. I.: Makrofoto – Makrofilm. 2. Aufl. Leipzig: VEB Fotokinoverlag 1972

[7.4] LIEBER, W.: Kristalle unter der Lupe. Thun: Ott-Verlag 1974

[7.5] PRENGEL, L.: Colorbildpraxis. Leipzig: VEB Fotokinoverlag 1983

[7.6] FISCHER, K.: Kunstlichtfotografie. 7. Aufl. Leipzig: VEB Fotokinoverlag 1985

[7.7] BETZ, V.: Fotografie von Mineralien. Der Aufschluß (1974) 3, S. 173–186

[7.8] MÜLLER, E.: Mineralienfotografie – Möglichkeiten und Grenzen. Mineralienmagazin 2 (1978) 1, S. 6–12

[7.9] MÜLLER, E.: Mineralienfotografie – Gibt es die ideale Kamera? Mineralienmagazin 2 (1978) 3, S. 185–189

[7.10] MÜLLER, E.: Mineralienfotografie – Gerätekombinationen. Mineralienmagazin 2 (1978) 4, S. 236–239

[7.11] MÜLLER, E.: Mineralienfotografie – Die Aufnahme. Mineralienmagazin 2 (1978) 5, S. 290–296

[7.12] MÜLLER, E.: Mineralienfotografie – Beleuchtung und Hintergrundgestaltung. Mineralienmagazin 2 (1978) 6, S. 366–374

[7.13] RASSENBERG, N.: Mineralienfotografie. Lapis 6 (1981) 4, S. 15–22; 6 (1981) 5, S. 13–18; 6 (1981) 6, S. 60–61; 6 (1981) 7/8, S. 60–61; 6 (1981) 9, S. 18–21; 6 (1981) 10, S. 17–21; 7 (1982) 2, S. 25–28; 7 (1982) 9, S. 22–26; 7 (1982) 12, S. 17–20; 8 (1983) 4, S. 26–31

[7.14] EHRHARDT, A.: Kristalle. Hamburg: Verlag Heinrich Ellermann 1939

[7.15] HOFMANN, F., u. J. KARPINSKI: Schöne und seltene Minerale. Leipzig: Edition 1980

[7.16] VON SCHUBERT, G. H.: Naturgeschichte des Mineralreichs (von A. Kenngott). 4. Aufl. Eßlingen: Verlag von J. F. Schreiber o. J.

[7.17] SCHRÖCKE, H., u. K. L. WEINER: Mineralien (162 Tafeln von C. Caspari). Hamburg: Kronen-Verlag Erich Cramer 1969

[7.18] KIPFER, A.: Mineralien aus dem Rotondogranit. Schweizer Strahler (1975) 5 S. 45–92

[7.19] ŠVENEK, J., u. L. PROS: Minerale. Praha: Artia 1986

Vorsatzbilder

vorn links:
Manganit von Ilfeld/Harz
Größe der Kristalle etwa 3 mm

vorn rechts:
Fluorit von Caaschwitz
Größe der Kristallgruppe etwa 20 × 20 mm

hinten links:
Fahlerz von Wittmannsgereuth
Größe des Kristalls 3 mm

hinten rechts:
Phillipsit in Basalt von Diedorf
Größe des Kristalls 0,5 mm

Verzeichnis der abgebildeten Minerale

Sachwörterverzeichnis